原子量表（2017）

原子番号	元素名	元素記号	原子量	脚注
1	水素	H	[1.00784, 1.00811]	m
2	ヘリウム	He	4.002602(2)	g r
3	リチウム	Li	[6.938, 6.997]	m
4	ベリリウム	Be	9.0121831(5)	
5	ホウ素	B	[10.806, 10.821]	m
6	炭素	C	[12.0096, 12.0116]	
7	窒素	N	[14.00643, 14.00728]	m
8	酸素	O	[15.99903, 15.99977]	m
9	フッ素	F	18.998403163(6)	
10	ネオン	Ne	20.1797(6)	gm
11	ナトリウム	Na	22.98976928(2)	
12	マグネシウム	Mg	[24.304, 24.307]	
13	アルミニウム	Al	26.9815385(7)	
14	ケイ素	Si	[28.084, 28.086]	
15	リン	P	30.973761998(5)	
16	硫黄	S	[32.059, 32.076]	
17	塩素	Cl	[35.446, 35.457]	m
18	アルゴン	Ar	39.948(1)	g r
19	カリウム	K	39.0983(1)	
20	カルシウム	Ca	40.078(4)	g
21	スカンジウム	Sc	44.955908(5)	
22	チタン	Ti	47.867(1)	
23	バナジウム	V	50.9415(1)	
24	クロム	Cr	51.9961(6)	
25	マンガン	Mn	54.938044(3)	
26	鉄	Fe	55.845(2)	
27	コバルト	Co	58.933194(4)	
28	ニッケル	Ni	58.6934(4)	r
29	銅	Cu	63.546(3)	r
30	亜鉛	Zn	65.38(2)	r
31	ガリウム	Ga	69.723(1)	
32	ゲルマニウム	Ge	72.630(8)	
33	ヒ素	As	74.921595(6)	
34	セレン	Se	78.971(8)	r
35	臭素	Br	[79.901, 79.907]	
36	クリプトン	Kr	83.798(2)	gm
37	ルビジウム	Rb	85.4678(3)	g
38	ストロンチウム	Sr	87.62(1)	g r
39	イットリウム	Y	88.90584(2)	
40	ジルコニウム	Zr	91.224(2)	g
41	ニオブ	Nb	92.90637(2)	
42	モリブデン	Mo	95.95(1)	g
43	テクネチウム*	Tc		
44	ルテニウム	Ru	101.07(2)	g
45	ロジウム	Rh	102.90550(2)	
46	パラジウム	Pd	106.42(1)	g
47	銀	Ag	107.8682(2)	g
48	カドミウム	Cd	112.414(4)	g
49	インジウム	In	114.818(1)	
50	スズ	Sn	118.710(7)	g
51	アンチモン	Sb	121.760(1)	g
52	テルル	Te	127.60(3)	g
53	ヨウ素	I	126.90447(3)	
54	キセノン	Xe	131.293(6)	gm
55	セシウム	Cs	132.90545196(6)	
56	バリウム	Ba	137.327(7)	
57	ランタン	La	138.90547(7)	g
58	セリウム	Ce	140.116(1)	g
59	プラセオジム	Pr	140.90766(2)	
60	ネオジム	Nd	144.242(3)	g
61	プロメチウム*	Pm		
62	サマリウム	Sm	150.36(2)	g
63	ユウロピウム	Eu	151.964(1)	g
64	ガドリニウム	Gd	157.25(3)	g
65	テルビウム	Tb	158.92535(2)	
66	ジスプロシウム	Dy	162.500(1)	g
67	ホルミウム	Ho	164.93033(2)	
68	エルビウム	Er	167.259(3)	g
69	ツリウム	Tm	168.93422(2)	
70	イッテルビウム	Yb	173.045(10)	g
71	ルテチウム	Lu	174.9668(1)	g
72	ハフニウム	Hf	178.49(2)	
73	タンタル	Ta	180.94788(2)	
74	タングステン	W	183.84(1)	
75	レニウム	Re	186.207(1)	
76	オスミウム	Os	190.23(3)	g
77	イリジウム	Ir	192.217(3)	
78	白金	Pt	195.084(9)	
79	金	Au	196.966569(5)	
80	水銀	Hg	200.592(3)	
81	タリウム	Tl	[204.382, 204.385]	
82	鉛	Pb	207.2(1)	g r
83	ビスマス*	Bi	208.98040(1)	
84	ポロニウム*	Po		
85	アスタチン*	At		
86	ラドン*	Rn		
87	フランシウム*	Fr		
88	ラジウム*	Ra		
89	アクチニウム*	Ac		
90	トリウム*	Th	232.0377(4)	g
91	プロトアクチニウム*	Pa	231.03588(2)	
92	ウラン*	U	238.02891(3)	gm
93	ネプツニウム*	Np		
94	プルトニウム*	Pu		
95	アメリシウム*	Am		
96	キュリウム*	Cm		
97	バークリウム*	Bk		
98	カリホルニウム*	Cf		
99	アインスタイニウム*	Es		
100	フェルミウム*	Fm		
101	メンデレビウム*	Md		
102	ノーベリウム*	No		
103	ローレンシウム*	Lr		
104	ラザホージウム*	Rf		
105	ドブニウム*	Db		
106	シーボーギウム*	Sg		
107	ボーリウム*	Bh		
108	ハッシウム*	Hs		
109	マイトネリウム*	Mt		
110	ダームスタチウム*	Ds		
111	レントゲニウム*	Rg		
112	コペルニシウム*	Cn		
113	ニホニウム*	Nh		
114	フレロビウム*	Fl		
115	モスコビウム*	Mc		
116	リバモリウム*	Lv		
117	テネシン*	Ts		
118	オガネソン*	Og		

「化学と工業」第70巻第4号より転載

新・物質科学ライブラリ＝7

基礎 分析化学[新訂版]

宗林由樹・向井　浩　共著

サイエンス社

サイエンス社のホームページのご案内
http://www.saiensu.co.jp
ご意見・ご要望は　rikei@saiensu.co.jp　まで．

新訂版まえがき

本書は2007年に初版が出版され，幸い好評を得て12刷を重ね，今回改訂の機会を得ることができました．改訂にあたっては，初版を用いた講義において学生が理解しにくかったところを改めました．一部の術語を改め，文章全体の推敲を行いました．また演習問題と参考文献の充実を図りました．

本新訂版がさらに多くの方々の役に立つことを願っています．

2017年11月

宗 林 由 樹
向 井 　 浩

ま え が き

この本を手にした皆さんは，分析化学という学問を知っていましたか？ 筆者は，大学に入って初めてその存在を知りました．分析化学は，物質の構成成分を確認し，その量を決定し，存在状態を明らかにするために，実験的および理論的問題の探求を行う学問です．分析物理学や分析生物学という分野はあまり聞いたことがありません．化学にのみ分析化学が存在するのはどうしてでしょうか？ 他の理学と異なる化学の特徴は，無限の多様性を持った物質を対象とすることです．物質の存在状態，物性，反応も千差万別です．それゆえに物質を正しく観察することを支える分析化学が，化学にとって本質的に重要なのです．

本書は，大学の初級または中級レベルで，初めて分析化学を学ぶ人をおもな対象としています．現代の分析化学はきわめて広い内容を含んでいますが，本書は分析化学の基礎となる定量的化学分析に焦点を絞りました．定量的化学分析は，化学反応の理解を深める上で格好の教材であって，すべての化学者にとって基本的なリテラシーです．筆者は，分かりやすく実践的な教科書・参考書を目指しました．そのため，本書に以下のような特徴を持たせました．

(1) 酸塩基反応，錯生成反応，沈殿反応，酸化還元反応について，「原理的記述」と「実際の分析」に関する記述を別の章に分けました．これは系統的な理解に役立つと思います．
(2) 実践的な例題を多く収録し，その解法を詳しく述べました．皆さんは，ぜひ自分で例題を解いて，分析化学的センスを身につけてください．演習問題には，総合的な問題や文献の調査が必要となるような問題も含めました．
(3) 数値データの解析に有効な表計算ソフト（Excel）の利用法を述べました．

皆さんが本書を通して定量的化学分析を確実に習得し，それをさまざまな化学の分野で活かして下さることを願っています．なお，正確な記述に全力を尽くしましたが，筆者らの浅学非才のため誤りや不備があるかと思いますので，ご教示いただければ幸いです．

終わりに，本書の原稿を読み，貴重なご意見を下さった一色健司博士，岡田哲男博士，北條正司博士にお礼を申し上げます．図表作成と校正では，筆者の研究室の照井大介君と平居妙子さんにお世話になりました．また，出版にあたり多大なご協力を頂いたサイエンス社の田島伸彦氏，鈴木綾子氏に感謝いたします．

2006 年 12 月

宗 林 由 樹
向 井 　 浩

目　　次

Excel で考えよう

コラム

「Excel で考えよう」で説明されているファイルは次の URL サポートページからダウンロードできます．
サーバの URL：`http://www.saiensu.co.jp`

また，本書を教科書としてお使いになる先生方のために，パワーポイントを講義資料として用意しております．必要な方はご連絡先を明記のうえサイエンス社編集部（rikei@saiensu.co.jp）までご連絡下さい．

第1章 定量分析の基礎

本書の主題は，定量化学分析である．本章では，まずその位置付けを見てみよう．定量化学分析は，すべての化学実験・研究の基礎となる．これを真に理解するためには，実験が欠かせない．本書で勉強するだけでなく，実験を行い，正しい実験操作とデータの取扱いを学んでほしい．

本章の内容

1.1　分析化学とは何か？

1.1.1　方 法 論

分析化学（analytical chemistry）は，物質の構成成分を確認し，その量を決定し，存在状態を明らかにするために，実験的および理論的問題の探求を行う学問である．

すべての科学の進歩は，各論，理論，および方法論の発展に負っている．藤永太一郎は，化学においては無機化学や有機化学が各論であり，量子化学や物理化学が理論であり，分析化学が方法論であると位置付けた．これらは，化学という鼎（かなえ）を支える三本の足であり，いずれも等しく重要である（**図1.1**）．信頼できる有用な分析法を確立するためには，各論の知識と理論の裏付けが欠かせない．一方，新しい分析法が化学の革新的成果を生み出した例は，枚挙にいとまがない．

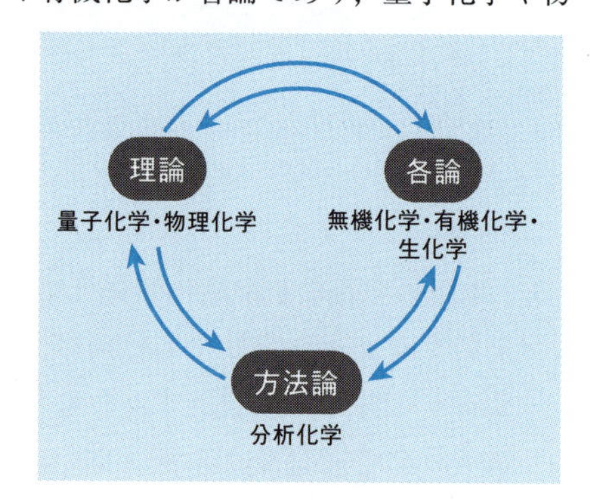

図1.1　化学の鼎

1.1.2　分析化学の分類

分析化学の全体像をつかむために，分析化学の分類を見てみよう（**図1.2**）．分析はその目的に応じて，**定性分析**（qualitative analysis），**定量分析**（quantitative analysis），および**状態分析**（analysis of state）に分けられる．

定性分析は，試料中にどのような元素，イオン，化合物などが存在するかを明らかにすること（検出・同定）を目的とする．

定量分析は，それら成分の存在量や組成を明らかにすることを目的とする．

状態分析は成分の存在状態や化学種を明らかにすることを目的とする．これは，**スペシエーション**（speciation）あるいは**キャラクタリゼーション**（characterization）とも呼ばれる．

参考　例えば，環境水中の水銀イオンは，無機錯体であるか，有機配位子と錯生成しているか，メチル水銀として存在するかによって生物に対する毒性が大きく異なる．したがって，水銀の生物への影響を正しく評価するためには，全濃度だけでなく，その化学種を明らかにすることが重要である．

分析は，原理と方法に基づいて分類することもできる．**化学分析**（chemical analysis）は，化学的な原理・方法を用いるもので，代表例は**重量分析**（gravimetric analysis）と**容量分析**（volumetric analysis）である．これらは，目的物質または標準物質をひょう量することによって定量を達成するので，結局のところ質量に基づく方法であるといえる．分析機器を用いる**機器分析**（instrumental analysis）の多くは，物理的な原理・方法を用いるので，物理分析と呼ばれる．物理分析では，何らかの形でエネルギーに基づいて分析を行う．酵素などの生体高分子を用いる生化学分析や生物の生理活性や増殖を利用する生物学分析は，最近急速に発展している．

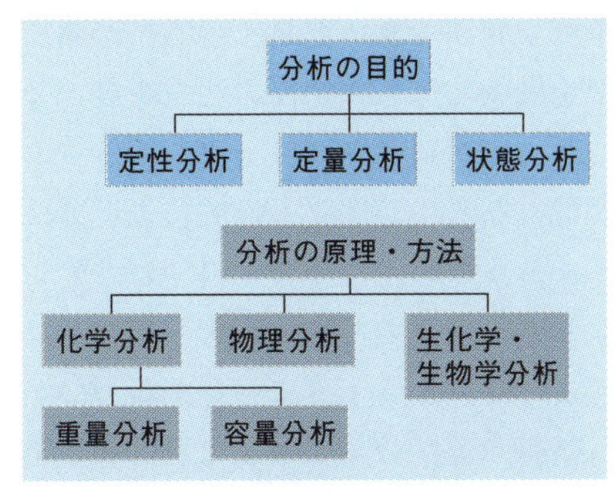

図 1.2　分析化学の分類

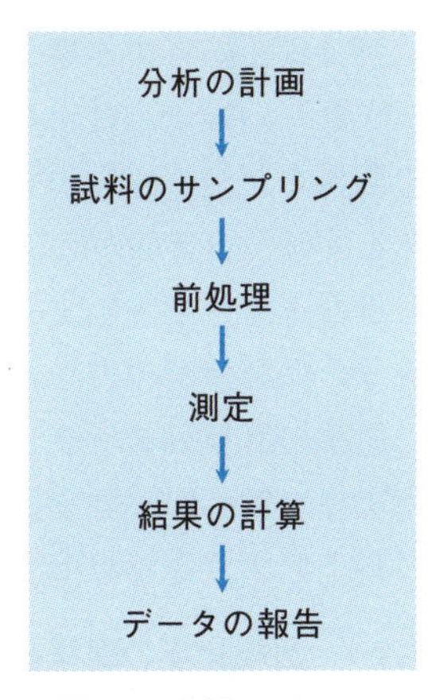

図 1.3　分析のプロセス

本書の主題は，定量化学分析である．現在，研究・開発の最前線では，ほとんどの分析は機器を用いて行われる．そのような場合でも，試料の調製，前処理などにおいて，化学分析の知識や操作は不可欠である．機器分析は一般に簡便かつ高感度であるが，精度は高くない．**主成分**（major components; $> 1\%$）や**少量成分**（minor components; $0.01 \sim 1\%$）を高精度に分析する場合，化学分析の方が適していることがある．さらに，定量化学分析は，化学反応の理解を深める上で格好の教材であって，すべての化学者にとって基本的なリテラシーである．

1.1.3　分析のプロセス

定量分析はどのような手順で行われるだろうか？　まず考えるべきことは，分析の計画である（図 1.3）．分析の目的は何か？　どのくらいの正確さと精度が必要か？　得られる試料量と最終的に検出すべき濃度はどのくらいか？

予算，利用できる器具・装置，時間，人手はどうか？　分析者はすべての状況を勘案して，適切な方法を選び，分析を計画する．

次に試料のサンプリングを行う．ふつうは代表的な試料をいかに得るかが問題となる．しかし，目的によっては，特殊な試料の分析が意味をもつこともある．環境や生体の試料では，サンプリングが行われた状況を的確に把握することが重要である．また，サンプリングにおいて，試料の汚染や変質が起こらないよう十分に注意する．

試料を直接分析できることは稀（まれ）である．多くの場合，適切な前処理が必要である．定量分析では，固体試料を溶解し，溶液にすることが多い．分析目的が**微量成分**（trace components; $< 0.01\,\%$）であって，試料中の共存成分がその定量を妨害する場合は，目的成分を分離・濃縮しなければならない．

これらの段階を踏んだ後，測定を行う．あらゆる分析には限界がある．その限界を正しく認識するために，ブランク値，検出限界，回収率，再現性などを評価する実験が必須である．一般に真値はどのようにしても知り得ない．分析の正確さを評価するためには，目的試料と似通った物質であって，目的成分の保証値が報告されている標準物質を分析することが有効である．

結果の計算とデータの報告にあたっては，有効数字，誤差を正しく取り扱うように細心の注意を払う．

以上のようなプロセスを経て初めて信頼できる有用な分析値が得られる．

1.1.4　分析化学の現状と将来

科学技術の発達は，多種多様な分析化学上の問題を生み出した．分析化学は著しく細分化，専門化され，一人の分析化学者がその全体を把握することはほとんど不可能になっている．分析化学者ではない多くの人々が，自分の研究・開発を進めるために分析上の課題に真剣に取り組んでいる．そして，分析化学は化学の領域を超えて広がっており，分析科学という用語も使われている．分析化学の最先端の課題は，以下のようである．

- 状態分析と構造解析
- 微量分析
- 局所分析
- 現場分析とリモートセンシング

環境，健康，安全などの問題が顕在化するこれからの社会において，物質と現象を正しく観る方法としての分析化学は，ますます重要になるだろう．

1.2　基本的な器具と操作

1.2.1　試　　薬

試薬にはさまざまな等級がある．一般に高純度のものほど価格も高い．自分の目的に応じた規格のものを用いるようにする．

特に毒物・劇物などについては，鍵付きの保管庫での保管，使用簿の記録を徹底しなければならない．実験は，廃液などの廃棄物を正しく処理してようやく終了する．廃棄物の量をできるだけ少なくするように，また不明の廃棄物を生じないように心掛けよう．

参考　個々の試薬について，安全衛生のための情報は，Safety Data Sheet（SDS; http://www.j-shiyaku.or.jp/Sds）などから得ることができる．

1.2.2　器具の材質

器具の材質の特徴を知ることも重要である．ここでは，よく使われるガラスと合成樹脂（図 1.4）について簡単に述べる．

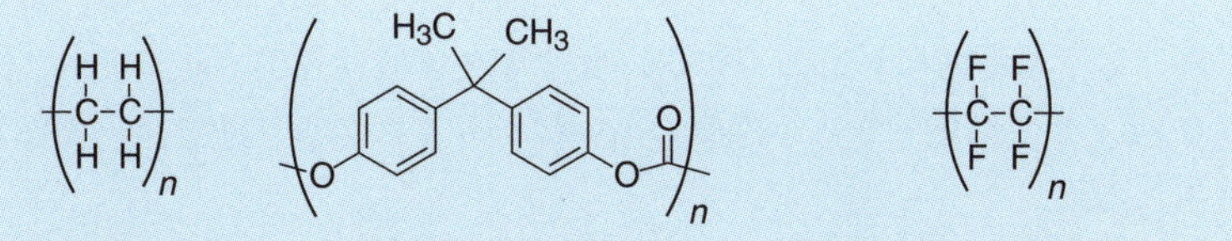

図 1.4　合成樹脂

ホウケイ酸ガラス（超硬質ガラス; 商標名 Pyrex）　SiO_2 と B_2O_3 が共重合した三次元網目構造を有し，数%の Na_2O, Al_2O_3 を含む．膨張係数が低く，温度変化に対して安定である．ガラス器具に広く使われている．化学的耐性に優れているが，フッ化水素酸や熱アルカリ溶液には侵される．

石英ガラス　SiO_2 のみでできている石英ガラスは，さらに耐熱性が高く，1000 ℃まで使用できる．約 200 nm までの紫外線を透過するので，光学材料としても優れている．

ポリエチレン　側鎖の分岐などによって種々の性質のものがある．瓶類は半透明で柔軟性がある．耐熱温度が 80 ～ 120 ℃くらいであるので，ホットプレートで直に加熱することはできない．低密度ポリエチレンには，重金属含量がきわめて低く，その微量分析に適したものがある．

ポリカーボネート 透明，強固でオートクレーブによる加熱滅菌が可能である．原料としてビスフェノール-A が用いられる．この化合物は，女性ホルモン（エストロゲン）のような作用をする．ポリカーボネートからビスフェノール-A が溶出し，生物実験に影響を及ぼした事例が知られている．

フッ素樹脂 耐薬品性，耐熱性に優れた合成樹脂である．代表的な商標名はテフロン（Teflon）である．置換基の異なるさまざまな性質のものが用いられている．例えば，ポリテトラフルオロエチレンは不透明な白色である．最も耐薬品性，耐熱性に優れていて，また摩擦係数が小さい．表面に細かな凹凸があるため，吸着物質が取れにくくなる場合がある．

1.2.3 は か り

物質に固有の**質量**（mass）は定量分析の基本となる量である．地球上では重力によって引き起こされる物質の**重量**（weight）を利用して質量を求めるのが便利である．重量の測定を**ひょう量**（weighing）と呼ぶ．一般に，はかりでは測定できる最大質量（ひょう量）や最小質量（感量）が決まっている．マクロ型は 0.1 mg くらいから 200 g くらいまでを測定することができ，日常よく扱うひょう量範囲に対応している．セミミクロ型は 0.01 mg まで，ミクロ型は 0.1 μg まで測定できる．感度の高いはかりでは，より注意深い操作が必要とされる．

化学実験に用いられるはかり **化学てんびん**（chemical balance）は二つの物質の質量を正確に比較することのできるはかりである．図 1.5 において点 A を支点として，既知の質量 M_1 と未知の質量 M_2 がつり合うとき，$M_1L_1 = M_2L_2$ の関係が成り立つ．化学てんびんは L_1 と L_2 が同じ長さである（等比型）ので，つり合ったときは $M_1 = M_2$ である．さおの支点 A に，さおと垂直に指針が取り付けられており，測定者はこの指針のふれを目盛りで読みながら M_1 をいろいろ変えてつり合う点を探す．通常，既知質量には**基準分銅**（standard weight）を用いる．てんびんの感度は，単位質量当たりの指針の変位量として定義される．化学てんびんの感度は，測定物の重量やさおのたわみによって変化する．

直示てんびん（direct-reading balance）（図 1.6）は，ひょう量値を直接表示する機構をもつ．さおは非対称で，片方には試料を載せる皿，もう一方には

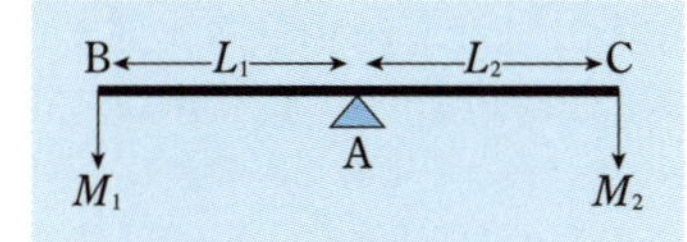

図 1.5　化学てんびん

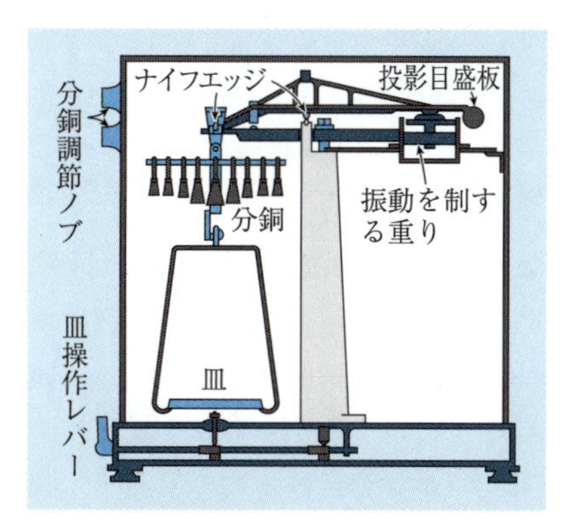

図 1.6　直示てんびん

振動を制する機能をもつ重りが付いている．試料を載せたとき，その質量に相当する分銅を取り除いてつり合わせる．荷重が常に一定であるので，感度も一定に保たれる．このため定感度てんびんとも呼ばれる．てんびんの要は，さおの支点となるナイフエッジである．ナイフエッジは衝撃により傷つきやすいので注意しよう．

現在普及している**電子はかり**（electronic balance）には，電磁バランス型とロードセル型がある．正確なひょう量に用いられているのは，電磁バランス型であり，電磁気力を利用する．原理を**図 1.7** に示す．試料の重量によって皿が受ける下向きの力を，強い磁場内に磁場と垂直に置いた導線に伝える．この導線に電流を流して上向きの電磁気力 F を発生させ，重量による力とつり合わせる．磁束密度を B，磁場内の導線の長さを L，電流を I とすると，$F = BLI$ となるので，電流から重量を求めることができる．電流値は質量に換算され，デジタル表示される．

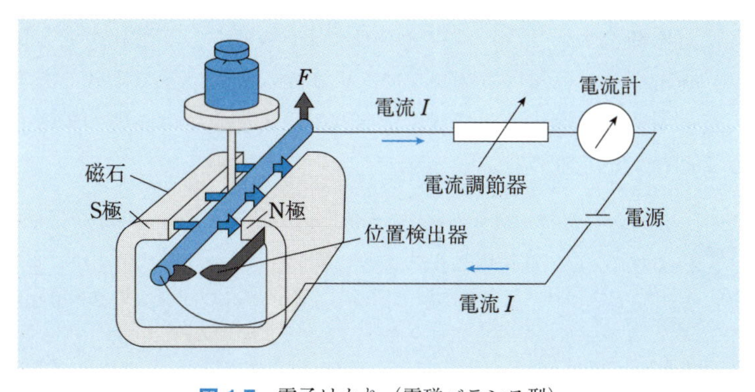

図 1.7　電子はかり（電磁バランス型）

注意　実際には F と I の直線性には誤差が生じるので，基準分銅を用いて校正する．分銅が内蔵されており，自動で校正できるものもある．電子はかりの表示値は重力に比例している．重力は標高や緯度によって変化するので，異なる場所で使用するときには校正をやり直す．また，電磁石は温度依存性があるので，温度補償を行う必要がある．

ひょう量における誤差の原因　はかりは，水平に置かれねばならない．そのために水準器を用いる．振動を避けることも当然である．温度差による対流がつり合い位置に影響を及ぼす．熱い試料や冷たい試料は周囲の温度と同じになるまで待ってからひょう量する．測定の際に試料室の扉を必ず閉めるのは気流の影響を避けるためである．吸湿性試料や揮発性溶媒を含む試料（水溶液など）を扱う場合は，ふた付きのひょう量瓶などを用い，空気にさらすのを最小限にして，吸湿による質量増加や蒸発による質量減少を防ぐ．

空気中の物体は，それと同体積の空気の重量に相当する浮力を受ける（アルキメデスの原理）．基準分銅と試料の密度が大きく異なるときには，浮力が誤差の原因となる．容量分析用ガラス器具の校正など，有効数字4桁以上の精度が要求される場合には浮力による誤差を計算によって補正する．

大まかなひょう量と精密なひょう量　定量分析であっても，すべての試薬を精密にひょう量する必要はない．精密なひょう量が必要とされるのは，分析対象試料，重量分析におけるひょう量形沈殿，容量分析における**一次標準物質**（primary standard material）などである．目的量を正確にはかりとるのは容易でない．多くの場合は，目的量に近い量を，必要な有効数字でひょう量する．ひょう量値と目的量との比を**ファクター**（f）として記録しておき，結果の計算の際に補正すればよい．

例えば，水酸化ナトリウムは空気中の水分を吸収し，二酸化炭素と反応するので，精密なひょう量は意味がない．大まかなひょう量で十分である．酸塩基滴定に用いる水酸化ナトリウム標準液の正確な濃度は，酸の標準液で滴定することによって求める．

例題1　0.01 mol/L 亜鉛標準液を調製する目的で，粒状の金属亜鉛（原子量65.39）0.1655 g をはかりとり，塩酸で溶かした後，メスフラスコで 250.0 mL の溶液にした．この亜鉛標準液のファクター（f）を算出せよ．

解　必要な金属亜鉛の目的量は，

$$65.39\,\mathrm{g/mol} \times 0.01\,\mathrm{mol/L} \times \left(\frac{250.0}{1000}\right)\mathrm{L} = 0.1635\,\mathrm{g}$$

ファクターはひょう量値と目的量の比なので，

$$f = \frac{0.1655\,\mathrm{g}}{0.1635\,\mathrm{g}} = 1.012$$

□

1.2.4　容量分析器具

容量分析では，液体の体積を有効数字4桁以上の精度ではかることが要求される．一般に正確かつ精密な体積測定に使われるガラス器具は，メスフラスコ，ホールピペット，ビュレットの三種類に限られる（図1.8）．

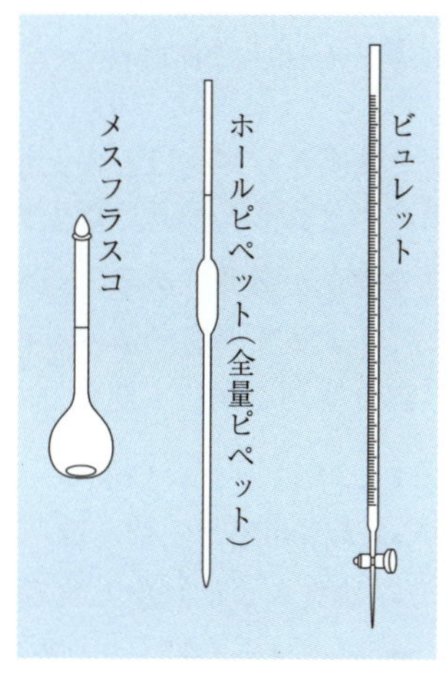

図1.8　容量分析用ガラス器具

メスフラスコ（volumetric flask）　液面のメニスカス（界面張力によりくぼんだ液体表面）の下端が標線と一致するときに，液体の体積が決まった値となる．すなわち，メスフラスコはその中に入っている液体の体積を正確に保証する．この意味で，メスフラスコにはTC（to contain; **受用**）と記されている．

ホールピペット（volumetric pipet）　全量ピペットとも呼ばれる．これは正確な体積の液体を別の容器に移すために用いられる．すなわち，ホールピペットは排出した液体の体積を正確に保証するものである．このためホールピペットにはTD（to deliver; **出用**）と記されている．ホールピペットは，ガラス器壁に液膜が残り，また先端に少量の液体が残ることを前提として，体積が保証されている．この前提を保つために，温度，排出時間，排出操作などに注意を払う．

ビュレット（buret）　正確な任意量の液体を排出する．おもに容量分析において滴定剤を滴下するのに用いられる（図1.9）．したがって，これも出用である．

容量器具の許容誤差は，**国際標準**（ISO）や国家標準（日本ではJIS）によって定められている．ホウケイ酸ガラスでできた容量器具は，低温の乾燥

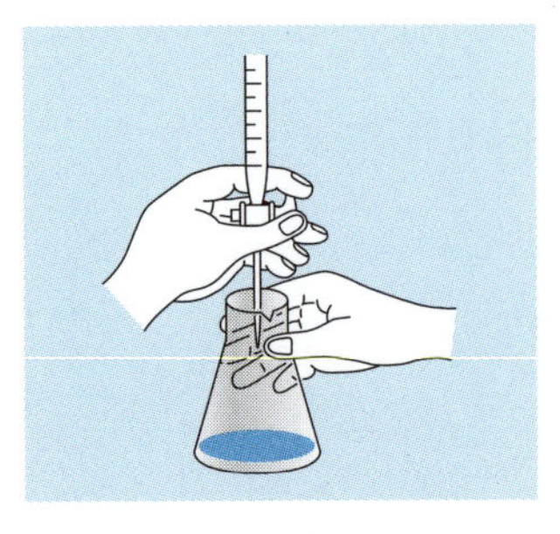

図 1.9 正しい滴定のやり方

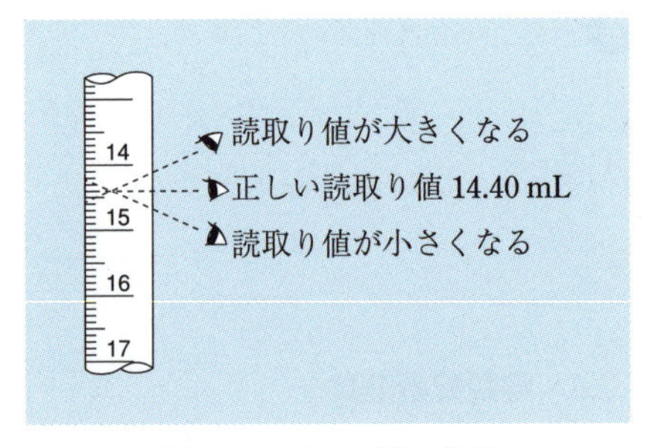

図 1.10 正しい眼の位置

器で乾燥させてもほとんど歪まないので，ふつうの目的には標線の表示を信用してよい．しかし，最高の正確さ，精度が要求される場合には，ガラス器具の校正が必要である．純水を容量器具ではかりとり，その重量を測定することによって，有効数字5桁まで校正することができる．

容量器具を正しく使う上で最も基礎的な注意事項は以下のようである．

- 器具をきれいに保つ
- 洗浄の際，内壁を傷つけないようにする
- 器具および対象とする液体の温度を一定に保つ
- ピペットやビュレットは，対象とする液体で内壁を共洗いしてから使用する
- 標線に合わせたり，目盛りを読んだりするときは，眼の位置をメニスカスと同じ高さにする（図 1.10）
- ビュレットを読むときは，最小目盛りの10分の1まで読む

注意 実験室ではホールピペットやビュレットと同じような目的で，メスピペット，機械式のマイクロピペット，メスシリンダーなどがよく用いられる．これらの精度はふつう有効数字3桁以下である．大まかな測定で十分な場合には，これらの器具を活用する．

例題 2 市販の特級塩酸（重量パーセント 36％）から 1 mol/L HCl 標準液 1 L を調製する方法を述べよ．

解 36％ HCl 溶液の比重が 1.18 g/mL であるので，モル濃度は，

$$\frac{1.18\,\text{g/mL} \times 1000\,\text{mL/L} \times 0.36}{36.36\,\text{g/mol}} = 11.7\,\text{mol/L}$$

必要な特級塩酸の量を x mL とおくと，

$$11.7\,\mathrm{mol/L} \times x\,\mathrm{mL} = 1\,\mathrm{mol/L} \times 1000\,\mathrm{mL}$$

$$\therefore \quad x = 85\,\mathrm{mL}$$

よって，特級塩酸 85 mL を水で 1000 mL に希釈すればよい．正確な濃度は，塩基標準液による滴定で決定する．□

1.2.5　試料溶液の調製

試料の乾燥　固体試料は，空気中の水を吸着しているので，ひょう量に先だって試料を乾燥させる必要がある．適切な乾燥法は，試料によって異なる．一般に，無機物は乾燥器中で 110 ℃くらいに保って乾燥させる．その後，試料を室温にまで放冷するためには，デシケーターを用いる．デシケーターの底部には，シリカゲル，無水 $CaCl_2$ などを乾燥剤として入れておく．乾燥剤の選択や状態が適切でないと，水分が乾燥剤から試料に移行することがある．

溶解に用いられる酸とアルカリ　無機固体は，無機酸（鉱酸）を使って溶解することが多い．無機酸はそれ自身が揮発性であったり，反応に伴って気体を発生したりするので，できるだけドラフト内で取り扱う．多くの無機酸は，開放系で加熱すると，共沸混合物へと組成が変化していくことにも留意しよう．

◆ 塩酸は，塩化水素の水溶液（市販品は重量パーセント約 36 %）である．水素よりイオン化傾向の高い金属を溶解するのに適している．希塩酸には酸化還元作用はないが，濃塩酸には還元作用がある．希塩酸も，過酸化水素やアスコルビン酸との混合物にすると，MnO_2 や Fe_2O_3 などを還元溶解するのに有効である．1 atm では，20.24 %塩酸が沸点 110 ℃の共沸混合物となる．

◆ 硝酸は，酸化力が強く，金属，非鉄合金，硫化物などを溶解する．Al, Cr, Fe, Mo, W などの金属は，濃硝酸にさらされると難溶性の酸化物被膜を生じ，不動態となる．硝酸は，有機物を酸化あるいはニトロ化する．酸化反応に伴って，有毒な NO, NO_2 などの気体が発生する．市販品の 68 %水溶液は，共沸混合物（沸点 120.5 ℃）である．

◆ 硫酸の市販品は，通常 96 %水溶液である．硫酸は，290 ℃で SO_3 を発生して分解しはじめ，317 ℃で沸騰する．常温では酸化還元作用はないが，熱時には酸化作用がある．脱水作用が強く，有機物から H と O を 2：1 の割合で奪う．水を加えると急激に発熱する．希釈する際は，必ず水に硫酸を少しずつ加えるようにする．

◆ 過塩素酸は，酸化作用が強い．市販品は60～70％水溶液，共沸混合物は72.4％（沸点203℃）である．有機物と爆発的に反応する．過塩素酸の塩も爆発の危険性があるので注意しよう．

◆ フッ化水素酸は，ケイ酸塩やSiO_2を溶解し，H_2SiF_6を生じる．これは硫酸などと加熱すると，SiF_4の気体となって揮散する．フッ化水素酸はTi, Zr, Nbなどの化合物を溶解する．これは安定なフッ化物錯体を生じるためである．市販品は46～60％水溶液，共沸混合物は37.73％（沸点111℃）である．フッ化水素酸は，皮膚に触れると激しい痛みを引き起こし，また内部に浸透して組織を腐食する．

◆ 王水は，濃塩酸と濃硝酸を体積比3：1で混合した溶液である．強い酸化作用を示し，Au, Ptなどの貴金属を塩化物錯体として溶解する．これは次式によって生成する塩素と塩化ニトロシルの作用であると考えられている．

$$HNO_3 + 3\,HCl \longrightarrow Cl_2 + NOCl + 2\,H_2O$$

◆ アルカリ性溶液が溶解に適している場合もある．水酸化ナトリウムや水酸化カリウムの水溶液は，Al_2O_3のような両性酸化物や，MoO_3, WO_3のようなオキソ酸イオンを生じる酸化物を溶解する．

$$WO_3 + 2NaOH \longrightarrow Na_2WO_4 + H_2O$$

また，スルホン酸やカルボン酸などの有機酸は，酸の形では水に溶けにくいが，水酸化ナトリウムを加えて酸解離させると容易に溶解する．

◆ アンモニア水溶液の市販品は28％，飽和濃度は34.2％（20℃）である．アンモニアは刺激臭がある気体で有毒であるので，ドラフト内で取り扱う．アンモニア水溶液は，AgClのような難溶性塩を溶解する．これはアンミン錯体の生成による．

鉱酸やアンモニア水のモル濃度（mol/L）は，例題2（p.10）のように計算する．実験室でよく使用する試薬については，市販試薬のおよそのモル濃度を覚えておくと便利である．塩酸12 mol/L，硝酸16 mol/L，硫酸18 mol/L，アンモニア水15 mol/Lである（裏表紙見返し参照）．

融解　難溶性物質の溶解に，**融解**（溶融; fusion）が有効な場合がある．試料と融剤を白金やニッケルのるつぼに採り，融剤が融解するまで加熱する．この過程で試料は融剤と反応して，可溶性塩を生じる．冷却後，生成物を水または希酸に溶解する．融剤には塩基性のものと酸性のものがある．よく使われる塩基性融剤は炭酸ナトリウム（融点 860 ℃）である．この場合，次式のように炭酸塩が生成する．

$$BaSO_4 + Na_2CO_3 \longrightarrow BaCO_3 + Na_2SO_4$$

$$M(II)SiO_3 + Na_2CO_3 \longrightarrow M(II)CO_3 + Na_2SiO_3$$

有機物の分解　有機物の分解には，**乾式灰化**（dry ashing）と**湿式分解**（wet digestion）がある．

乾式灰化は，有機物を通常 400 ～ 900 ℃に加熱して，空気中の酸素で酸化分解する．一般に**元素分析計**（elemental analyzer）は，この方式を用いている．有機物を定量的に CO_2, H_2O, N_2 などの無機化合物に変換し，これらの気体を定量して，元の有機物試料における C, H, N などの組成を明らかにする．効率的な酸化分解のために，白金などの触媒が工夫されている．

無機分析のための有機物試料の分解では，湿式分解もよく用いられる．有機物は，試料によって分解しやすさが大きく異なる．分解しやすい試料には，硝酸と過酸化水素の混合物が用いられる．より分解しにくい試料には，硝酸－硫酸，または硝酸－過塩素酸－硫酸の混合物を用いる．特に後者の 3：1：1 混合物は，最も強力な分解用混酸であるといわれる．過塩素酸が必要な場合は，硫酸との混酸とする．そうすれば加熱時に硫酸が後まで残るので，過塩素酸と有機物による爆発を防ぐことができる．

湿式分解は，ケルダールフラスコをバーナーや電気炉で加熱したり，ビーカーをホットプレート上で加熱したりして行われる．テフロン製の密閉分解容器を用いて，乾燥器中で 100 ～ 150 ℃に加熱してもよい．この場合，容器内の圧力が上昇し，酸の沸点が上昇するので，分解をより迅速に行える．

近年，マイクロ波の有用性が注目されている．マイクロ波は，水のように双極子をもつ分子に吸収され，試料を内部からきわめて速やかに加熱する．マイクロ波は分解反応も迅速にする作用がある．これまで数時間かかっていた分解反応を数分に短縮することもできる．テフロン製密閉分解容器を用いれば，家庭用の電子レンジで湿式分解が可能である．しかし，急速な分解により急激に容器の圧力が高まると爆発を起こすことがあるので，注意が必要である．安全のためには，専用のマイクロ波分解装置を用いることが望ましい．

1.3 分析データの取扱い

1.3.1 正確さと精度

正確さ（accuracy）は，測定値と真値との一致の程度を表す．ほとんどの試料では，真値は分からないので，その測定の正確さを厳密に評価することはできない．代わりに，試料と似通った**標準物質**（reference material）を分析して，**保証値**（certified value）と測定値を比較する．無機材料，生体試料，環境試料などさまざまな標準物質が利用可能である．

精度（precision）は，同じ量を繰り返し測定したときの一致の程度を表す．すなわち，測定値の**再現性**（reproducibility）である．一般に正確さと精度との間には関係はない（**図1.11**）．精度が高ければ正確さもよいということにはならない．しかし，精度が低い方法で，正確な値を得ることは難しいだろう．

参考 正確でかつ精度が高いことを，精確と書くことがある．

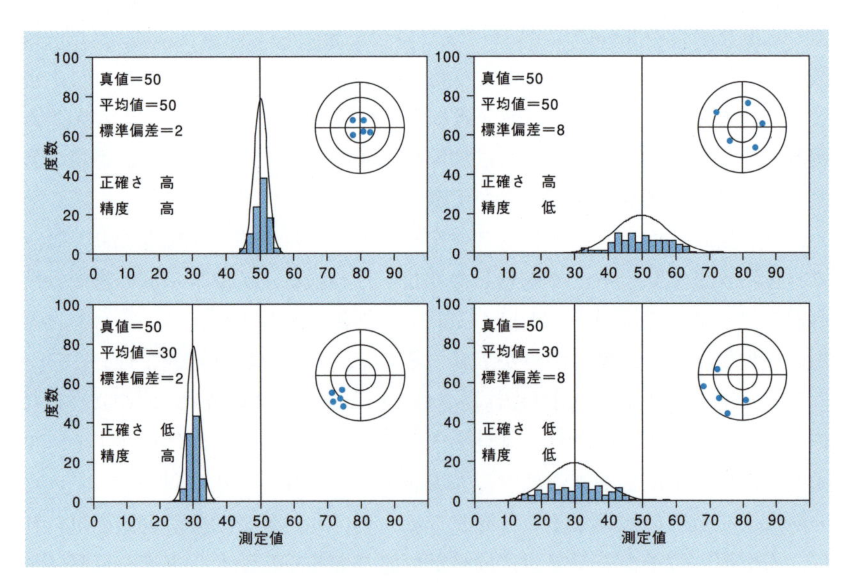

図1.11 正確さと精度
100個のデータの度数分布と正規分布曲線を示す．
的上の点●はデータの分布のイメージを表す．

1.3.2 誤　　差

誤差（error）を含まない分析はあり得ない．明らかな**まちがい**（mistake）は別として，誤差は大きく二つに分けられる．

一つは，**確定誤差**（determinate error）である．これは**系統誤差**（systematic error）とも呼ばれる．この誤差は，すべての結果が同じ方向に偏る形で現れる．したがって，測定の正確さに影響する．確定誤差は，その原因を確定して，回避または補正することが可能である．確定誤差には，次のようなものが含まれる．

- 機器誤差：未補正の分銅や容量器具などに起因する．
- 操作誤差：分析者の不完全な操作によって生じる．標準液の調製に欠陥があって，濃度が狂った場合などである．
- 方法誤差：分析法そのものに起因する．不完全反応，副反応，不純物の影響などによる誤差である．目的成分が試薬中に不純物として含まれ，測定値に下駄を履かせることを，**試薬ブランク**と呼ぶ．これは比較的簡単に測定でき，補正可能な方法誤差である．

もう一つは，**不確定誤差**（indeterminate error）である．これは**偶然誤差**（random error）とも呼ばれる．この誤差は，個々の結果が平均値の両側にばらつく形で現れる．したがって，測定の精度に影響する．不確定誤差は，予測したり回避したりすることができない．しかし，操作に熟練すれば，偶然誤差を小さくすることは可能である．

1.3.3 正確さの表現

正確さを表すには，絶対誤差と相対誤差が用いられる．**絶対誤差**（absolute error）は，真値と測定値の差である．符号を含めて，測定値と同じ単位で表される．**相対誤差**（relative error）は，絶対誤差の真値に対する比として定義され，一般にパーセントで表される．

例題 3　ある石灰岩標準物質のマグネシウムの保証値は，13.52 g/kg である．これを分析したところ，測定値 13.10 g/kg が得られた．この値の絶対誤差と相対誤差を計算せよ．

解　絶対誤差は測定値から真値を引いた差なので，

$$13.10\,\mathrm{g/kg} - 13.52\,\mathrm{g/kg} = -0.42\,\mathrm{g/kg}$$

絶対誤差を真値に対するパーセントで示すと相対誤差が得られる．

$$\frac{-0.42\,\mathrm{g/kg}}{13.52\,\mathrm{g/kg}} \times 100 = -3.1\,\%$$

□

1.3.4 標準偏差

不確定誤差は，**正規分布**（normal distribution）に従う．これは**ガウス分布**（Gaussian distribution）とも呼ばれる．正規分布では，測定値の頻度を測定値に対してプロットすると，**図 1.12** に示すような曲線が得られる．この曲線の重要なパラメータは，平均 μ と標準偏差 σ である．有限回数の測定においては，**平均**（average）μ は次式の算術平均 $\overline{x}$ で近似される．

$$\overline{x} = \frac{\sum_i x_i}{n}$$

ここで x_i は個々の測定値，n は測定回数である．また**標準偏差**（standard deviation）σ は，次式の s で近似される．

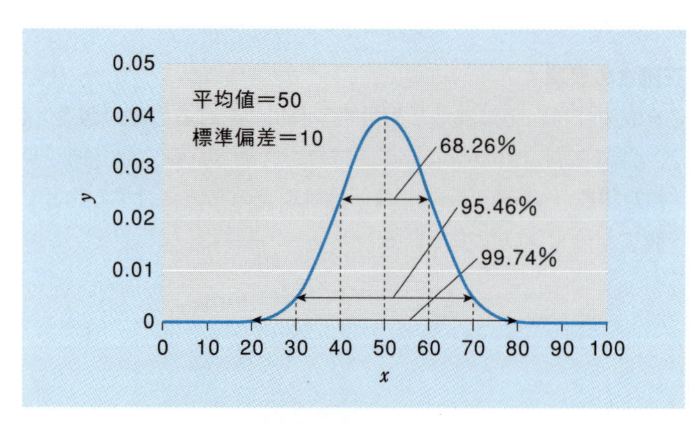

図 1.12　正規分布曲線
%は含まれるデータの割合を示す．

$$s = \sqrt{\frac{\sum_i (x_i - \overline{x})^2}{n-1}}$$

標準偏差は，1回の測定で生じ得る不確定誤差の見積もりとなる．標準偏差が大きいことは，測定値のばらつきが大きいことを示す．測定値が正規分布に従うとき，

$$\overline{x} \pm s$$

の領域にデータの68％が現れる．さらに，$\overline{x} \pm 2s$ の領域にデータの95％，$\overline{x} \pm 3s$ の領域にデータの99.7％が含まれる．

相対標準偏差（relative standard deviation; rsd）は，平均値に対する標準偏差の比として定義され，一般にパーセントで表される．これは**変動係数**（coefficient of variation; cv）とも呼ばれる．

例題 4 測定回数 n が5の以下のひょう量値（g）を用いて，平均値 $\overline{x}$，標準偏差 s，相対標準偏差 r を算出せよ．

1.824，1.831，1.822，1.829，1.825

解

$$\overline{x} = \frac{\sum_{i=1}^{n} x_i}{n} = \frac{1.824 + 1.831 + 1.822 + 1.829 + 1.825}{5} = 1.826\,\mathrm{g}$$

$$s = \sqrt{\frac{\sum_{i=1}^{n} (x_i - \overline{x})^2}{n-1}} = \sqrt{\frac{\sum_{i=1}^{5} (x_i - 1.826)^2}{5-1}} = 0.004\,\mathrm{g}$$

$$r = \frac{s}{\overline{x}} \times 100 = \frac{0.004}{1.826} \times 100 = 0.2\,\%$$

□

注意 測定の精度は，測定回数を増やすことによって改善できる．s の定義から明らかなように，測定回数を10回から1000回に増やせば，s をおよそ10分の1にすることができる．NMR測定などで積算を行うのはこのためである．一方，系統誤差は測定回数を増やしても小さくすることができない．

Excelで考えよう1
「平均値，標準偏差，相対標準偏差の計算」

パソコンの表計算ソフトを用いれば，分析データの統計処理は容易になる．ここでは，最も広く用いられているMicrosoft Excelを使って解説する．Excelには，複雑な計算を簡単に行うことができるように，多くの演算式があらかじめ用意されている．この演算式を**関数**と呼ぶ．さまざまな関数の中には，データの統計処理を行うための統計関数も用意されている．また，個々の統計関数を知らなくてもデータ解析が実行できるように，さまざまな統計分析手法が**分析ツール**としてまとめられている．

例題4の平均値，標準偏差，相対標準偏差を，Excelの統計関数を用いて計算してみよう．Excelを起動すると表の形をした画面が現れる（**図e1.1**）．この表全体を**ワークシート**と呼ぶ．ワークシートには，表の桝目が縦横に並んでおり，各桝目を**セル**と呼ぶ．セルの縦の並びを**列**と呼び，各列はA, Bなどの**列番号**で区別される．一方, 横の並びを**行**と呼び, 各行は1, 2などの**行番号**で区別される．また, 個々のセルは, 列番号と行番号を使って表現される**セル番地**で区別される．例えば左上端のセルのセル番地はA1である．それぞれのセルに，データの数値を1つずつ入力する．データは，同じ行または列に並べて入力するとよい．この特定のセルの並びを**セル範囲**と呼ぶ．セル範囲はA1：A5のように表す．これは列Aの行1から行5までの5個のセルをまとめて1つの範囲として示している．ここでは，5個のデータをセル範囲A1：A5に入力した．このデータに対して，統計処理を行う．平均値，標準偏差および相対標準偏差を求めるには，関数を含む次の数式を適当なセルD1, D2およびD3に入力する．

- 平均値：セルD1に「= AVERAGE(A1:A5)」と入力する．
- 標準偏差：セルD2に「= STDEV(A1:A5)」と入力する．

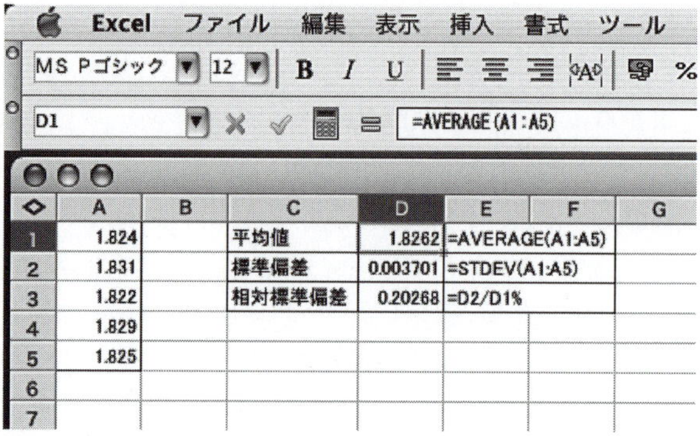

Excel　ファイル　編集　表示　挿入　書式　ツール

MS Pゴシック　12　B　I　U　%

D1　=AVERAGE(A1:A5)

	A	B	C	D	E	F	G
1	1.824		平均値	1.8262	=AVERAGE(A1:A5)		
2	1.831		標準偏差	0.003701	=STDEV(A1:A5)		
3	1.822		相対標準偏差	0.20268	=D2/D1%		
4	1.829						
5	1.825						
6							
7							

図e1.1

- 相対標準偏差：セル D3 に「= D2/D1%」と入力する．

記号「　」で囲まれた内容を英数字でセルに入力する．先頭に等号記号 = を付けると，入力した内容が**数式**として扱われる．図 e1.1 には，参考のために列 D に入力した数式を次の列に表した．セルに数式を入力するときは，**数式バー**を使うと見やすい．数式バーにはもとの数式が表示されるが，セルには計算結果の**数値**などが表示される．数式の中で用いられる算術演算子には，加算 +，減算 -，乗算 *，除算 /，累乗 ^，パーセント % などがある．AVERAGE と STDEV は，関数（統計関数）である．これらはメニューバーから［挿入］→［関数］を選択することによっても入力できる．式の中で，D1，D2 といったセル番地や，A1：A5 といったセル範囲が入力されているが，これはそのセルまたはセル範囲のデータを計算に用いるためである．このように，セルやセル範囲のデータを使うことを**参照**という．

1.3.5 有効数字

有効数字（significant figure）は，測定値を表す数字のうち，位取りを示すゼロを除いた意味のある数字である．確実な位の数字すべてと，不確かさを含む最後の桁の数字からなる．有効数字の桁数は，測定の精密さを示すものであるので，それを正しく考慮して表記することは定量分析の基本である．

例題 5　最小目盛が 0.1 mL 単位のビュレットを用いて滴定実験を行ったところ，終点で 25.38 mL の読み取り値を得た．この値の有効数字の桁数を答えよ．

解　器具の最小目盛の 1/10 まで値を読み取る．最小位の値は ±1 の不確かさをもつので，真値は 25.37 ～ 25.39 mL の範囲にある．読み取り値は，有効数字を考慮して書き直すと 2.538×10 mL で，2.538 は ±0.001 の不確かさをもつ．有効数字の桁数は 4 桁である．□

注意　有効数字の桁数は，測定値のばらつき，したがって標準偏差を参考に決められる．測定の精度を明らかにするために，測定値は $\bar{x} \pm s$ の形で表すことが望ましい．このとき測定回数 n を併せて示す．

例題 6　実験廃水中の鉄濃度を ICP 原子発光法で定量したところ，次の測定値（ppm）を得た．結果を $\bar{x} \pm s$ ppm の形で表せ．このとき，標準偏差をもとに有効数字の桁数を決定せよ．

32.54，　33.24，　33.19，　32.87，　33.06

解　五つの測定値の平均値 $\overline{x}$ と標準偏差 s は,

$$\overline{x} = 32.98, \quad s = 0.28$$

各測定値は有効数字 4 桁で示されているが，s の値からみて有効数字の 3 桁目（小数第一位）の値は測定値のばらつきによる不確かさをもつ．よって，4 桁目（小数第二位）の値を四捨五入して，有効数字 3 桁で表すのがよい．

$$\overline{x} \pm s = 33.0 \pm 0.3\,\mathrm{ppm}$$

□

有効数字の計算　有効数字を使って計算するときの規則は以下のようである．

- 掛け算と割り算：答の有効数字は，有効数字の桁数の最も少ない数に揃える．
- 足し算と引き算：答の有効数字は，有効数字の最後の位が最も高い数に揃える．
- 対数：真数と対数の仮数を同じ桁数の有効数字とする．

例えば，4.0×10^{-3} M HCl 溶液の $\mathrm{pH} = -\log\,[\mathrm{H^+}]$ を求める場合，

$$\mathrm{pH} = -\log\,(4.0 \times 10^{-3}) = -(0.60 - 3) = 2.40$$

ここで真数 4.0×10^{-3} の有効数字は 2 桁である．その対数をとるとき，$\log 10^{-3}$ からくる -3 は，小数点の位置を決める数であり，指標と呼ばれる．これは真数の有効数字の桁数と無関係である．$\log 4.0$ は 0.60 であるが，これを仮数と呼ぶ．この有効数字の桁数を真数と一致させる．

補足　電卓で計算するときは，計算の途中はすべての桁を残して計算し，最後の答において有効数字を判断する．

例題 7　以下の式中の数字はすべて測定値である．電卓で計算して，有効数字を考慮して答を記せ．

（ア）$23.85 \times 14.564 \div 0.846 \div 951.3$

（イ）$23.85 + 14.562 - 0.846 - 951.3$

（ウ）$-\log\,(4.057 \times 10^{-5})$

解　（ア）$23.85 \times 14.564 \div 0.846 \div 951.3 = 0.431599 \cdots = 0.432$

0.846 の有効数字の桁数が 3 桁で最も少ない．答も 3 桁で表す．

（イ）$23.85 + 14.562 - 0.846 - 951.3 = -913.734 = -913.7$

小数第一位までの 951.3 が，有効数字の最後の位が最も高い．答も小数第一位までとする．

（ウ）$-\log(4.057 \times 10^{-5}) = -(0.6082 - 5) = 4.3918$

真数 4.057×10^{-5} の有効数字は 4 桁なので，$\log 4.057$ を計算した仮数を 4 桁の 0.6082 とする．□

誤差の伝播　$\overline{x} \pm s$ の形で表記される測定値の計算では，誤差部分すなわち標準偏差は以下のように取り扱う．ここで k は定数を表す．

- 線形式：求める値 y が，測定値 a，b，c，$\cdots$ の線形式となる

$$y = k + k_a a + k_b b + k_c c + \cdots$$

　とき，y の標準偏差 s_y は，次式で与えられる．

$$s_y = \sqrt{(k_a s_a)^2 + (k_b s_b)^2 + (k_c s_c)^2 + \cdots}$$

- 乗除式：求める値 y が，測定値 a，b，c，$\cdots$ の積または商となる

$$y = kab/cd$$

　とき，y の標準偏差 s_y は，次式で与えられる．

$$s_y = y\sqrt{(s_a/a)^2 + (s_b/b)^2 + (s_c/c)^2 + (s_d/d)^2}$$

- その他の関数式：求める値 y が，一般に測定値 x の関数となる

$$y = f(x)$$

　とき，y の標準偏差 s_y は，次式で与えられる．

$$s_y = \left| s_x \frac{dy}{dx} \right|$$

最終的な答の有効数字の桁数は，誤差の伝播による不確かさを考慮して決定する．

例題 8　次の a，b の測定値を用いて，$y \pm s_y$ を計算せよ．

a：12.8，　12.9，　12.7，　12.8，　13.0

b：7.54，　7.49，　7.52，　7.51，　7.50

（ア）$y = 1 + 2\overline{a} - 3\overline{b}$
（イ）$y = 4\overline{a} \div \overline{b}$
（ウ）$y = \overline{a}^2 + 2\overline{a} - 3$

解　a, b の平均値と標準偏差はそれぞれ，

$$\overline{a} = 12.8, \qquad s_a = 0.1$$
$$\overline{b} = 7.51, \qquad s_b = 0.02$$

（ア）$y = 1 + 2 \times 12.8 - 3 \times 7.51 = 4.07$

$$s_y = \sqrt{(2 \times 0.1)^2 + (-3 \times 0.02)^2} = 0.20$$
$$\therefore \quad y \pm s_y = 4.1 \pm 0.2$$

（イ）$y = 4 \times 12.8 \div 7.51 = 6.817$

$$s_y = 6.817 \times \sqrt{(0.1 \div 12.8)^2 + (0.02 \div 7.51)^2} = 0.056$$
$$\therefore \quad y \pm s_y = 6.82 \pm 0.06$$

（ウ）$y = (12.8)^2 + 2 \times 12.8 - 3 = 186.44$

$$s_y = \left|0.1 \times (2 \times 12.8 + 2)\right| = 2.76$$
$$\therefore \quad y \pm s_y = 186 \pm 3$$

□

1.3.6　結果の棄却

統計学は，定量結果に基づいて客観的に考察する上でたいへん役に立つ．ここでは，例として異常値の取扱いについて見てみよう．繰り返し測定をするとき，他の値から著しくかけ離れた値が得られることがある．その疑わしい値を除くべきか，残すべきかを判定する方法の一つに，ディクソンの **Q 検定**がある．Q 値を次式によって求める．

$$Q = \frac{\left|\text{疑わしい値} - \text{最近接値}\right|}{\text{最大値} - \text{最小値}}$$

この値を，Q の臨界値と比較する．**表 1.1** は，信頼水準 90, 95 および 99％の場合の臨界値である．Q の計算値が臨界値 Q_{95} を超えている場合，疑わしい値を棄却する．この棄却は 95％の確率で正しい．逆にいうと，20 回に 1 回は正しい値として扱うべき値を棄却してしまうことになる．

表 1.1　Q の臨界値

測定回数	Q_{90}	Q_{95}	Q_{99}
3	0.941	0.970	0.994
4	0.765	0.829	0.926
5	0.642	0.710	0.821
6	0.560	0.625	0.740
7	0.507	0.568	0.680
8	0.468	0.526	0.634
9	0.437	0.493	0.598
10	0.412	0.466	0.568
15	0.338	0.384	0.475
20	0.300	0.342	0.425
25	0.277	0.317	0.393
30	0.260	0.298	0.372

出典　D.B. Rorabacher, *Anal. Chem.*, **63**（1991）139

例題 9　ある滴定において，次の測定値（mL）が得られた．このうち，26.04 を棄却すべきかどうかを信頼水準 95 %の Q 検定により判定せよ．

25.72,　25.69,　25.81,　25.79,　26.04

解

$$Q = \frac{|26.04 - 25.81|}{26.04 - 25.69} = 0.6571$$

$Q_{95} = 0.710\ (n = 5) > 0.6571$ であるので，棄却すべきでない．

1.3.7　分析に用いられる単位

測定値を報告する場合，もう一つ欠かせない情報はその**単位**である．**国際単位系**（SI）の使用が推奨されており，最近の論文はほとんどこれに従っている．質量の基本単位は kg（キログラム），長さの基本単位は m（メートル）である．ここで k は接頭語の一つであり，10^3 を意味する．分析化学でよく使われる接頭語を**表 1.2** に示す．体積は，長さの 3 乗（m^3）を単位として表すのが基本である．しかし，化学では液体の体積を表すとき，dm^3 の代わりに L（リットル）を使うことが一般的であり，SI との併用が認められているので，本書でも L を用いる．

無次元での組成の表現　成分の組成は，試料に占める割合で表記すると分かりやすい場合がある．この目的に使われるのが，%（パーセント），‰（パー

表 1.2　SI 接頭語

大きさ	接頭語		記号	大きさ	接頭語		記号
10^{-1}	デシ	deci	d	10	デカ	deca	da
10^{-2}	センチ	centi	c	10^{2}	ヘクト	hecto	h
10^{-3}	ミリ	milli	m	10^{3}	キロ	kilo	k
10^{-6}	マイクロ	micro	μ	10^{6}	メガ	mega	M
10^{-9}	ナノ	nano	n	10^{9}	ギガ	giga	G
10^{-12}	ピコ	pico	p	10^{12}	テラ	tera	T
10^{-15}	フェムト	femto	f	10^{15}	ペタ	peta	P
10^{-18}	アット	atto	a	10^{18}	エクサ	exa	E
10^{-21}	ゼプト	zepto	z	10^{21}	ゼッタ	zetta	Z
10^{-24}	ヨクト	yocto	y	10^{24}	ヨッタ	yotta	Y

表 1.3　無次元での組成の表現

組成の表現	記号	読み方	比率
百分率	%	パーセント	10^{-2}
千分率	‰	パーミル	10^{-3}
百万分率	ppm	ピーピーエム	10^{-6}
十億分率	ppb	ピーピービー	10^{-9}
一兆分率	ppt	ピーピーティー	10^{-12}
千兆分率	ppq	ピーピーキュー	10^{-15}

ミル），ppm（ピーピーエム）などである（**表 1.3**）．基本的にこれらは，成分と試料を同じ単位で表現しておいて計算する．例えば，重量 ppm は次式で求められる．

$$\mathrm{ppm\,(wt/wt)} = \left[\frac{\text{成分の重量 (g)}}{\text{試料の重量 (g)}}\right] \times 10^{6}$$

ただし例外があるので注意しよう．例えば，水の密度はほぼ 1 g/cm^3 であるので，水中の微量成分濃度を表す場合，mg/L を ppm と表すことがある．

例題 10　玄米 1.428 g 中にカドミウムが 86 ng 含まれていた．この成分の濃度を ppb 単位で表せ．

解　ppb は parts per billion の略で，10 億（10^9）分の 1 を意味する．

$$\frac{86 \times 10^{-9}\,\mathrm{g}}{1.428\,\mathrm{g}} \times 10^{9} = 60\,\mathrm{ppb}$$

□

モルに基づく表現　mol（モル）は，物質量を表すSI基本単位である．アボガドロ数（6.022×10^{23}）は，質量数12の炭素の同位体 ^{12}C の12gに含まれる炭素原子の数として定義される．アボガドロ数個の原子，分子，イオンなどを1molという．化学反応を考えるときは，molを用いるのが便利である．物質のモル数は，質量を**式量**（formula weight）で割ることで求められる．

$$\mathrm{mol} = 質量\,(\mathrm{g})/式量$$

分析化学で溶液の濃度を表すとき，広く用いられているのは**容量モル濃度**（molarity；以下簡単のためモル濃度と呼ぶ）である．モル濃度は，溶液1Lに含まれる溶質のモル数として定義され，mol/LまたはMと表記される．

$$\mathrm{mol/L} = 溶質のモル数\,(\mathrm{mol})/溶液の体積\,(\mathrm{L})$$

以下の章では，モル濃度に基づいて議論する．

例題 11　無水炭酸ナトリウム2.6875gを溶かして500.00mLの水溶液を調製した．炭酸ナトリウムのモル濃度を計算せよ．

解　Na_2CO_3 の式量105.99を用いて，$\dfrac{\dfrac{2.6875\,\mathrm{g}}{105.99\,\mathrm{g/mol}}}{0.50000\,\mathrm{L}} = 0.050712\,\mathrm{mol/L}$　□

物理化学では**重量モル濃度**（molality; m）がより一般的である．これは溶媒1kgに含まれる溶質のモル数として定義される．重量モル濃度は温度に依存しないが，容量モル濃度は温度に依存する．それは，溶液の体積が温度によって変化するためである．

例題 12　0.7029mol/L NaCl水溶液の密度は，20℃で1.0268kg/Lである．容量モル濃度を重量モル濃度に換算せよ．

解　NaClの式量は58.44g/molである．溶液1Lの質量から溶質の質量を引いて，溶液1L中の溶媒の質量を求めると，

$$1.0268\,\mathrm{kg/L} - 0.05844\,\mathrm{kg/mol} \times 0.7029\,\mathrm{mol/L} = 0.9857\,\mathrm{kg/L}$$

これを用いてモル濃度を溶媒1kg当たりの溶質の物質量に換算する．

$$\frac{0.7029\,\mathrm{mol/L}}{0.9857\,\mathrm{kg/L}} = 0.7131\,\mathrm{mol/kg}$$　□

演 習 問 題
第1章

1 以下の対の術語について，違いが明らかになるように簡潔に説明せよ．

(1) 「定性分析」と「定量分析」

(2) 「系統誤差」と「偶然誤差」

(3) 「正確さ」と「精度」

(4) 容量分析器具の「出用」と「受用」

(5) 「容量モル濃度」と「重量モル濃度」

2 SDS を使って，フッ化水素酸について調べてみよ．

3 以下の実験操作は適切でない．その理由，および正しい操作を述べよ．

(1) 電子はかりの水準器がずれていたが，そのまま一次標準物質とするシュウ酸を精確にひょう量した．

(2) 0.1 M 水酸化ナトリウム標準液をつくるため，粒子状の水酸化ナトリウムを有効数字 4 桁でひょう量し，純水 1 L に溶解した．

(3) 1 M 硫酸溶液をつくるために，メスフラスコの 9 分目まで水を入れ，濃硫酸を加えた後，標線まで水を加え，ふたをして混合した．

(4) 過マンガン酸カリウム溶液を標定するために，メスピペットを用いて 0.2 M シュウ酸標準液 20 ml を三角フラスコにとり，過マンガン酸カリウム溶液で滴定した．

(5) 分析の正確さを評価するために，同じ未知試料を 20 回繰り返して測定し，標準偏差を求めた．

4 次の目的元素を分析するために試料を溶解する方法を考えよ．

(1) アルミノケイ酸塩鉱物中のタングステン

(2) 海藻中の鉄

5 4 人の学生が正確に 0.1000 M の NaOH 溶液 10.00 mL を正確に 0.1000 M の塩酸で滴定した結果を示す．

学生	結果（mL）	学生	結果（mL）	学生	結果（mL）	学生	結果（mL）
	10.08		9.88		10.19		10.0
	10.11		10.14		9.79		10.0
A	10.09	B	10.02	C	9.69	D	10.0
	10.10		9.8		10.05		9.95
	10.12		10.21		9.78		10.05

(1) 学生それぞれの結果について，正確さと精度を寸評せよ．

(2) 学生 A の系統誤差の原因としてどんなことが考えられるか．

(3) 学生 D の結果について，問題点を指摘せよ．

第2章

分析化学における化学平衡

本章では，化学平衡の定量的取扱いの基礎を学ぶ．共通イオンや共存イオンが平衡に影響を及ぼすことは，よく経験することである．それらの効果は，どのように定量化されるだろうか．容量分析は，化学平衡を利用する化学分析の典型であり，さまざまな実例が本書で紹介される．ここでその原理を身に付けよう．

本章の内容

2.1　化学反応の分類

本書では，酸塩基反応，錯体生成反応，沈殿反応，酸化還元反応，分配反応を扱う．溶液で起こる無機化学反応のほとんどすべてが，これらのいずれかに分類される．

2.2　モル濃度平衡定数

一般に化学反応は，右側へ進む順方向（正反応）だけではなく，左側に進む逆方向（逆反応）にも進行する．**化学平衡**（chemical equilibrium）は，正反応と逆反応の速度が等しい状態である．反応物 A, B が生成物 C, D と平衡状態にある次の反応を考えよう．

$$a\mathrm{A} + b\mathrm{B} \rightleftharpoons c\mathrm{C} + d\mathrm{D}$$

この式は，a モルの A と b モルの B が反応し，c モルの C と d モルの D が生成することを表す．この反応の**モル濃度平衡定数**（molar equilibrium constant）は次式で定義される．

$$K = \frac{[\mathrm{C}]^c[\mathrm{D}]^d}{[\mathrm{A}]^a[\mathrm{B}]^b}$$

本書では，[X] は化学種 X のモル濃度（$\mathrm{mol/L} = \mathrm{M}$）を表す．特に断らない限り，それは平衡時の値を指す．

モル濃度平衡定数が大きいことは，平衡が右に偏っており，平衡において反応物の濃度（[A], [B]）に比べて生成物の濃度（[C], [D]）が高いことを意味する．

モル濃度平衡定数は，温度，圧力，共存物質の組成によって変化する．ただし，溶液の場合，圧力に対する依存性は比較的小さい．反応速度に比べれば，平衡は制御しやすい．すなわち，目的とする状態を再現するのが容易である．そのために，化学分析は反応速度より平衡に基づく方法がより一般的である．

補足　平衡定数は反応がどのくらいの速さで平衡に達するかとは無関係であることに注意しよう．平衡に達するのに要する時間は，A と B の混合物から開始するか，C と D の混合物から開始するかによっても変化する．

2.3　平衡計算の基本

反応物と生成物それぞれの平衡濃度を求めることを考えよう．

例題 1　次の水溶液反応

$$A + B \rightleftharpoons C + D$$

のモル濃度平衡定数 K は 0.70 である．0.30 mol の A と 0.50 mol の B を水 1 L に溶かして反応させたとき，平衡における各成分の濃度を求めよ．

解　反応式の係数がすべて 1 であるので，C, D の増加量は A, B の減少量と等しい．C の平衡濃度を x M とおくと，各成分の濃度は，次のように表される．

	[A]	[B]	[C]	[D]
初濃度　（M）	0.30	0.50	0	0
平衡濃度（M）	$0.30 - x$	$0.50 - x$	x	x

これらの平衡濃度を平衡定数の式に代入すると，

$$\frac{xx}{(0.30 - x)(0.50 - x)} = 0.70$$

$$\therefore \quad 0.30x^2 + 0.56x - 0.105 = 0$$

これを解いて，

$$x = \frac{-0.56 \pm \sqrt{(0.56)^2 - 4 \times 0.30 \times (-0.105)}}{2 \times 0.30}$$

化学的に意味があるのは正の値であるので，$x = 0.17$．したがって，

$$[A] = 0.13\,\mathrm{M}, \quad [B] = 0.33\,\mathrm{M}, \quad [C] = [D] = 0.17\,\mathrm{M}$$ □

上の例では，平衡定数があまり大きくないために，平衡状態でもかなりの量の A と B が残っている．一般に分析化学で有用な反応は，平衡定数が大きく，平衡が右に偏っている．重量分析や容量分析では，目的物質の 99.99 %以上が反応し，生成物となる条件を**定量的**（quantitative）と呼ぶ．このような場合はもっと簡単に計算することができる．

例題2 例題1において，モル濃度平衡定数が 7.0×10^{15} のときはどうなるか．

解 この場合，平衡時にAはほとんど残っておらず，C, Dの濃度はAの初濃度にほぼ等しいと考えられる．Aの平衡濃度を x M とおくと，各成分の濃度は，次のように表される．

	[A]	[B]	[C]	[D]
初濃度 （M）	0.30	0.50	0	0
平衡濃度（M）	x	$0.20 + x$	$0.30 - x$	$0.30 - x$

ここで x はとても小さく，0.20や0.30に比べて無視できるので，

$$[B] \approx 0.20\,\mathrm{M}$$

$$[C] = [D] \approx 0.30\,\mathrm{M}$$

である．これらの平衡濃度を平衡定数の式に代入して，

$$\frac{0.30 \times 0.30}{x \times 0.20} = 7.0 \times 10^{15}$$

$$\therefore \quad x = [A] = 6.4 \times 10^{-17}\,\mathrm{M}$$

確かに0.20や0.30に比べて x を無視した近似は妥当である． □

このような計算では，最小になる濃度を未知数とするのがこつである．

近似計算を行ったときは，答を見て，仮定が適切であったかどうかを確認する．近似が十分でなかった場合には，得られた答に基づいて推定値を改良して，再計算する．これを繰り返して真値に近付ける方法を**逐次近似法**（successive approximation）と呼ぶ．

2.4 溶媒としての水

化学分析において最もよく使われる溶媒は**水**である．水の特徴の一つは，イオンおよび極性分子をよく溶かすことである．本書で取り扱うのも，ほとんどがイオンおよび極性分子の水溶液反応である．先に進む前に，水溶液の分子レベルの姿を見ておこう．

水分子の酸素原子は，二つの水素原子と結合し，二つの孤立電子対を有している（**図 2.1**）．H−O−H の結合角は 104° である．O−H 結合は，負電荷が酸素に，正電荷が水素に集まり，極性が高い．その結果，水分子は高い双極子モーメントをもつ．また，水素結合を形成する能力が高い．固体の氷では，水分子は三次元の水素結合ネットワークを形成する（**図 2.2**）．液体の水では，ネットワークは部分的であり，分子運動のため時間的に揺らいでいる．

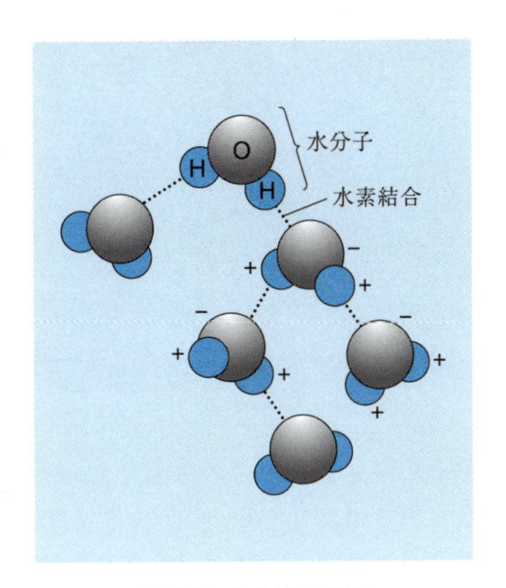

図 2.1 水分子の構造

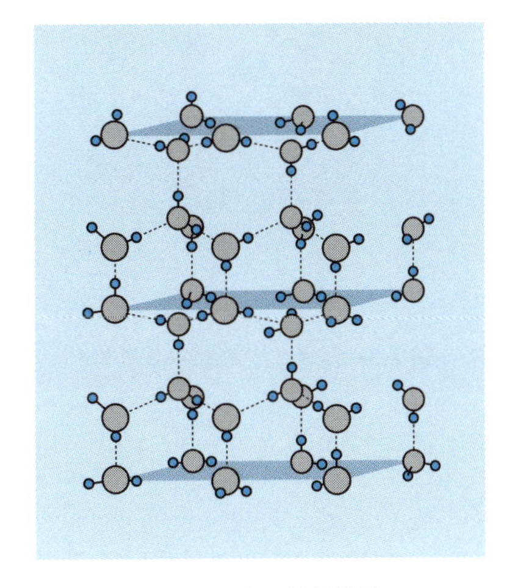

図 2.2 氷の結晶構造

溶質が水に溶けるとき，溶質と水分子は相互作用して集団をつくる．これを**水和**（hydration）と呼ぶ．溶質まわりの水の構造は，残りの大部分（バルク）とは異なっている．これは，**図 2.3** のような層状モデルで表現される．溶質に最も近い第一水和圏では，水分子は溶質と化学的に結合している．**陽イオン**（cation）とは，酸素原子の孤立電子対を介して，配位結合をつくる．

ふつう6個または4個の水分子が配位する．これを**アクア錯体**（aqua complex）と呼ぶ．この配位結合は解離と再結合を速やかに起こすが，$[Cr(H_2O)_6]^{3+}$ のように長寿命のものもある（**図 2.4**）．溶質が**陰イオン**（anion）またはアミン，アルコール，カルボン酸などの極性基を有する有機化合物の場合，第一水和圏の水分子は，水素原子を介して水素結合をつくる．第二水和圏の水分子は，中心イオンの電場の影響を受けて配列する．この水和圏の体積は，イオンの電荷や大きさによって変化する．水和圏の外側の遷移帯では，水の構造性が最も低い．その外部のバルクでは，溶質の影響はほとんど現れない．もちろん水和構造も時間的に揺らいでおり，以上のモデルは時間平均したものである．

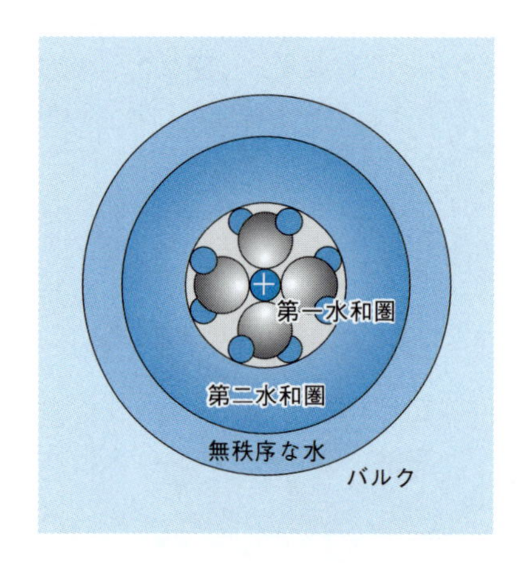

図 2.3　陽イオンの水和のモデル

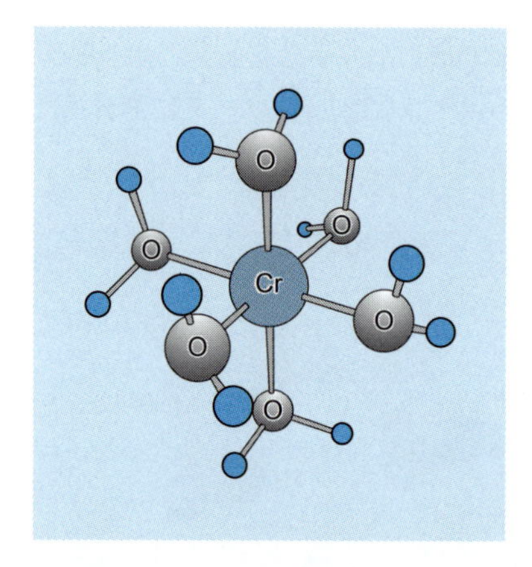

図 2.4　アクア錯体 $[Cr(H_2O)_6]^{3+}$ のモデル

水和は，中心イオンの電場の広がりを強く制限する．水中の中心イオンから任意の距離における静電ポテンシャルは，真空中より2桁近く低い．これは巨視的には水の高い誘電率として現れる．その結果，水中では静電相互作用が小さく，イオンが集まって結晶をつくることが起こりにくい．

2.5　共通イオン効果

水溶液中に存在するイオンは，おもに二つの形で平衡に影響を及ぼす．一つは，**共通イオン効果**（common ion effect）である．これは，対象とする平衡反応に含まれるイオンによる影響である．

例題 3　弱電解質 AB は水中で次のように解離する．

$$\mathrm{AB} \rightleftharpoons \mathrm{A^+ + B^-} \qquad K = \frac{[\mathrm{A^+}][\mathrm{B^-}]}{[\mathrm{AB}]} = 3.5 \times 10^{-8}$$

次の場合の A^+ と B^- の平衡濃度を求めよ．

（ア）1.0×10^{-4} M　AB 溶液

（イ）（ア）の溶液にさらに 0.020 M　B^- を加えた溶液

解　（ア）A^+ と B^- の平衡濃度は等しい．これを x とおく．

	[AB]	[A^+]	[B^-]
初濃度　（M）	1.0×10^{-4}	0	0
平衡濃度（M）	$1.0 \times 10^{-4} - x$	x	x

x が 1.0×10^{-4} に対して無視できると仮定すると，$\dfrac{xx}{1.0 \times 10^{-4}} = 3.5 \times 10^{-8}$

$$\therefore \quad x = [\mathrm{A^+}] = [\mathrm{B^-}] = \sqrt{3.5 \times 10^{-12}} = 1.9 \times 10^{-6}\,\mathrm{M}$$

（イ）A^+ の平衡濃度を x とおく．これが AB の減少および B^- の増加と等しいので，

	[AB]	[A^+]	[B^-]
初濃度　（M）	1.0×10^{-4}	0	0.020
平衡濃度（M）	$1.0 \times 10^{-4} - x$	x	$0.020 + x$

x が 1.0×10^{-4} に対して無視できると仮定すると，$\dfrac{x \times 0.020}{1.0 \times 10^{-4}} = 3.5 \times 10^{-8}$

$$\therefore \quad x = [\mathrm{A^+}] = 1.8 \times 10^{-10}\,\mathrm{M}, \quad [\mathrm{B^-}] = 0.020\,\mathrm{M}$$

A^+ の平衡濃度は，（ア）の場合の 10^4 分の 1 である．□

共通イオン効果は，反応が定量的に進む平衡状態を実現するためによく利用される．pH の調節は，最も一般的である．例えば，亜ヒ酸を用いるヨウ素溶液の標定は，弱アルカリ性（pH8）で行われる．

$$\mathrm{H_2AsO_3{}^- + I_3{}^- + 3OH^-} \rightleftharpoons \mathrm{HAsO_4{}^{2-} + 3I^- + 2H_2O}$$

OH^- 濃度が十分に高く，反応が定量的となる．

2.6 活　　量

2.6.1 定　　義

平衡に直接関与しないイオンも平衡に影響を及ぼす．一般に共存イオンが存在すると，弱電解質の解離や沈殿の溶解度が増加する．これを**共存イオン効果**（diverse ion effect）と呼ぶ．これは，電解質溶液ではイオンの有効濃度である**活量**（activity）が低下するために生じる．

すべての電解質溶液は，電気的に中性である．すなわち，陽イオンと陰イオンの電荷の和はゼロになる．しかし，微細に見ると，陽イオンと陰イオンの分布は均一ではない．電気的引力と斥力のために，陽イオンは陰イオンの近くに見出される確率が高く，陰イオンは陽イオンの近くに見出される確率が高い（**図 2.5**）．時間平均すると，あるイオンをとりまく球は，中心イオンの電荷と大きさが等しく，符号が反対の正味の電荷をもつ．これを**イオン雰囲気**（ionic atmosphere）と呼ぶ．イオン雰囲気は，中心イオンの電荷を遮へいし，その有効濃度を減少させる．

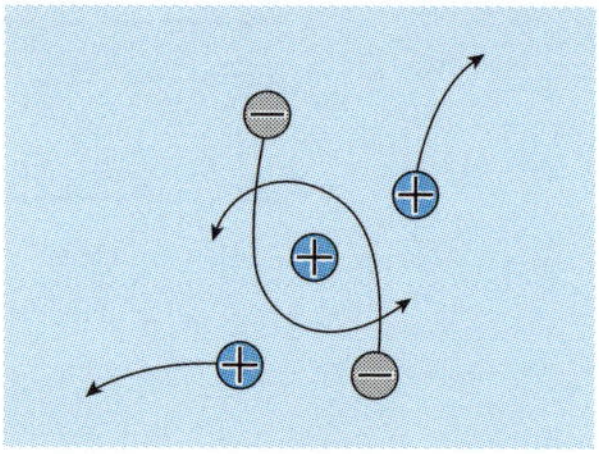

本書では，イオン i の活量 a_{i} を次式で定義する．

$$a_{\mathrm{i}} = f_{\mathrm{i}} c_{\mathrm{i}}$$

ここで c_{i} はイオン i のモル濃度，f_{i} はその**活量係数**（activity coefficient）である．活量係数は無次元であり，活量はモル濃度と同じ単位であるとして扱う．活量係数は電解質濃度の低下につれて 1 に近付き，10^{-4} M 以下の希薄溶液では 1 とみなすことができる．すなわち，希薄溶液では活量は濃度と一致する．

図 2.5　イオン雰囲気のモデル

注意　物理化学では活量を無次元として扱うのが一般的である．

2.6.2 イオン強度

以下では，活量の推定について学んでいこう．まず，**イオン強度**（ionic strength）を導入する．イオン強度（μ）は，次式で定義される．

$$\mu = \frac{1}{2}\sum_{\mathrm{i}} z_{\mathrm{i}}^{2} c_{\mathrm{i}}$$

ここで z_i はイオン i の電荷である．すなわち，イオン強度は溶液に含まれるイオンの総電荷濃度の尺度である．電解質溶液の活量，電気伝導度，拡散係数，および拡散電気二重層の厚さなどが，イオン強度に依存することが知られている．本書ではモル濃度を用いるので，イオン強度の単位はモル濃度と同じである．

例題 4　それぞれの溶液のイオン強度を計算せよ．
（ア）0.0030 M $NaNO_3$ 溶液　（イ）0.040 M K_2SO_4 溶液
（ウ）0.050 M $NaNO_3$ と 0.020 M K_2SO_4 を含む溶液

解　（ア）$\mu = \frac{1}{2}\{(1)^2 \times 0.0030 + (-1)^2 \times 0.0030\} = 0.0030\,\text{M}$

（イ）$\mu = \frac{1}{2}\{(1)^2 \times 0.080 + (-2)^2 \times 0.040\} = 0.12\,\text{M}$

（ウ）$\mu = \frac{1}{2}\{(1)^2 \times 0.050 + (-1)^2 \times 0.050 + (1)^2 \times 0.040 + (-2)^2 \times 0.020\}$
$= 0.11\,\text{M}$ □

2.6.3 活量係数の計算

電解質溶液の陽イオンと陰イオンは電気的中性が保たれるように共存するので，一般に実験によって個々のイオンの活量係数を求めることはできない．代わりに，非理想性の原因を陽イオンと陰イオンの両方に割り当てた**平均活量係数**（$f_\pm$）を用いる．強電解質 M_pX_q の溶液では，

$$f_\pm = (f_+{}^p f_-{}^q)^{1/s} \qquad s = p + q$$

である．ここで f_+ と f_- は，それぞれ陽イオン M^{z+} と陰イオン X^{z-} の活量係数である．

デバイとヒュッケルは，イオンはすべて解離しており，理想状態からのずれは静電相互作用によるものと仮定して，活量係数の理論式を導いた．μ が 0.01 M 以下の希薄溶液では，**デバイ－ヒュッケルの極限法則**が適用できる．

$$\log f_\pm = -A|z_+ z_-|\sqrt{\mu}$$

ここで定数 A は，溶媒の密度，誘電率の関数であり，25℃の水では $0.51\,\text{mol}^{-1/2}\,\text{dm}^{3/2}$ である．

μ が 0.2 M 以下の溶液には，**デバイ－ヒュッケルの拡張式**が適用できる．

表 2.1　イオン直径パラメータ

陽イオン	陰イオン	a (Å)
Sn^{4+}, Ce^{4+}		11
H^+, Al^{3+}, Sc^{3+}, Cr^{3+}, Fe^{3+}, Y^{3+}, La^{3+}		9
Be^{2+}, Mg^{2+}, $(C_3H_7)_4N^+$		8
Li^+, Ca^{2+}, Mn^{2+}, Fe^{2+}, Co^{2+}, $[Co(en)_3]^{3+}$, Ni^{2+}, Cu^{2+}, Zn^{2+}, Sn^{2+}	$C_6H_5COO^-$, $C_6H_4(COO)_2{}^{2-}$	6
Sr^{2+}, Cd^{2+}, Ba^{2+}, Hg^{2+}	S^{2-}, $[Fe(CN)_6]^{4-}$, $WO_4{}^{2-}$	5
Na^+, Pb^{2+}, $(CH_3)_4N^+$	$CO_3{}^{2-}$, $HCO_3{}^-$, $H_2PO_4{}^-$, $H_2AsO_4{}^-$, $MoO_4{}^{2-}$, CH_3COO^-, $(COO)_2{}^{2-}$	4.5
$Hg_2{}^{2+}$, $[Cr(NH_3)_6]^{3+}$, $[Co(NH_3)_6]^{3+}$	$HPO_4{}^{2-}$, $SO_4{}^{2-}$, $CrO_4{}^{2-}$, $[Fe(CN)_6]^{3-}$	4
	OH^-, F^-, $ClO_4{}^-$, $MnO_4{}^-$	3.5
K^+	CN^-, $NO_3{}^-$, Cl^-, Br^-, I^-	3
$NH_4{}^+$, Rb^+, Ag^+, Cs^+		2.5

$$\log f_{\pm} = -\frac{A|z_+z_-|\sqrt{\mu}}{1+Ba\sqrt{\mu}}$$

ここで定数 B は，25 ℃の水では $0.33\times10^9\ \mathrm{mol^{-1/2}\,dm^{1/2}}$ である．a は水和イオンの最近接距離のめやすであり，**イオン直径パラメータ**と呼ばれる．いくつかのイオンの a 値を $\mathrm{Å} = 10^{-9}\ \mathrm{dm}$ 単位で**表 2.1** に示す．この表の値と掛けるときには，定数 B は 0.33 とすればよい．また，この式は個々のイオンの活量係数 f の推定にも用いられる．この場合，分子には z^2 を代入する．

例題 5　それぞれの溶液におけるイオンの平均活量係数を計算せよ．
（ア）0.0030 M $NaNO_3$ 溶液　　（イ）0.040 M K_2SO_4 溶液

解　（ア）例題 4 で求めたイオン強度とデバイ－ヒュッケルの極限法則を用いて，

$$\log f_{\pm} = -0.51\times|1\times1|\times\sqrt{0.0030} = -0.028 \qquad \therefore \quad f_{\pm} = 0.94$$

（イ）例題 4 で求めたイオン強度とデバイ－ヒュッケルの拡張式を用いる．a 値は，K^+ では 3，$SO_4{}^{2-}$ では 4 であるので，平均値として 3.5 を用いると，

$$\log f_{\pm} = -\frac{0.51\times|1\times2|\times\sqrt{0.12}}{1+0.33\times3.5\times\sqrt{0.12}} = -0.25 \qquad \therefore \quad f_{\pm} = 0.56$$

□

イオンの電荷が大きくなると，活量係数は小さくなる．また，理想性からのずれが大きくなり，デバイ–ヒュッケル式による近似が悪くなる．

高濃度の電解質溶液における活量係数を理論的に計算することは難しい．半経験的な式が有効な近似を与える場合がある．きわめて高濃度の電解質溶液では，イオンの活量係数が1より大きくなることがある．これは，溶質に対して水分子が大多数でなくなり，イオンの一部が脱溶媒和されるためである．その結果，イオンの反応性が増大する．これに関連して，水自身の活量は希薄溶液では1とみなせるが，高濃度溶液では減少する．

無電荷分子の活量係数は，μ が 1 M 以下では1とみなすことができる．高濃度溶液では，水の活量低下のために，活量係数が変化する．

2.6.4 熱力学的平衡定数

熱力学的平衡定数 K°（thermodynamic equilibrium constant）は，活量を用いて表される．

$$aA + bB \rightleftharpoons cC + dD$$

$$K^\circ = \frac{{a_C}^c {a_D}^d}{{a_A}^a {a_B}^b} = \frac{{f_C}^c [C]^c {f_D}^d [D]^d}{{f_A}^a [A]^a {f_B}^b [B]^b}$$

ここで，a_X と f_X は，それぞれ化学種 X の活量と活量係数である．熱力学的平衡定数は，圧力，温度が一定のとき，厳密に一定の値となる．本書では 1 bar，25 ℃を**標準状態**（standard state）とする．熱力学的平衡定数は，溶液の組成やイオン強度には依存しない．これとモル濃度平衡定数の関係は，次式で表される．

$$K^\circ = \frac{{f_C}^c {f_D}^d}{{f_A}^a {f_B}^b} K$$

また，熱力学的平衡定数は，標準反応ギブズエネルギー ΔG° と関係付けられる．

$$K^\circ = \exp\left(-\frac{\Delta G^\circ}{RT}\right), \quad \Delta G^\circ = -RT \ln K^\circ = -2.303RT \log K^\circ$$

ここで ΔG° の単位は J/mol，R は気体定数（$8.314\ \mathrm{J\,K^{-1}\,mol^{-1}}$），$T$ は絶対温度（K）である．25 ℃では，次のようになる．

$$\Delta G^\circ = -5708 \log K^\circ$$

2.6.5 共存イオン効果

熱力学的平衡定数とモル濃度平衡定数の関係を理解すれば，共存イオン効果を定量的に議論することができる．

例題 6　例題 3 の解離反応に対して，熱力学的平衡定数が，次式で与えられるとする．

$$K^\circ = \frac{a_{A^+} a_{B^-}}{a_{AB}} = 3.5 \times 10^{-8}$$

（ア）純水中，および（イ）$\mu = 0.1$ M の溶液における 1.0×10^{-4} M AB の解離度（%）を求めよ．ただし，$\mu = 0.1$ M において，$f_{A^+} = 0.60$, $f_{B^-} = 0.70$ とする．

解　（ア）仮に AB が完全に解離したとしても，デバイ－ヒュッケルの極限法則より A^+ と B^- の平均活量係数は，

$$\log f_\pm = -0.51 \times |1 \times 1| \times \sqrt{1.0 \times 10^{-4}} = -5.1 \times 10^{-3} \qquad \therefore \quad f_\pm = 0.99$$

よって，濃度平衡定数 K は K° と等しいとみなせる．したがって解離度は例題 3 の結果を用いて，

$$\frac{1.9 \times 10^{-6}}{1.0 \times 10^{-4}} \times 100 = 1.9\,\%$$

（イ）まずこのイオン強度におけるモル濃度平衡定数を計算する．

$$K = \frac{f_{AB}}{f_{A^+} f_{B^-}} K^\circ = \frac{1}{0.60 \times 0.70} \times 3.5 \times 10^{-8} = 8.3 \times 10^{-8}$$

A^+ の平衡濃度を x とおいて，モル濃度平衡定数の式に代入すると，

$$\frac{xx}{1.0 \times 10^{-4}} = 8.3 \times 10^{-8}$$

$$\therefore \quad x = [A^+] = [B^-] = \sqrt{8.3 \times 10^{-12}} = 2.9 \times 10^{-6}\,\mathrm{M}$$

したがって解離度は，

$$\frac{2.9 \times 10^{-6}}{1.0 \times 10^{-4}} \times 100 = 2.9\,\%$$

すなわち，解離度は純水中に比べて 1.5 倍に増大する．□

なお，以後は簡単のため，特に注意しない限り活量係数を 1 とみなしてモル濃度に基づいて議論する．

2.7　容量分析の原理

2.7.1　滴　　定

容量分析（volumetric analysis）または**滴定分析**（titrimetric analysis）は，目的成分の濃度が mM くらいのとき，有用な分析法である．以下の章で種々の容量分析法を学ぶが，ここで一般的な原理を理解しておこう．

滴定（titration）は，目的成分 A を含む試料溶液に，それと反応する**滴定剤**（titrant）T を含む**標準液**（standard solution）を滴下し，**終点**（end point）までに加えられた標準液の体積から A を定量する方法である．この方法が成り立つには，以下の条件が必要である．

- 反応が**化学量論的**（stoichiometric）である．すなわち，反応が明確な化学反応式に従い，目的成分と滴定剤の反応比が決まっている．
- 反応が**定量的**（quantitative）である．すなわち，平衡が生成物に大きく偏っており，目的成分の 99.99％以上が反応する．
- 反応速度が大きい．すわなち，滴下した滴定剤が速やかに反応する．
- 副反応がない．
- 終点で溶液の性質が明瞭に変化する．
- 本当に知りたいのは，化学量論的な量の滴定剤が加えられた点である**当量点**（equivalent point）である．終点が当量点と一致することが必要である．もしくは，その差を明らかにして，補正できること．

2.7.2　標　準　液

標準液は，濃度が既知の溶液である．容量分析では，一般に体積測定の有効数字が 4 桁になるので，標準液の濃度は有効数字 4 ～ 5 桁まで分かっていなければならない．次の条件を満たす物質は**一次標準物質**（primary standard material）となる．

- 純度が 99.99％以上である．
- 適当な乾燥操作により，一定組成となり，かつ安定である．
- 分子量あるいは式量が大きい．これは，ひょう量時の相対誤差を小さくするために有利である．

一次標準物質の標準液は，精確にひょう量した物質を溶解し，一定の体積に希釈してつくる．その濃度は，ひょう量値，式量，および溶液体積から計算で求められる．これは，**式量濃度**（または全濃度，分析濃度; C）と呼ばれ，それぞれの化学種の平衡濃度とは異なることに注意しよう．塩酸や水酸化ナトリウムは，一次標準物質とはならない．この場合，大まかに必要とする濃度の溶液をつくり，別の標準液で滴定して精確な濃度を決定する．この操作を**標定**（standardization）と呼ぶ．結果はふつう**ファクター**（f）を用いて，0.1 M NaOH ($f = 1.027$) のように表す．この溶液の精確な濃度は次式で得られる．

$$1.027 \times 0.1\,\mathrm{M} = 0.1027\,\mathrm{M}$$

2.7.3　化学量論計算

読者は，すでに基礎化学において化学量論計算を学んでいるだろう．ここでは，容量分析においてよく経験する計算について簡単に述べる．

基本は，モル濃度と体積の積が物質量（mol）となることである．

$$\text{物質量（mol）} = \text{モル濃度（M）} \times \text{体積（L）}$$

物質を溶解したり，溶液を希釈したりする場合，物質量が変化しないことに基づいて式を立てる．

例題 7　0.150 M NaOH 溶液 45.0 mL に純水を加えて 250 mL に希釈した．希釈後の溶液のモル濃度を計算せよ．

解　希釈後のモル濃度を x M とすると，希釈前後で溶質の物質量は変化しないことから，

$$0.150\,\mathrm{M} \times 45.0\,\mathrm{mL} = x\,\mathrm{M} \times 250\,\mathrm{mL}$$

$$\therefore \quad x = \frac{0.150\,\mathrm{M} \times 45.0\,\mathrm{mL}}{250\,\mathrm{mL}} = 0.0270\,\mathrm{M}$$

□

一般に滴定反応は次式で表される．

$$aA + tT \longrightarrow P$$

ここで，A は目的成分，T は滴定剤，P は生成物である．A と T は $a:t$ のモル比で反応する．よって，X の濃度を C_X，当量点における X の体積を V_X とすると，

$$C_A \times V_A : C_T \times V_T = a : t \qquad \therefore \quad C_A = \frac{aC_TV_T}{tV_A}$$

例題 8 ほぼ 0.1 M に調製した水酸化ナトリウム溶液 25.00 mL を 0.1 M HCl 標準液（$f = 0.9951$）で標定したところ，24.27 mL を要した．水酸化ナトリウムのファクター（f）を求めよ．ただし，中和反応は次式で表される．

$$\mathrm{NaOH + HCl \longrightarrow Na^+ + Cl^- + H_2O}$$

解 反応のモル比は 1：1 であるので，

$$f \times 0.1\,\mathrm{M} \times 25.00\,\mathrm{mL} : 0.9951 \times 0.1\,\mathrm{M} \times 24.27\,\mathrm{mL} = 1:1$$

$$\therefore \quad f = \frac{1 \times 0.9951 \times 0.1\,\mathrm{M} \times 24.27\,\mathrm{mL}}{0.1\,\mathrm{M} \times 25.00\,\mathrm{mL}} = 0.9660$$

□

例題 9 ヨウ素酸カリウム（式量 214.0）は，ヨウ化カリウムを含む酸性溶液で次式のように反応し，ヨウ素を遊離する．

$$\mathrm{IO_3 + 5I^- + 6HCl \longrightarrow 3I_2 + 3H_2O + 6Cl^-}$$

ヨウ素酸カリウム 0.1067 g を反応させた溶液をチオ硫酸ナトリウム溶液で滴定したところ，27.36 mL を要した．チオ硫酸ナトリウムの濃度を求めよ．ただし，滴定反応は次式で表される．

$$\mathrm{2Na_2S_2O_3 + I_2 \longrightarrow Na_2S_4O_6 + 2NaI}$$

解 $\mathrm{Na_2S_2O_3}$ 濃度を x M とすると，$\mathrm{Na_2S_2O_3}$ と $\mathrm{KIO_3}$ の反応のモル比は 6 : 1 であるので，

$$x\,\mathrm{M} \times \frac{27.36\,\mathrm{mL}}{1000\,\mathrm{mL}} : \frac{0.1067\,\mathrm{g}}{214.0\,\mathrm{g/mol}} = 6:1$$

$$\therefore \quad x = \frac{6 \times 0.1067\,\mathrm{g} \times 1000\,\mathrm{mL}}{214.0\,\mathrm{g/mol} \times 27.36\,\mathrm{mL}} = 0.1093\,\mathrm{M}$$

□

演 習 問 題
第2章

1 次の術語を説明せよ．

(1) 水和

(2) 共通イオン効果

(3) 活量

(4) イオン強度

(5) 標定

2 次式で表されるシアン化水素の酸解離平衡について以下の問に答えよ．

$$HCN + H_2O \rightleftharpoons H_3O^+ + CN^- \qquad K_a{}^\circ = 7.2 \times 10^{-10}$$

(1) 3.0×10^{-4} M HCN 溶液におけるシアン化物イオンの平衡濃度を求めよ．

(2) 0.10 M KCl を含む 3.0×10^{-4} M HCN 溶液におけるシアン化物イオンの平衡濃度を求めよ．ただし，シアン化物イオンとヒドロニウムイオンの平均活量係数は $f_\pm = 0.70$ であるとする．

(3) 上のような効果は一般に何と呼ばれるか．また，その原因を説明せよ．

3 水素イオン指数（pH）は，次式で定義される（第3章参照）．

$$\mathrm{pH} = -\log a_{\mathrm{H^+}}$$

ここで $a_{\mathrm{H^+}}$ は，水素イオンの活量（単位 M）である．活量係数を考慮して以下の問に答えよ．

(1) 5.00×10^{-4} M HCl の pH はいくらか．

(2) 5.00×10^{-2} M HCl の pH はいくらか．

(3) 強酸の濃厚水溶液では，pH はモル濃度から予測されるより著しく低くなる．例えば，1.0 M HCl の pH は約 −0.1，10.0 M HCl の pH は約 −2.0 である．その理由をイオンの水和に基づいて説明せよ．

4 容量分析に用いられる一次標準物質にはどのようなものがあるか調べてみよ．

5 本書では簡単のため無視したが，水溶液で重要な化学反応の一つは，イオン対生成反応である．これについて調べてみよ．

第3章 酸塩基反応

酸塩基反応は, 水素イオンや水酸化物イオンが関与する反応である. 本章では, 水溶液での酸塩基反応の概念と定量的取扱いを学ぶ. 目標は, 適切な近似を用いて, さまざまな水溶液の pH を計算できるようにすること, 必要な pH の緩衝液をつくるための指針を立てられるようにすること, 酸塩基平衡状態にある化学種の組成を計算できるようにすることである.

本章の内容

3.1 酸塩基理論

酸（acid）と**塩基**（base）の性質は，古代から認識されていた．acid という語は，ラテン語の *acidus*（すっぱい）と関係がある．酸の作用を消す物質は**アルカリ**（alkali）と呼ばれた．この語は，アラビア語の *al kali*（草木の灰）に由来する．

1890 年頃，アレニウスは電離説に基づく酸塩基理論を構築した．彼の定義によれば，酸は水に溶けて水素イオン（プロトン）を与える物質である．

$$HCl \rightleftharpoons H^+ + Cl^-$$

$$CH_3COOH \rightleftharpoons H^+ + CH_3COO^-$$

塩基は水に溶けて水酸化物イオンを与える物質である．

$$NaOH \rightleftharpoons Na^+ + OH^-$$

酸や塩基の強さの違いは，電離度の差によって説明された．この理論では，溶媒は水に限られる．

1923 年，ブレンステッドとローリーは，独立に新しい酸塩基理論を発表した．これをまとめて，**ブレンステッド－ローリーの理論**と呼ぶ．この理論では，酸は水素イオン供与体，塩基は水素イオン受容体と定義される．この理論の特徴は，つねに酸と塩基の間での水素イオン授受を考えることである．この理論によれば，水中での塩酸の解離は次式で表現される．

$$\underset{\text{酸1}}{HCl} + \underset{\text{塩基2}}{H_2O} \rightleftharpoons \underset{\text{酸2}}{H_3O^+} + \underset{\text{塩基1}}{Cl^-}$$

反応物では，HCl が酸，H_2O が塩基である．この反応によって，**ヒドロニウムイオン** H_3O^+（hydronium ion）と塩化物イオンが生成する．実際には，水和された水素イオンは，第一水和圏に 4 分子の水をもつ $H_9O_4^+$ のような形をとると考えられるが，簡単のためヒドロニウムイオンを用いる．上の反応は，ほとんど完全に右に傾いているが，理論的には逆反応が存在する．逆反応では，ヒドロニウムイオンが酸，塩化物イオンが塩基である．ここで HCl と Cl^- は，**共役酸塩基対**（conjugate pairs）と呼ばれる．H_2O と H_3O^+ も，共役酸塩基対である．ブレンステッド–ローリーの理論は，アレニウスの概念を拡張しており，非水溶媒にも適用できる．以下では，この理論に従って議論を進める．

例題 1　炭酸イオンが水中で塩基として働くことを，ブレンステッド–ローリーの理論に従って説明せよ．また，その反応における共役酸塩基対を示せ．

解

$$\underset{\text{塩基 1}}{CO_3{}^{2-}} + \underset{\text{酸 2}}{H_2O} \rightleftharpoons \underset{\text{酸 1}}{HCO_3{}^{-}} + \underset{\text{塩基 2}}{OH^{-}}$$

この場合，H_2O は酸として働くことに注意しよう．□

3.2　水溶液における酸塩基反応

酸の解離反応　水溶液における酸 HA の解離反応は，一般に次式で表される．

$$HA + H_2O \rightleftharpoons H_3O^+ + A^-$$

この反応の平衡定数を**酸解離定数**（acid dissociation constant）と呼ぶ．活量を用いる熱力学的酸解離定数は次のようである．

$$K_a^\circ = \frac{a_{H_3O^+}a_{A^-}}{a_{HA}a_{H_2O}}$$

希薄溶液では水の活量 a_{H_2O} は 1 とみなせる．また，各成分の活量係数が 1 に近付くので，熱力学的酸解離定数はモル濃度酸解離定数で近似できる．

$$K_a^\circ \approx K_a = \frac{[H_3O^+][A^-]}{[HA]}$$

通常 K_a は小さいので，

$$pK_a = -\log K_a$$

を用いて表現されることが多い．この例のように，一般に p は常用対数の負値を表す．

塩基の加水分解反応 水溶液における塩基Bの加水分解反応の一般式は，次のようである．

$$\mathrm{B} + \mathrm{H_2O} \rightleftharpoons \mathrm{HB^+} + \mathrm{OH^-}$$

塩基加水分解定数（base hydrolysis constant）は，次式で与えられる．

$$K_\mathrm{b}^\circ = \frac{a_{\mathrm{HB^+}} a_{\mathrm{OH^-}}}{a_\mathrm{B} a_{\mathrm{H_2O}}}$$

希薄溶液では，

$$K_\mathrm{b}^\circ \approx K_\mathrm{b} = \frac{[\mathrm{HB^+}]\,[\mathrm{OH^-}]}{[\mathrm{B}]}$$

前節で見たように，$\mathrm{H_2O}$ は酸としても塩基としても働く．そのため，水はわずかに電離している．この反応を**自己プロトリシス**（autoprotolysis）と呼ぶ．

$$\underset{\text{酸1}}{\mathrm{H_2O}} + \underset{\text{塩基2}}{\mathrm{H_2O}} \rightleftharpoons \underset{\text{酸2}}{\mathrm{H_3O^+}} + \underset{\text{塩基1}}{\mathrm{OH^-}}$$

この反応の平衡定数は，

$$K_\mathrm{w}^\circ = \frac{a_{\mathrm{H_3O^+}} a_{\mathrm{OH^-}}}{{a_{\mathrm{H_2O}}}^2}$$

希薄溶液では，

$$K_\mathrm{w}^\circ \approx K_\mathrm{w} = [\mathrm{H_3O^+}]\,[\mathrm{OH^-}]$$

となる．25℃では，$K_\mathrm{w} = 1.0 \times 10^{-14}$ である．純水中では，電気的中性より，

$$[\mathrm{H_3O^+}] = [\mathrm{OH^-}] = 1.0 \times 10^{-7}\,\mathrm{M}$$

となる．

水溶液における酸・塩基の解離・加水分解定数は付録1と2にまとめてある．

3.3　pH

水素イオン指数　溶液の酸性度の指標として，**水素イオン指数**（pH）を

$$\mathrm{pH} = -\log a_{\mathrm{H}^+}$$

で定義する．希薄水溶液では，

$$\mathrm{pH} = -\log\,[\mathrm{H_3O^+}]$$

となる．以下のほとんどの議論では，簡単のため後の式を用いる．

水酸化物イオン指数　同様に**水酸化物イオン指数**（pOH）を定義する．希薄水溶液では，

$$\mathrm{pOH} = -\log\,[\mathrm{OH^-}]$$

である．$K_\mathrm{w} = [\mathrm{H_3O^+}]\,[\mathrm{OH^-}]$ より，

$$\mathrm{p}K_\mathrm{w} = \mathrm{pH} + \mathrm{pOH}$$

が成り立つ．25 ℃では，$14.00 = \mathrm{pH} + \mathrm{pOH}$ である．

- $[\mathrm{H_3O^+}] = [\mathrm{OH^-}]$ である溶液を中性
- $[\mathrm{H_3O^+}] > [\mathrm{OH^-}]$ である溶液を酸性
- $[\mathrm{H_3O^+}] < [\mathrm{OH^-}]$ である溶液をアルカリ性

と定義する．したがって，25 ℃の水溶液では，$\mathrm{pH} = 7.00$ が中性，$\mathrm{pH} < 7.00$ が酸性，$\mathrm{pH} > 7.00$ がアルカリ性となる．

例題 2　25 ℃において，ある水溶液の pH は 6.23 であった．この溶液の水素イオン濃度と水酸化物イオン濃度を求めよ．

解

$$[\mathrm{H_3O^+}] = 10^{-\mathrm{pH}} = 10^{-6.23} = 5.9 \times 10^{-7}\ \mathrm{M}$$

$$\mathrm{pOH} = 14 - \mathrm{pH} = 14 - 6.23 = 7.77$$

$$\therefore\quad [\mathrm{OH^-}] = 10^{-\mathrm{pOH}} = 10^{-7.77} = 1.7 \times 10^{-8}\ \mathrm{M}$$

有効数字の桁数に注意すること（1.3.5 項を参照）．□

水溶液の pH や pOH が 0 から 14 までの値に限られる原理的理由はない．例えば，1 mol/kg HCl 溶液では $\mathrm{pH} = 0.09$，10 mol/kg HCl 溶液では $\mathrm{pH} = -2.03$ となる．後者のような濃厚溶液では，水の活量の低下とイオンの活量係数の増加が効いている（2.6.3 項参照）．

水の K_w は温度によって変化する．例えば，37 ℃では $K_w = 2.5 \times 10^{-14}$，100 ℃では $K_w = 5.5 \times 10^{-13}$ である．したがって，中性の pH も温度によって変化する．

例題 3　37 ℃と 100 ℃の水の中性 pH を求めよ．

解　37 ℃では

$$pK_w = -\log(2.5 \times 10^{-14}) = 13.60 \qquad \therefore \quad 中性\ pH = 6.80$$

100 ℃では

$$pK_w = -\log(5.5 \times 10^{-13}) = 12.26 \qquad \therefore \quad 中性\ pH = 6.13$$

有効数字の桁数に注意すること（1.3.5 項を参照）． □

今後は話を 25 ℃に限ることにする．

3.4　強酸と強塩基

強酸は強い水素イオン供与体である．解離定数が大きく，平衡がほとんど完全に右に偏っている．

$$H_2SO_4 + H_2O \longrightarrow H_3O^+ + HSO_4{}^-$$

強酸の共役塩基（上の例では $HSO_4{}^-$）は弱い塩基である．

強塩基は強い水素イオン受容体である．水中ではほとんど完全に水素イオンと結合する．例えば酸化物イオン O^{2-} は，実際には水中に存在しない．

$$O^{2-} + H_2O \longrightarrow 2\,OH^-$$

強塩基の共役酸（上の例では OH^-）は弱い酸である．

強酸や強塩基の濃度が 10^{-6} M より高いとき，水の自己プロトリシスの効果は無視できる．それより低いときは，その効果を考えなければならない．

一般に複数の平衡が関与するとき，考えるべき条件は，次の三つである．

- **平衡定数**
- **物質収支**（mass balance）：すなわち，質量保存則が成立すること．
- **電荷均衡**（charge balance）：すなわち，電気的中性が成立すること．

例題 4 次の塩酸溶液の pH を求めよ．
（ア） 2.5×10^{-5} M HCl 溶液
（イ） 2.0×10^{-8} M HCl 溶液

解 （ア） HCl が完全解離することだけを考えればよい．

$$\mathrm{pH} = -\log(2.5 \times 10^{-5}) = 4.60$$

（イ） 次の二つの反応を考える必要がある．

$$\mathrm{HCl + H_2O \longrightarrow H_3O^+ + Cl^-}$$

$$\mathrm{H_2O + H_2O \rightleftharpoons H_3O^+ + OH^-}$$

HCl の全濃度を C とおくと，物質収支より

$$[\mathrm{Cl^-}] = C \tag{1}$$

電荷均衡より

$$[\mathrm{H_3O^+}] = [\mathrm{Cl^-}] + [\mathrm{OH^-}] \tag{2}$$

$[\mathrm{H_3O^+}]$ を x とおき，(2) 式に (1) 式と水の自己プロトリシス平衡定数の式を代入して整理すると，

$$x^2 - Cx - K_\mathrm{w} = 0$$

$$x = \frac{C + \sqrt{C^2 + 4K_\mathrm{w}}}{2} = 1.1 \times 10^{-7} \qquad \therefore \quad \mathrm{pH} = 6.96$$

□

上の例題から，$C^2 \gg K_\mathrm{w}$ のときは自己プロトリシスを無視できることが分かる．（イ）の場合，自己プロトリシスを無視して計算すると，$-\log(2.0 \times 10^{-8}) = 7.70$ となり，酸を加えたのにアルカリ性になるという矛盾が生じる．

補足 現実の実験では，空気中の二酸化炭素が溶解するので，この解答とは異なる結果になるだろう．

水平化効果 硝酸や過塩素酸も強酸であって，水中で完全解離する．

$$\mathrm{HNO_3 + H_2O \longrightarrow H_3O^+ + NO_3{}^-}$$

$$\mathrm{HClO_4 + H_2O \longrightarrow H_3O^+ + ClO_4{}^-}$$

先に挙げた塩酸，硫酸を含めて，どの溶液でも実際に存在するのはヒドロニウムイオンである．これらの酸は，酸としての強さ，すなわち水素イ

コラム ◆ 平衡計算の連立方程式

一般に，溶液が平衡状態にあるときの各化学種の濃度は，以下の式を連立させた方程式を解くことにより，必ず計算することができる．

(1)　平衡定数の式：溶液内で起こり得るすべての平衡を考慮する．式の数は化学平衡の数だけある．
(2)　物質収支の式：溶液内で化学反応が起こっても各成分の全濃度は変化しないという関係であり，式の数は成分の数だけある．
(3)　電荷均衡の式：陽イオンの総電荷濃度と陰イオンの総電荷濃度が等しいという関係であり，一つの溶液あたり式は一つである．

例えば，2種類の弱酸（一塩基酸）を水に溶かした場合を考えてみよう．(1)の式は，弱酸それぞれの解離平衡定数と水の自己プロトリシス平衡定数の3個である．(2)の式は，弱酸の数と同じ2個である．(3)の式は1個である．したがって，式は全部で6個である．一方，濃度を求めたい化学種は，2種類の弱酸の解離形と非解離形，ヒドロニウムイオン，水酸化物イオンの合計6個である．未知数が6個で式が6個であるから，この連立方程式は解くことができる．これはコンピュータを用いる計算の原理である．本文では，化学的な直観を働かせて未知数を減らし，問題を簡単にする方法を述べる．

オンを供与する能力が異なっているが，水中ではその差が現れない．これを**水平化効果**（leveling effect）と呼ぶ．水中でもっとも強い酸はヒドロニウムイオンであり，強酸はヒドロニウムイオンの強さにまで水平化される．一方，水中でもっとも強い塩基は水酸化物イオンである．水中の強塩基は，水酸化物イオンの強さに水平化される．

補足　酸性や塩基性が水と異なる適当な非水溶媒を用いると，強酸や強塩基の強さを区別することができる．

3.5　弱酸と弱塩基

弱酸は解離が不完全な酸である．

$$\mathrm{HOAc + H_2O \rightleftharpoons H_3O^+ + OAc^-} \qquad \mathrm{p}K_\mathrm{a} = 4.75$$

$$\mathrm{HSO_4{}^- + H_2O \rightleftharpoons H_3O^+ + SO_4{}^{2-}} \qquad \mathrm{p}K_\mathrm{a} = 1.92$$

ここで HOAc は，酢酸 CH_3COOH を表す．解離定数の値から，HSO_4^- は HOAc より強い弱酸である．

弱塩基は一部が水素イオンと会合する塩基である．

$$NH_3 + H_2O \rightleftharpoons NH_4^+ + OH^- \qquad pK_b = 4.76$$

NH_3 の共役酸である NH_4^+ は弱酸である．

$$NH_4^+ + H_2O \rightleftharpoons H_3O^+ + NH_3 \qquad pK_a = 9.24$$

ここで，

$$K_b = \frac{[NH_4^+][OH^-]}{[NH_3]}, \quad K_a = \frac{[H_3O^+][NH_3]}{[NH_4^+]}$$

であるので，

$$K_a K_b = K_w, \quad pK_a + pK_b = pK_w$$

が成り立つ．この関係は，水中の共役酸塩基対に一般的である．

例題 5　0.050 M NH_3 溶液の pH を計算せよ．

解　考える平衡は

$$NH_3 + H_2O \rightleftharpoons NH_4^+ + OH^- \qquad pK_b = 4.76$$

である．NH_3 の全濃度を C とおくと，物質収支より

$$[NH_3] + [NH_4^+] = C$$

NH_3 は弱塩基であるので，$[NH_3] \gg [NH_4^+]$ と仮定すると，

$$[NH_3] = C \tag{1}$$

電荷均衡より

$$[NH_4^+] = [OH^-] \tag{2}$$

$[OH^-]$ を x とおき，(1), (2) 式を K_b の式に代入すると，

$$K_b = \frac{xx}{C}, \qquad x = \sqrt{K_b C}$$

$$pOH = \frac{1}{2} \times (pK_b - \log C) = \frac{1}{2} \times (4.76 + 1.30) = 3.03$$

$$\therefore \quad pH = 14 - 3.03 = 10.97$$

$[NH_4^+]$ は，9.3×10^{-4} M であるので，C の 1.9％である．□

補足 $[NH_4{}^+]$ が無視できないとすると，二次方程式を解くことになる．その一般解は，

$$x = \frac{-K_b + \sqrt{K_b{}^2 + 4K_bC}}{2}$$

である．よって，例題の近似は，$K_b \ll C$ のとき成立する．また，例題では，水の自己プロトリシスは無視できた．しかし，$pK_a > 12$ または $pK_b > 12$ であるごく弱い酸や塩基の溶液では，水の自己プロトリシスをあわせて考えねばならない．

3.6 塩溶液のpH

強酸と強塩基の**塩**，例えば NaCl，の水溶液は中性である．この塩は完全解離するが，その結果生じる Na^+ はきわめて弱い酸であり，Cl^- はきわめて弱い塩基であるので，溶液の pH に影響を及ぼさない．

弱酸または弱塩基を含む塩，例えば NH_4Cl は，やはり完全解離する．このとき生じる $NH_4{}^+$ はやや強い弱酸であるので，その酸解離反応が溶液の pH を決定する．

例題 6 0.15 M NH_4Cl 溶液の pH を計算せよ．

解 考えるべき平衡は

$$NH_4{}^+ + H_2O \rightleftharpoons H_3O^+ + NH_3 \qquad pK_a = 9.24$$

である．NH_4Cl の全濃度を C とおくと，物質収支より

$$[NH_3] + [NH_4{}^+] = [Cl^-] = C \tag{1}$$

$NH_4{}^+$ は弱酸であるので，$[NH_4{}^+] \gg [NH_3]$ と仮定すると，

$$[NH_4{}^+] = [Cl^-] = C \tag{2}$$

一方，電荷均衡より

$$[NH_4{}^+] + [H_3O^+] = [Cl^-] \tag{3}$$

(1), (3) 式より，

$$[NH_3] = [H_3O^+] \tag{4}$$

$[H_3O^+]$ を x とおき，(2), (4) 式を K_a の式（p.54）に代入すると，

$$K_a = \frac{xx}{C}, \qquad x = \sqrt{K_aC}$$

$$\therefore \quad pH = \frac{1}{2} \times (pK_a - \log C) = \frac{1}{2} \times (9.24 + 0.82) = 5.03$$ □

注意 結局，弱酸溶液の pH を求める問題に帰着し，例題 5 と同じ形の式が得られる．

3.7 緩 衝 液

緩衝液（buffer solution）は，少量の酸や塩基が加えられたとき，またはその溶液が希釈されたときに，pH の変化を抑える性質をもつ．弱酸とその共役塩基，または弱塩基とその共役酸の混合溶液が緩衝液となる．

一般に，弱酸 HA とその塩基 A^- からなる系の pH を決めるのは，次の酸解離反応である．

$$HA + H_2O \rightleftharpoons H_3O^+ + A^-$$

$$K_a = \frac{[H_3O^+][A^-]}{[HA]}$$

両辺の対数をとって整理すると，

$$pH = pK_a + \log\frac{[A^-]}{[HA]}$$

これを**ヘンダーソン－ハッセルバルヒの式**と呼ぶ．

緩衝液が水で希釈された場合，$[A^-]/[HA]$ 比は変化しないので，pH も変化しない．酸や塩基が加えられたときの pH の変わりにくさは，**緩衝容量**または**緩衝能**と呼ばれる．緩衝容量は，緩衝剤の濃度が高いほど大きい．また緩衝剤の濃度が一定であれば，

$$\frac{[A^-]}{[HA]} = 1$$

のとき最大となる．一般に緩衝液は，$pK_a \pm 1$ くらいの pH 領域で用いるとき，よい緩衝作用が期待できる．

例題 7　（ア）純水，または（イ）0.30 M HOAc と 0.30 M NaOAc を含む緩衝液のそれぞれ 10.0 mL に，0.10 M HCl 1.0 mL を加えたときの pH 変化を計算せよ．

解　（ア）添加前の pH は 7，添加後の pH は

$$pH = -\log\frac{0.10 \times 1.0}{10.0 + 1.0} = 2.04 \qquad \therefore \quad \Delta pH = 2.04 - 7 = -4.96$$

（イ）添加前の pH は，ヘンダーソン－ハッセルバルヒの式より，

$$pH = 4.76 + \log\frac{0.30}{0.30} = 4.76$$

添加により次の反応が起こる．

$$\mathrm{OAc^- + HCl \longrightarrow HOAc + Cl^-}$$

反応後の濃度は，

$$[\mathrm{OAc^-}] = \frac{(0.30\,\mathrm{M} \times 10.0\,\mathrm{mL} - 0.10\,\mathrm{M} \times 1.0\,\mathrm{mL})}{(10.0 + 1.0)\,\mathrm{mL}} = \frac{2.9}{11}\,\mathrm{M}$$

$$[\mathrm{HOAc}] = \frac{(0.30\,\mathrm{M} \times 10.0\,\mathrm{mL} + 0.10\,\mathrm{M} \times 1.0\,\mathrm{mL})}{(10.0 + 1.0)\,\mathrm{mL}} = \frac{3.1}{11}\,\mathrm{M}$$

$$\therefore \quad \mathrm{pH} = 4.76 + \log\frac{2.9}{3.1} = 4.73$$

$$\therefore \quad \Delta\mathrm{pH} = 4.73 - 4.76 = -0.03$$

□

次に，希望する pH の緩衝液をつくるための計算を練習しよう．

例題 8 pH10.00，塩化アンモニウム濃度 0.10 M の緩衝液 1 L を調製したい．アンモニア水（14.8 M）何 mL と塩化アンモニウム（式量 53.5）何 g が必要か．

解 考える緩衝作用の式は，

$$\mathrm{NH_4{}^+ + H_2O \rightleftharpoons H_3O^+ + NH_3} \qquad \mathrm{p}K_\mathrm{a} = 9.24$$

である．緩衝液の NH_3 濃度を x とおくと，

$$10.00 = 9.24 + \log\frac{x}{0.10} \qquad \therefore \quad x = 0.58\,\mathrm{M}$$

塩化アンモニウムの $NH_4{}^+$ の酸解離はアンモニア水の NH_3 によって抑えられ，アンモニア水の NH_3 の水素イオン会合は塩化アンモニウムの $NH_4{}^+$ によって抑えられる．したがって，緩衝液中の NH_3 濃度に相当するアンモニア水と $NH_4{}^+$ 濃度に相当する塩化アンモニウムを混合すればよい．必要なアンモニア水量を y mL とすると，

$$14.8\,\mathrm{M} \times y\,\mathrm{mL} = 0.58\,\mathrm{M} \times 1000\,\mathrm{mL} \qquad \therefore \quad y = 39\,\mathrm{mL}$$

必要な塩化アンモニウム量を z g とすると，

$$\frac{z\,\mathrm{g}}{53.5\,\mathrm{g/mol}} = 0.10\,\mathrm{M} \times 1.000\,\mathrm{L} \qquad \therefore \quad z = 5.35\,\mathrm{g}$$

□

緩衝剤の全濃度を一定にして，さまざまな pH の緩衝液をつくるには，同じ濃度の酸溶液と塩溶液をあらかじめつくっておき，その 2 液を適当な比率で混合する方法が便利である．

例題 9 0.10 M HOAc 溶液と 0.10 M NaOAc 溶液を混合して，pH3.80 の緩衝液 100 mL をつくりたい．それぞれの溶液を何 mL ずつとればよいか．

解 0.10 M HOAc 溶液と 0.10 M NaOAc 溶液の必要量をそれぞれ x mL, y mL とおくと，ヘンダーソン–ハッセルバルヒの式より，

$$3.80 = 4.76 + \log \frac{0.10y/100}{0.10x/100} \qquad \therefore \quad \frac{y}{x} = 0.11$$

また

$$x + y = 100$$

であるから

$$x = 90\,\mathrm{mL}, \quad y = 10\,\mathrm{mL}$$

□

3.8 多塩基酸とその塩

3.8.1 逐次酸解離定数と全酸解離定数

多塩基酸（polyprotic acid）は，複数の解離可能な水素イオンを有する酸である．このような物質は段階的に酸解離する．例として，リン酸を考えよう．

$$H_3PO_4 + H_2O \rightleftharpoons H_3O^+ + H_2PO_4{}^-$$

$$K_{a1} = \frac{[H_3O^+][H_2PO_4{}^-]}{[H_3PO_4]} = 1.1 \times 10^{-2}$$

（第一酸解離）

$$H_2PO_4{}^- + H_2O \rightleftharpoons H_3O^+ + HPO_4{}^{2-}$$

$$K_{a2} = \frac{[H_3O^+][HPO_4{}^{2-}]}{[H_2PO_4{}^-]} = 7.5 \times 10^{-8}$$

（第二酸解離）

$$HPO_4{}^{2-} + H_2O \rightleftharpoons H_3O^+ + PO_4{}^{3-}$$

$$K_{a3} = \frac{[H_3O^+][PO_4{}^{3-}]}{[HPO_4{}^{2-}]} = 4.8 \times 10^{-13}$$

（第三酸解離）

K_{an} を**逐次酸解離定数**（stepwise acid dissociation constant）と呼ぶ．解離が進むにつれて，負電荷の大きい化学種から水素イオンが解離することになるので，K_{an} の値はだんだん小さくなる．一般に K_{an} が 10^4 以上異なってい

れば，滴定によって区別することができる．リン酸では，第一と第二酸解離は個別に滴定できる．第三酸解離は弱すぎて滴定できない．

リン酸の全酸解離に対する反応式と**全酸解離定数**（overall acid dissociation constant）は次のようになる．

$$H_3PO_4 + 3H_2O \rightleftharpoons 3H_3O^+ + {PO_4}^{3-}$$

$$K_a = \frac{[H_3O^+]^3[{PO_4}^{3-}]}{[H_3PO_4]} = K_{a1}K_{a2}K_{a3} = 4.0 \times 10^{-22}$$

一般に全解離定数は逐次解離定数の積となる．

3.8.2 化学種の存在比：分率

多塩基酸とその塩を含む溶液の pH を支配するのは，多量に存在する化学種である．全濃度に対する化学種の存在比，すなわち**分率**（fraction）を知ることは役に立つ．

リン酸の**全濃度**または**分析濃度**（analytical concentration）は，次式で表される．

$$C = [H_3PO_4] + [{H_2PO_4}^-] + [{HPO_4}^{2-}] + [{PO_4}^{3-}]$$

リン酸化学種の分率は以下のように定義できる．

$$\alpha_0 = \frac{[H_3PO_4]}{C}, \qquad \alpha_1 = \frac{[{H_2PO_4}^-]}{C}$$

$$\alpha_2 = \frac{[{HPO_4}^{2-}]}{C}, \qquad \alpha_3 = \frac{[{PO_4}^{3-}]}{C}$$

定義より明らかに

$$\alpha_0 + \alpha_1 + \alpha_2 + \alpha_3 = 1$$

このような分率は，全濃度には依存せず，ヒドロニウムイオン濃度のみの関数となる．例として α_0 を考えよう．まず，逐次酸解離定数の式を使って，各化学種の濃度を $[H_3PO_4]$ と $[H_3O^+]$ の関数として表す．

$$[{H_2PO_4}^-] = \frac{K_{a1}[H_3PO_4]}{[H_3O^+]}$$

$$[{HPO_4}^{2-}] = \frac{K_{a2}[{H_2PO_4}^-]}{[H_3O^+]} = \frac{K_{a1}K_{a2}[H_3PO_4]}{[H_3O^+]^2}$$

$$[PO_4{}^{3-}] = \frac{K_{a3}[HPO_4{}^{2-}]}{[H_3O^+]} = \frac{K_{a1}K_{a2}K_{a3}[H_3PO_4]}{[H_3O^+]^3}$$

$$\therefore \quad C = [H_3PO_4] + \frac{K_{a1}[H_3PO_4]}{[H_3O^+]} + \frac{K_{a1}K_{a2}[H_3PO_4]}{[H_3O^+]^2} + \frac{K_{a1}K_{a2}K_{a3}[H_3PO_4]}{[H_3O^+]^3}$$

両辺を $[H_3PO_4]$ で割ると,

$$\frac{C}{[H_3PO_4]} = 1 + \frac{K_{a1}}{[H_3O^+]} + \frac{K_{a1}K_{a2}}{[H_3O^+]^2} + \frac{K_{a1}K_{a2}K_{a3}}{[H_3O^+]^3}$$

$$\therefore \quad \alpha_0 = \frac{[H_3O^+]^3}{[H_3O^+]^3 + K_{a1}[H_3O^+]^2 + K_{a1}K_{a2}[H_3O^+] + K_{a1}K_{a2}K_{a3}}$$

例題 10　上と同様にして，α_1, α_2, α_3 の式を導け．

解

$$\alpha_1 = \frac{K_{a1}[H_3O^+]^2}{[H_3O^+]^3 + K_{a1}[H_3O^+]^2 + K_{a1}K_{a2}[H_3O^+] + K_{a1}K_{a2}K_{a3}}$$

$$\alpha_2 = \frac{K_{a1}K_{a2}[H_3O^+]}{[H_3O^+]^3 + K_{a1}[H_3O^+]^2 + K_{a1}K_{a2}[H_3O^+] + K_{a1}K_{a2}K_{a3}}$$

$$\alpha_3 = \frac{K_{a1}K_{a2}K_{a3}}{[H_3O^+]^3 + K_{a1}[H_3O^+]^2 + K_{a1}K_{a2}[H_3O^+] + K_{a1}K_{a2}K_{a3}}$$

□

分率の式が分かっていれば，ある pH における化学種の濃度は，機械的に計算できる．

例題 11　pH = 8.00 の 0.010 M リン酸溶液における化学種の平衡濃度を計算せよ．

解　分率の分母の値は,

$$(10^{-8})^3 + (1.1 \times 10^{-2}) \times (10^{-8})^2 + (1.1 \times 10^{-2}) \times (7.5 \times 10^{-8}) \times 10^{-8} + (1.1 \times 10^{-2}) \times (7.5 \times 10^{-8}) \times (4.8 \times 10^{-13})$$

$$= 9.4 \times 10^{-18}$$

$$\therefore \quad \alpha_0 = \frac{(10^{-8})^3}{9.4 \times 10^{-18}} = 1.1 \times 10^{-7}$$

$$\alpha_1 = \frac{(1.1 \times 10^{-2}) \times (10^{-8})^2}{9.4 \times 10^{-18}} = 0.12$$

$$\alpha_2 = \frac{(1.1 \times 10^{-2}) \times (7.5 \times 10^{-8}) \times 10^{-8}}{9.4 \times 10^{-18}} = 0.88$$

$$\alpha_3 = \frac{(1.1 \times 10^{-2}) \times (7.5 \times 10^{-8}) \times (4.8 \times 10^{-13})}{9.4 \times 10^{-18}} = 4.2 \times 10^{-5}$$

各化学種の平衡濃度は,

$$[H_3PO_4] = \alpha_0 \times 0.010\,M = 1.1 \times 10^{-9}\,M$$

$$[H_2PO_4{}^-] = \alpha_1 \times 0.010\,M = 1.2 \times 10^{-3}\,M$$

$$[HPO_4{}^{2-}] = \alpha_2 \times 0.010\,M = 8.8 \times 10^{-3}\,M$$

$$[PO_4{}^{3-}] = \alpha_3 \times 0.010\,M = 4.2 \times 10^{-7}\,M$$

□

図 3.1 は, リン酸の各化学種の分率を pH に対してプロットしたものである. この図によれば, ある pH でどの化学種を考えるべきかは一目瞭然である.

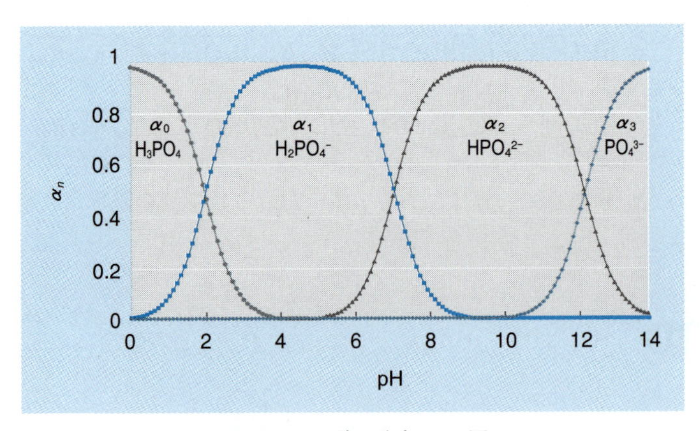

図 3.1 リン酸の分率－pH 図

Excel で考えよう 2
「分率の計算と分率－pH 図の作成」

Excel を用いてリン酸の分率を計算してみよう．また，pH と分率の関係をグラフに表してみよう．

数式の入力を簡単にするため，**名前（絶対参照）**機能を利用する．これは，参照しようとするセル番地を指定する代わりに自分で定義した名前を使って参照を行う機能である．定数は数式中にたびたび出てくるので，いちいち定数を入力する代わりに簡単な名前で参照できれば便利である．この例の場合は，次のように操作する（図 e2.1）．三つの酸解離定数に対応する数値をセル B2, C2, D2 に各々入力し，このセル範囲を操作対象として選択する．その状態で，メニューバーから［挿入］→［名前］→［作成］の順に選んで，各定数の値に Ka1 等の名前を付ける．これ以降は，数式中にその名前を入力すれば，対応する値が呼び出される．

酸解離定数などの平衡定数は，10 の累乗を使って表現されることが多いので，次のように数式の形で入力する．

K_{a1}：セル B2 に「`=1.1*10^-2`」（または「`1.1e-2`」）と入力する．

K_{a2}：セル C2 に「`=7.5*10^-8`」と入力する．

K_{a3}：セル D2 に「`=4.8*10^-13`」と入力する．

◇	A	B	C	D	E	F	G	H	I
1	const	K_{a1}	K_{a2}	K_{a3}					
2	value	0.011	7.5E-08	4.8E-13					
3									
4	term	equation							
5	$[H_3O^+]$	=10^-A13							
6	α_0	=$B13^3/($B13^3+Ka1*$B13^2+Ka1*Ka2*$B13+Ka1*Ka2*Ka3)							
7	α_1	=$B13^3/($B13^3+Ka1*$B13^2+Ka1*Ka2*$B13+Ka1*Ka2*Ka3)							
8	α_2	=Ka1*Ka2*$B13/($B13^3+Ka1*$B13^2+Ka1*Ka2*$B13+Ka1*Ka2*Ka3)							
9	α_3	=Ka1*Ka2*Ka3/($B13^3+Ka1*$B13^2+Ka1*Ka2*$B13+Ka1*Ka2*Ka3)							
10	$\Sigma\alpha_i$	=SUM(C13:F13)							
11									
12	pH	$[H_3O^+]$	α_0	α_1	α_2	α_3	$\Sigma\alpha_i$		
13	0	1	0.98912	0.01088	8.16E-10	3.92E-22	1		
14	0.1	0.794328	0.986341	0.013659	1.29E-09	7.79E-22	1		
15	0.2	0.630957	0.982865	0.017135	2.04E-09	1.55E-21	1		
16	0.3	0.501187	0.978523	0.021477	3.21E-09	3.08E-21	1		
17	0.4	0.398107	0.973112	0.026888	5.07E-09	6.11E-21	1		
18	0.5	0.316228	0.966384	0.033616	7.97E-09	1.21E-20	1		
19	0.6	0.251189	0.958045	0.041955	1.25E-08	2.39E-20	1		
20	0.7	0.199526	0.94775	0.05225	1.96E-08	4.72E-20	1		
21	0.8	0.158489	0.935099	0.064901	3.07E-08	9.3E-20	1		
22	0.9	0.125893	0.919645	0.080355	4.79E-08	1.83E-19	1		
23	1	0.1	0.900901	0.099099	7.43E-08	3.57E-19	1		
24	1.1	0.079433	0.878363	0.121637	1.15E-07	6.94E-19	1		
25	1.2	0.063096	0.851543	0.148457	1.76E-07	1.34E-18	1		
26	1.3	0.050119	0.820022	0.179978	2.69E-07	2.58E-18	1		
27	1.4	0.039811	0.78351	0.21649	4.08E-07	4.92E-18	1		

図 e2.1 リン酸の分率の計算

次に，各pHにおける分率を計算するために，pHを連続した数値として入力する．0から14までの数値を0.01刻みでセル範囲A14：A1414に入力する．入力操作は，メニューバーから［編集］→［フィル］→［連続データの作成］を選ぶと簡単である．もちろんpHの上限と下限および刻み幅は，任意に設定できる．

$[H_3O^+]$と分率の数式を列C～列Fにそれぞれ入力する．例えば行14において，$[H_3O^+]$とα_0の式は次のように入力する．

$[H_3O^+]$：「`=10^-A14`」

α_0：「`=$B14^3/($B14^3+Ka1*$B14^2+Ka1*Ka2*$B14+Ka1*Ka2*Ka3)`」

ここで`Ka1`, `Ka2`, `Ka3`は，先に定義した酸解離定数の名前である．式中の記号`$`は，数式を他のセルにコピーしたときに参照先のセル番地の列番号が変化しないようにするために付けられる（**絶対参照**）．一方，参照先のセル番地の行番号は，順々に変わるべきであるので，記号`$`を付けずに**相対参照**とする．こうすると，例えばセルC14をコピーしてセルC15にペーストすると，参照先のセル番地はB14からB15に自動的に変化する．

$\sum\alpha_i = 1$となることを確認するため，列Gに次の数式を入力する．

$\sum\alpha_i$：「`=SUM(C14:F14)`」

SUMは関数（数学／三角関数）の一つで，指定されたセルまたはセル範囲の数値の合計を返す．参考のために，用いた数式を行5～11にまとめて示した．

必要な数式を先頭行（行14）に入力した後は，これらの式を，下の行（行15以降）にコピーする．セル範囲B14：G14を選択し，メニューバーから［編集］→［コピー］でコピー元を設定する．コピー先のセル範囲B15：G1414を選択して，［編集］→［貼り付け］を実行する．列Aに示された各々のpHでの分率やその対数が計算され，ワークシート上に示される．

pHに対する分率のグラフは，次のように作成できる．メニューバーから［挿入］→［グラフ］を選んだ後，［グラフの種類］で［**散布図**］を選択する．［系列1］で，［Xの値］としてpHの値が入力されたセル範囲A14：A1414を，［Yの値］としてα_0の値が入力されたセル範囲C14：C1414を指定する．［系列2］，［系列3］，［系列4］においても，α_1, α_2, α_3に対応するセル範囲D14：D1414, E14：E1414, F14：F1414をそれぞれ指定してグラフを完成させれば，**図3.1**（p.58）が得られる．

このワークシートを用いれば，リン酸以外の三塩基酸について，同様な分率のグラフを得ることは簡単である．セル範囲B2：D2の酸解離定数の値を書き換えるだけでよい．瞬時に再計算が実行され，グラフも更新される．

3.8.3　緩衝液の計算

分率曲線の交点が $\alpha = 0.5$ の位置に現れるとき，その pH は $\mathrm{p}K_{an}$ に等しい．この近傍では，溶液は緩衝液となる．例えば，KH_2PO_4 と Na_2HPO_4 の混合溶液は，pH7 付近の緩衝液としてよく使われる．pH 計校正用の pH 標準液にも用いられている．これらの塩は完全解離して，それぞれ $H_2PO_4{}^-$ と $HPO_4{}^{2-}$ を生じる．二つの化学種が関係する第二酸解離の反応が pH を支配する．この pH では H_3PO_4 と $PO_4{}^{3-}$ の寄与は無視できる．

例題 12　イオン強度 0.10，pH7.40 の緩衝液 1 L をつくりたい．KH_2PO_4（式量 136.1）と Na_2HPO_4（式量 142.0）がそれぞれ何 g 必要か．

解　$[H_2PO_4{}^-] = x\,\mathrm{M}$, $[HPO_4{}^{2-}] = y\,\mathrm{M}$ とおく．KH_2PO_4 と Na_2HPO_4 は金属イオンが完全解離して，それ以上反応しないとみなせるので，

$$[\mathrm{K}^+] = x\,\mathrm{M}$$

$$[\mathrm{Na}^+] = 2y\,\mathrm{M}$$

となる．イオン強度は，

$$\frac{1}{2}\{1^2 \times x + 1^2 \times x + 1^2 \times 2y + 2^2 \times y\} = 0.10$$

$$\therefore \quad x + 3y = 0.10 \qquad (1)$$

また，ヘンダーソン−ハッセルバルヒの式より，

$$7.40 = 7.12 + \log \frac{y}{x}$$

$$\therefore \quad y = 1.9x \qquad (2)$$

式 (1), (2) の連立方程式を解くと，

$$\therefore \quad x = 0.015\,\mathrm{M}, \quad y = 0.028\,\mathrm{M}$$

したがって，KH_2PO_4 の必要量は，

$$136.1\,\mathrm{g/mol} \times 0.015\,\mathrm{mol} = 2.0\,\mathrm{g}$$

Na_2HPO_4 の必要量は，

$$142.0\,\mathrm{g/mol} \times 0.028\,\mathrm{mol} = 4.0\,\mathrm{g}$$ □

3.8.4 両性塩溶液の計算

多塩基酸で特徴的なことは，**両性イオン**が存在することである．リン酸では，$H_2PO_4^-$ と HPO_4^{2-} が両性イオンである．これらは酸としても塩基としても働く．$H_2PO_4^-$ を例にとると，

$$H_2PO_4^- + H_2O \rightleftharpoons H_3O^+ + HPO_4^{2-}$$

$$K_{a2} = \frac{[H_3O^+][HPO_4^{2-}]}{[H_2PO_4^-]} = 7.5 \times 10^{-8}$$

$$H_2PO_4^- + H_2O \rightleftharpoons H_3PO_4 + OH^-$$

$$K_{b1} = \frac{[H_3PO_4][OH^-]}{[H_2PO_4^-]} = \frac{K_w}{K_{a1}} = 9.1 \times 10^{-13}$$

である．KH_2PO_4 の溶液では，上の二つの反応を考慮しなければならない．この場合，$K_{a2} \gg K_{b1}$ であるので，溶液は酸性になると予想される．以下で詳しい取扱いを見てみよう．

例題 13　0.050 M KH_2PO_4 溶液の pH を計算せよ．

解　KH_2PO_4 の全濃度を C とおくと物質収支より，

$$C = [H_3PO_4] + [H_2PO_4^-] + [HPO_4^{2-}] = [K^+]$$

電荷均衡より，

$$[K^+] + [H_3O^+] = [H_2PO_4^-] + 2[HPO_4^{2-}] + [OH^-]$$

これら2式から，

$$[H_3O^+] = -[H_3PO_4] + [HPO_4^{2-}] + [OH^-]$$

$$= -\frac{[H_2PO_4^-][H_3O^+]}{K_{a1}} + \frac{K_{a2}[H_2PO_4^-]}{[H_3O^+]} + \frac{K_w}{[H_3O^+]}$$

これを整理して，

$$[H_3O^+] = \sqrt{\frac{K_{a1}K_w + K_{a1}K_{a2}[H_2PO_4^-]}{K_{a1} + [H_2PO_4^-]}}$$

ここで近似を考える．$H_2PO_4^-$ は酸解離も加水分解も起こしにくいと考えられるので，$[H_2PO_4^-] \approx C$ である．また，

$$K_w \ll K_{a2}C$$

が成り立つので，

$$[H_3O^+] = \sqrt{\frac{K_{a1}K_{a2}C}{K_{a1}+C}}$$

$$= \sqrt{\frac{1.1\times10^{-2}\times7.5\times10^{-8}\times0.05}{1.1\times10^{-2}+0.05}} = 2.6\times10^{-5}$$

$$\therefore \quad \mathrm{pH} = 4.59$$

□

一般に両性イオン HA^- の塩溶液のヒドロニウムイオン濃度は，

$$[H_3O^+] = \sqrt{\frac{K_{a1}K_w + K_{a1}K_{a2}[HA^-]}{K_{a1}+[HA^-]}}$$

で与えられる．上の例題と同様に $K_w \ll K_{a2}[HA^-]$ であり，さらに $K_{a1} \ll [HA^-]$ であれば，次のように簡単になる．

$$[H_3O^+] = \sqrt{K_{a1}K_{a2}} \qquad \therefore \quad \mathrm{pH} = \frac{1}{2}(\mathrm{p}K_{a1} + \mathrm{p}K_{a2})$$

例題 14　*o*-フタル酸水素カリウム（図 3.2）の 0.050 M 溶液は，pH 計校正用の pH 標準液として用いられる．この溶液の pH を求めよ．ただし，*o*-フタル酸は，$K_{a1} = 1.2\times10^{-3}$, $K_{a2} = 3.9\times10^{-6}$ である．

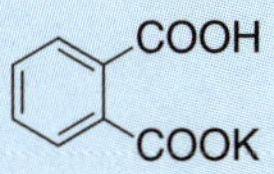

COOH
COOK

図 3.2　*o*-フタル酸カリウム

解　上の簡略式を用いて，

$$\mathrm{pH} = \frac{1}{2}\times(2.92+5.41) = 4.17$$

□

注意　この溶液は緩衝液ではない．すなわち，酸やアルカリが混入すると，pH が大きく変化して，標準液の役目を果たさない．

演習問題
第3章

1　次の術語を説明せよ．

(1)　共役酸塩基対

(2)　水の自己プロトリシス

(3)　水平化効果

(4)　緩衝液

(5)　分率

2　3-Morpholinopropanesulfonic acid（MOPS）は，Good's buffer と呼ばれる生化学用緩衝剤の一つであり，金属イオンとの錯生成が弱い．この試薬に関して，以下の問に答えよ．

O　NH（+）　SO_3^-

MW = 209.26, $pK_a = 7.18$

(1)　0.500 M MOPS 溶液 500 mL を調製するには，試薬が何 g 必要か．

(2)　0.500 M MOPS 溶液 100 mL に 0.500 M NaOH 溶液を加えたのち，溶液を 500 mL に希釈して，0.100 M MOPS を含む pH7.40 の緩衝液を調製する．0.500 M NaOH 溶液は何 mL 必要か．

(3)　(2) の緩衝液 100 mL に 0.400 M HCl 5.00 mL を加えると，pH はいくらになるか．

3　20 ℃において，1 atm の CO_2 と平衡にある純水中には，CO_2 が 3.9×10^{-2} M 溶解する．また CO_2 は空気中に体積比で 0.036 % 存在している

(1)　20 ℃，1 atm において，空気と平衡にある純水には，CO_2 が何 M 溶解するか？

(2)　(1) の水の pH を求めよ．ただし，CO_2 は純水中に溶解するとすみやかに H_2CO_3 になり，次式のように解離するものとする．

$$H_2CO_3 \rightleftharpoons H^+ + HCO_3^- \qquad pK_{a1} = 6.3$$

$$HCO_3^- \rightleftharpoons H^+ + CO_3^{2-} \qquad pK_{a2} = 10.3$$

(3)　(1) の水中の CO_3^{2-} 濃度（M）を求めよ．

4　酢酸の酸解離定数を K_a，アンモニアの塩基解離定数を K_b として，酢酸アンモニウム水溶液の pH を表す式を導け．ただし，酢酸アンモニウムの全濃度は 10^{-7} M より十分大きいとする．

5　Excel を用いて炭酸 H_2CO_3 の分率－pH 図をつくってみよ．

酸塩基滴定

本章では，さまざまな酸塩基滴定について学ぶ．前章で学んだ原理を活用して，滴定曲線を予測すること，および実験で得られた滴定曲線を正しく解釈することができるようにしよう．また，滴定の終点を検出するために，酸塩基指示薬の性質と使い方を身に付けよう．

本章の内容

4.1　強酸または強塩基の滴定

酸塩基滴定（acid-base titration）は，**中和滴定**（neutralization titration）とも呼ばれる．分析対象が酸である場合は，塩基の標準液を滴下して，酸と塩基の中和反応を起こさせる．まず，塩酸溶液を水酸化ナトリウム溶液で滴定する場合を考えよう．

例題1　0.10 M HCl 溶液 50.0 mL を 0.10 M NaOH 溶液で滴定する．（ア）0 mL 滴下時，（イ）45.0 mL 滴下時，（ウ）50.0 mL 滴下時，（エ）55.0 mL 滴下時の pH を計算せよ．

解　（ア）　HCl は完全に酸解離するので

$$\mathrm{pH} = -\log 0.10 = 1.00$$

（イ）　中和反応は次式で表される．

$$\mathrm{H_3O^+ + OH^- \longrightarrow 2H_2O}$$

Cl^- と Na^+ は反応に無関係である．溶液量が増加し，中和反応の分だけ H_3O^+ が減少するので，

$$[\mathrm{H_3O^+}] = \frac{0.10\,\mathrm{M} \times 50.0\,\mathrm{mL} - 0.10\,\mathrm{M} \times 45.0\,\mathrm{mL}}{50.0\,\mathrm{mL} + 45.0\,\mathrm{mL}} = 5.26 \times 10^{-3}\,\mathrm{M}$$

$$\therefore \quad \mathrm{pH} = -\log(5.26 \times 10^{-3}) = 2.28$$

（ウ）　当量点である．溶液は 0.050 M NaCl となるので，pH = 7.00 である．

（エ）　溶液は NaCl と過剰に加えられた NaOH を含む．

$$[\mathrm{OH^-}] = \frac{0.10\,\mathrm{M} \times 55.0\,\mathrm{mL} - 0.10\,\mathrm{M} \times 50.0\,\mathrm{mL}}{50.0\,\mathrm{mL} + 55.0\,\mathrm{mL}} = 4.76 \times 10^{-3}\,\mathrm{M}$$

$$\therefore \quad \mathrm{pH} = 14.00 - \mathrm{pOH} = 14.00 - 2.32 = 11.68$$

□

滴定反応を解析するには，**滴定曲線**を考えるのが便利である．酸塩基滴定では，溶液の pH を滴定剤の体積に対してプロットする（**図 4.1**）．実験においては，滴定剤の滴下量とその時々の pH を記録すれば，滴定曲線を描くことができる．

強酸を強塩基で滴定するときの滴定曲線の特徴は，当量点の pH が強酸の初濃度と滴定剤の強塩基濃度に依存しないこと，当量点付近で pH が急激に

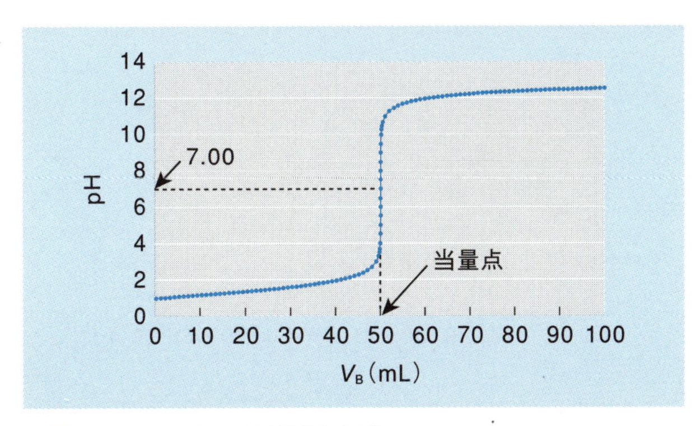

図 4.1 0.1 M HCl 溶液滴定曲線
0.1 M HCl 溶液 50 mL を 0.1 M NaOH 溶液で滴定.

変化することである．上の例題でも，滴定開始から 90 %滴定（45.0 mL 滴下）時までの pH 変化は 1.3 に過ぎないが，90 % 滴定時から当量点までの pH 変化は 4.7 に及ぶ．このように当量点付近での溶液性質の変化が急激であると，終点の検出が容易となり，精確な分析が行える．

強酸の滴定では，滴定開始時や 50 % 滴定が進んだ**半当量点**における pH は，酸の初濃度に依存する．また，当量点を過ぎた後では，滴定剤である強塩基の濃度が低くなると pH は低くなる．0.1, 0.01 および 0.001 M HCl を等濃度の NaOH で滴定するときの滴定曲線を**図 4.2** に示す．濃度が薄くなると当量

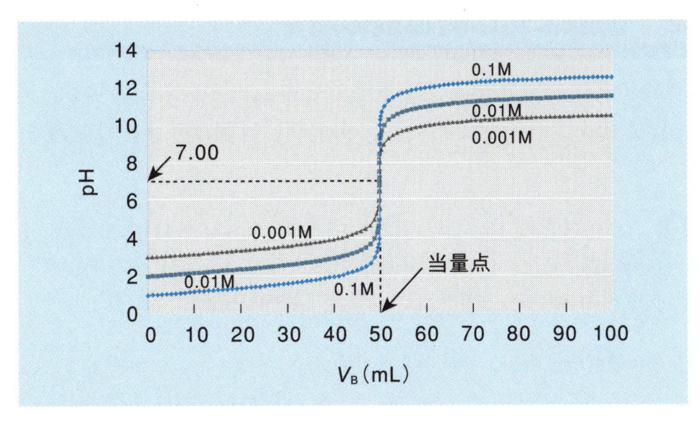

図 4.2 HCl 溶液滴定曲線の濃度による変化
0.1, 0.01 および 0.001 M HCl 溶液 50 mL をそれぞれ等濃度の NaOH 溶液で滴定.

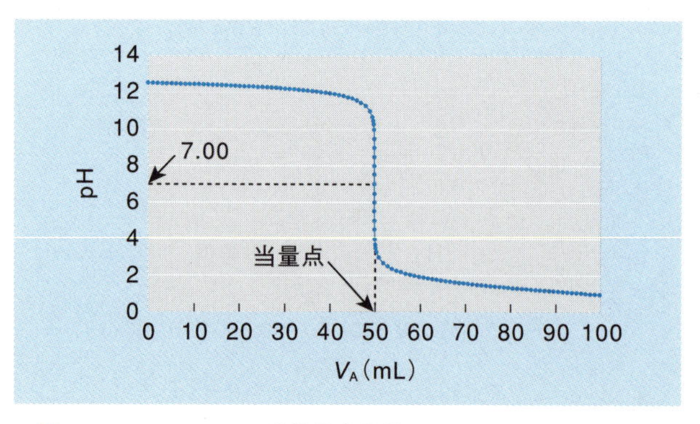

図 4.3 0.1 M NaOH 溶液滴定曲線
0.1 M NaOH 溶液 50 mL を 0.1 M HCl 溶液で滴定.

点での pH ジャンプが小さくなることが分かる．精確な滴定を行うためには，試料，滴定剤とも 1.0 mM 以上の濃度であることが望ましい．

強塩基を強酸で滴定するときの滴定曲線は，強酸を強塩基で滴定するときの滴定曲線の鏡像となる．0.1 M NaOH 溶液 50 mL を 0.1 M HCl 溶液で滴定するときの滴定曲線を**図 4.3** に示す．

注意 滴定剤に弱塩基や弱酸を用いるのは避けるべきである．この場合，当量点後の pH 変化が小さくなり，終点の判別に不利となるからだ．

4.2 弱酸または弱塩基の滴定

次に弱酸または弱塩基を滴定する場合を考えよう．この場合も，当量点付近での pH 変化を大きくするために，滴定剤には強塩基または強酸を用いる．

例題 2 0.10 M 酢酸 HOAc 溶液 50.0 mL を 0.10 M NaOH 溶液で滴定する．（ア）0 mL 滴下時，（イ）25.0 mL 滴下時，（ウ）45.0 mL 滴下時，（エ）50.0 mL 滴下時，（オ）55.0 mL 滴下時の pH を計算せよ．

解 （ア） 酸解離反応は，次式で表される．

$$\mathrm{HOAc + H_2O \rightleftharpoons H_3O^+ + OAc^-} \qquad \mathrm{p}K_\mathrm{a} = 4.75$$

酢酸の全濃度を C とおくと，物質収支より

$$[\mathrm{HOAc}] + [\mathrm{OAc}^-] = C$$

HOAc は弱酸であるので，$[\mathrm{HOAc}] \gg [\mathrm{OAc}^-]$ より

$$[\mathrm{HOAc}] = C \qquad (1)$$

電荷均衡より

$$[\mathrm{H_3O^+}] = [\mathrm{OAc}^-] \qquad (2)$$

$[\mathrm{H_3O^+}]$ を x とおき，(1), (2) 式を K_a の式（p.45）に代入して整理すると，

$$x = \sqrt{K_\mathrm{a} C}$$

$$\therefore \quad \mathrm{pH} = \frac{1}{2}(\mathrm{p}K_\mathrm{a} - \log C) = \frac{1}{2}(4.75 + 1.00) = 2.88$$

（イ）中和反応は次式で表される．

$$\mathrm{HOAc} + \mathrm{OH^-} \longrightarrow \mathrm{H_2O} + \mathrm{OAc^-}$$

すなわち，NaOH を滴下した分だけ $\mathrm{OAc^-}$ が生成し，溶液は HOAc と $\mathrm{OAc^-}$ の緩衝液となる．

$$[\mathrm{OAc}^-] = \frac{0.10\,\mathrm{M} \times 25.0\,\mathrm{mL}}{50.0\,\mathrm{mL} + 25.0\,\mathrm{mL}} = \frac{2.50}{75.0}\ \mathrm{M}$$

$$[\mathrm{HOAc}] = \frac{0.10\,\mathrm{M} \times 50.0\,\mathrm{mL} - 0.10\,\mathrm{M} \times 25.0\,\mathrm{mL}}{50.0\,\mathrm{mL} + 25.0\,\mathrm{mL}} = \frac{2.50}{75.0}\ \mathrm{M}$$

であるから，ヘンダーソン－ハッセルバルヒの式より，

$$\mathrm{pH} = \mathrm{p}K_\mathrm{a} + \log\frac{[\mathrm{OAc}^-]}{[\mathrm{HOAc}]}$$

$$= 4.75 + \log\frac{2.50/75.0}{2.50/75.0} = 4.75$$

（ウ）上と同様にして，

$$[\mathrm{OAc}^-] = \frac{0.10\,\mathrm{M} \times 45.0\,\mathrm{mL}}{50.0\,\mathrm{mL} + 45.0\,\mathrm{mL}} = \frac{4.50}{95.0}\,\mathrm{M}$$

$$[\mathrm{HOAc}] = \frac{0.10\,\mathrm{M} \times 50.0\,\mathrm{mL} - 0.10\,\mathrm{M} \times 45.0\,\mathrm{mL}}{50.0\,\mathrm{mL} + 45.0\,\mathrm{mL}} = \frac{0.50}{95.0}\,\mathrm{M}$$

$$\therefore \quad \mathrm{pH} = 4.75 + \log\frac{4.50/95.0}{0.50/95.0} = 5.70$$

（エ）当量点である．溶液は 0.050 M NaOAc となる．次式で表される $\mathrm{OAc^-}$ の加水分解反応が pH を規定する．

$$\mathrm{OAc^-} + \mathrm{H_2O} \rightleftharpoons \mathrm{HOAc} + \mathrm{OH^-} \qquad \mathrm{p}K_\mathrm{b} = 9.25$$

NaOAcの全濃度をCとおくと，物質収支より

$$[\mathrm{OAc^-}] + [\mathrm{HOAc}] = [\mathrm{Na^+}] = C \tag{1}$$

$\mathrm{OAc^-}$は弱塩基であるので，$[\mathrm{OAc^-}] \gg [\mathrm{HOAc}]$より，

$$[\mathrm{OAc^-}] = [\mathrm{Na^+}] = C \tag{2}$$

一方，電荷均衡より

$$[\mathrm{Na^+}] = [\mathrm{OAc^-}] + [\mathrm{OH^-}] \tag{3}$$

(1), (3) 式より，

$$[\mathrm{HOAc}] = [\mathrm{OH^-}] \tag{4}$$

$[\mathrm{OH^-}]$をxとおき，(2), (4) 式をK_bの式（p.46）に代入して整理すると，

$$x = \sqrt{K_\mathrm{b} C}$$

$$\mathrm{pOH} = \frac{1}{2}(\mathrm{p}K_\mathrm{b} - \log C) = \frac{1}{2}(9.25 + 1.30) = 5.28$$

$$\therefore \quad \mathrm{pH} = 14.00 - 5.28 = 8.72$$

（オ） NaOAcと過剰に加えられたNaOHを含む．pHは強塩基であるNaOHの濃度によって決まるので，

$$[\mathrm{OH^-}] = \frac{0.10\,\mathrm{M} \times 55.0\,\mathrm{mL} - 0.10\,\mathrm{M} \times 50.0\,\mathrm{mL}}{50.0\,\mathrm{mL} + 55.0\,\mathrm{mL}}$$

$$= 4.76 \times 10^{-3}\,\mathrm{M}$$

$$\therefore \quad \mathrm{pH} = 14.00 - \mathrm{pOH} = 14.00 - 2.32 = 11.68$$

□

例題の滴定曲線を**図4.4**に示す．酸の1/2が中和された半当量点付近では，溶液は緩衝液となる．水酸化ナトリウムが加えられても，pHの変化は小さい．半当量点におけるpHは，弱酸の$\mathrm{p}K_\mathrm{a}$と一致する．この原理は，弱酸の$\mathrm{p}K_\mathrm{a}$を求めるために利用される．

当量点では弱酸の塩の溶液となる．したがって，当量点のpHは弱酸の初濃度に依存する．0.1, 0.01および0.001 M HOAc溶液を等濃度のNaOHで滴定するときの滴定曲線を**図4.5**に示す．初濃度によらず当量点近くまでの曲線はほぼ一致する．しかし，初濃度の低下とともに当量点のpHが低くなり，当量点付近のpHジャンプが小さくなることに注意しよう．

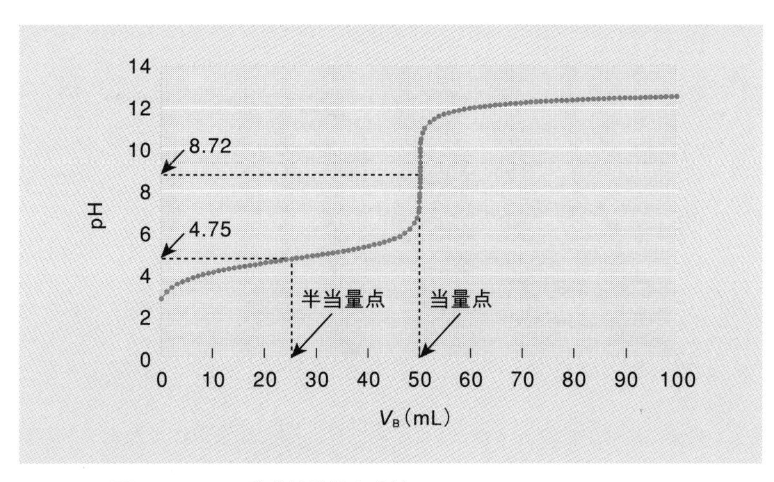

図 4.4 0.1 M 酢酸溶液滴定曲線
0.1 M HAcO 溶液 50 mL を 0.1 M NaOH 溶液で滴定.

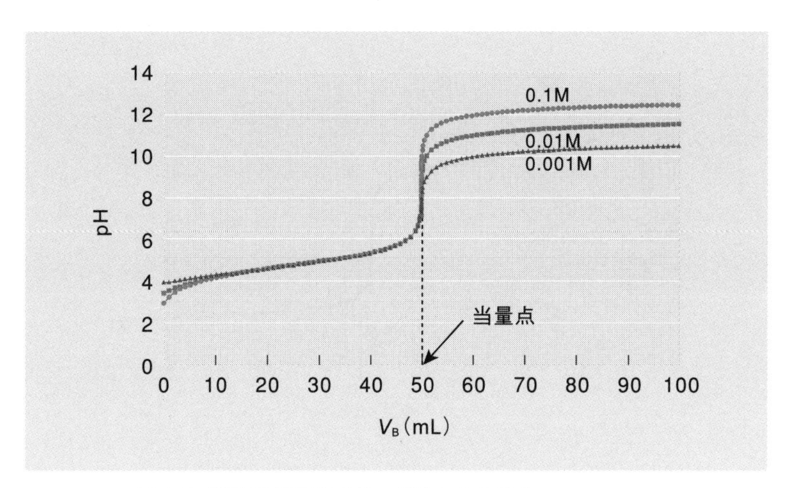

図 4.5 酢酸溶液滴定曲線の濃度による変化
0.1，0.01 および 0.001 M HAcO 溶液 50 mL を
それぞれ等濃度の NaOH 溶液で滴定.

pK_a 値の異なる弱酸の 0.1 M 溶液 50 mL を，0.1 M NaOH 溶液で滴定するときの滴定曲線を**図 4.6** に示す．当量点での pH ジャンプは，pK_a の増加につれ小さくなる．

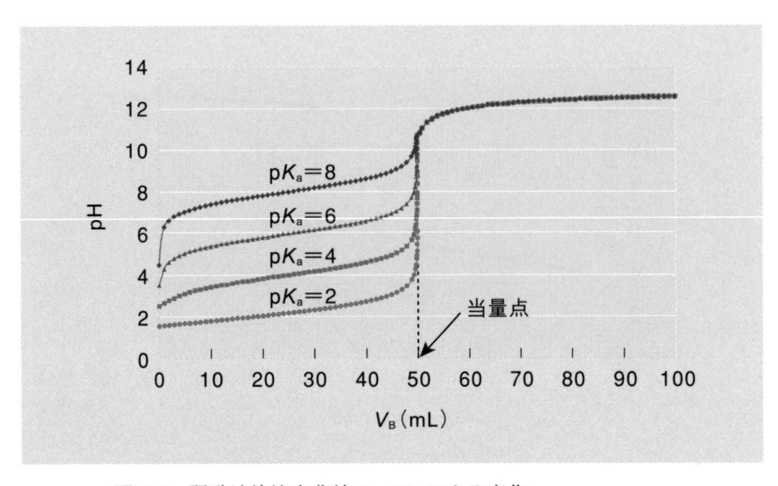

図 4.6 弱酸溶液滴定曲線の pK_a による変化
種々の pK_a の弱酸 0.1 M 溶液 50 mL を 0.1 M NaOH 溶液で滴定.

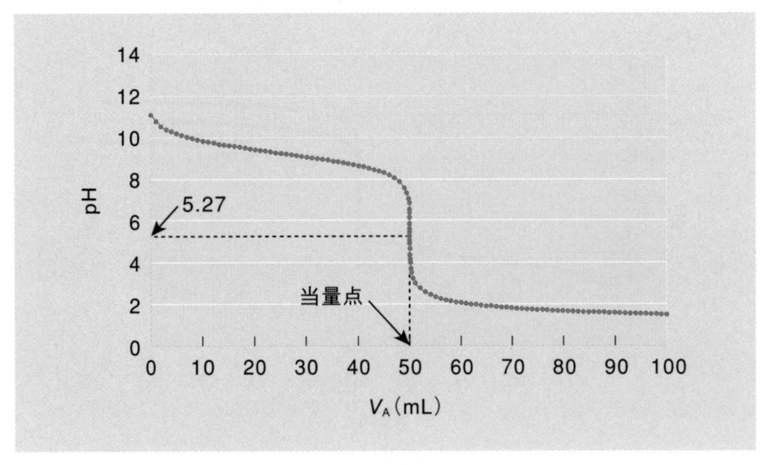

図 4.7 0.1 M NH_3 溶液滴定曲線
0.1 M NH_3 溶液 50 mL を 0.1 M HCl 溶液で滴定.

強酸による弱塩基の滴定は，強塩基による弱酸の滴定と同様に考えることができる．0.1 M NH_3 溶液 50 mL を 0.1 M HCl 溶液で滴定するときの滴定曲線を**図 4.7** に示す．偶然にアンモニアの pK_b は酢酸の pK_a とほぼ等しいため，**図 4.7** と**図 4.4** は鏡像となる．

4.3　多塩基酸または多酸塩基の滴定

多塩基酸は，強塩基によって段階的に滴定される．*o*-フタル酸（H_2A; $pK_{a1} = 2.92$, $pK_{a2} = 5.41$）の滴定を例にとって考えよう．

例題 3　0.10 M *o*-フタル酸溶液 50.0 mL を 0.10 M NaOH 溶液で滴定する．（ア）0 mL 滴下時，（イ）25.0 mL 滴下時，（ウ）50.0 mL 滴下時，（エ）75.0 mL 滴下時，（オ）100 mL 滴下時の pH を計算せよ．

解　（ア）　存在種は H_2A である．pH は H_2A の第一酸解離によって決まる．H_2A の全濃度を C とおくと，

$$\mathrm{pH} = \frac{1}{2}(\mathrm{p}K_{\mathrm{a1}} - \log C) = \frac{1}{2}(2.92 + 1.00) = 1.96$$

（イ）H_2A と HA^- の緩衝液である．第一当量点までの中点であり，$[H_2A] = [HA^-]$ が成り立つので，

$$\mathrm{pH} = \mathrm{p}K_{\mathrm{a1}} + \log\frac{[\mathrm{HA^-}]}{[\mathrm{H_2A}]} = 2.92$$

（ウ）　第一当量点である．両性塩 NaHA の 0.050 M 溶液である．第 3 章の例題 14（p.63）と同様に，

$$\mathrm{pH} = \frac{1}{2}(\mathrm{p}K_{\mathrm{a1}} + \mathrm{p}K_{\mathrm{a2}}) = \frac{1}{2}(2.92 + 5.41) = 4.17$$

（エ）HA^- と A^{2-} の緩衝液である．第一当量点と第二当量点の中点であり，$[HA^-] = [A^{2-}]$ が成り立つので，

$$\mathrm{pH} = \mathrm{p}K_{\mathrm{a2}} + \log\frac{[\mathrm{A^{2-}}]}{[\mathrm{HA^-}]} = 5.41$$

（オ）　第二当量点である．Na_2A の 0.0333 M 溶液である．次の反応が pH を規定する．

$$\mathrm{A^{2-}} + \mathrm{H_2O} \rightleftharpoons \mathrm{HA^-} + \mathrm{OH^-} \qquad \mathrm{p}K_{\mathrm{b1}} = 8.59$$

$$\mathrm{pOH} = \frac{1}{2}(\mathrm{p}K_{\mathrm{b1}} - \log C) = \frac{1}{2}(8.59 + 1.48) = 5.04$$

$$\therefore \quad \mathrm{pH} = 14.00 - 5.04 = 8.96$$

□

例題の滴定曲線を**図 4.8** に示す．逐次滴定には，pK_a の差が 4 以上あることが望ましい．*o*-フタル酸を精確に逐次滴定することは，なかなか難しいだろう．

強酸の標定のための一次標準物質としてよく用いられる炭酸ナトリウムは，二酸塩基であり，次のように二段階に加水分解する．

$$CO_3{}^{2-} + H_2O \rightleftharpoons HCO_3{}^{-} + OH^{-} \qquad pK_{b1} = 3.68$$

$$HCO_3{}^{-} + H_2O \rightleftharpoons H_2CO_3 + OH^{-} \qquad pK_{b2} = 7.64$$

H_2CO_3 は，CO_2 と水になる．0.1 M Na_2CO_3 溶液 50 mL を 0.1 M HCl 溶液で滴定するときの滴定曲線を**図 4.9** に示す．一般に第二当量点を終点に用いるが，$HCO_3{}^-$ と H_2CO_3 による緩衝作用のために pH の変化は緩やかであり，その検出は難しい．終点近くで溶液を煮沸して CO_2 を追い出してやると，$HCO_3{}^-$ のみの溶液となり，終点での pH ジャンプが明瞭になる．

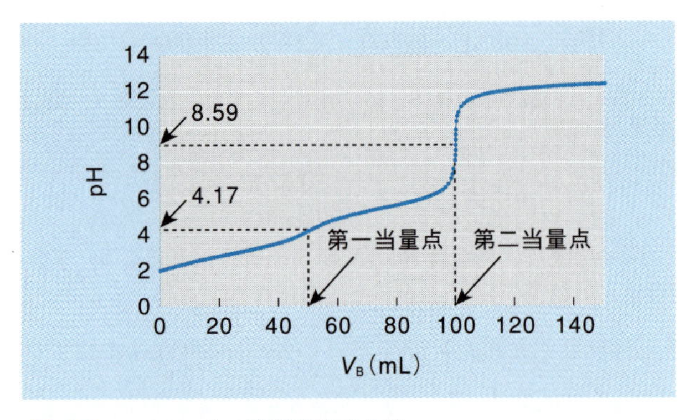

図 4.8　0.1 M フタル酸溶液滴定曲線
0.1 M フタル酸溶液 50 mL を 0.1 M NaOH 溶液で滴定．

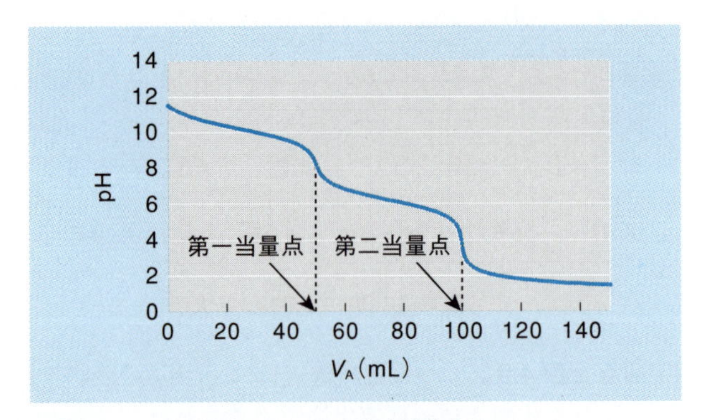

図 4.9　0.1 M 炭酸ナトリウム溶液滴定曲線
0.1 M Na_2CO_3 溶液 50 mL を 0.1 M HCl 溶液で滴定．

4.4 酸の混合物の滴定

強さが大きく異なる酸の混合物は，強塩基によって逐次滴定することができる．そのためには，$\mathrm{p}K_\mathrm{a}$ 差が 4 以上であることが望ましい．強酸の存在下では弱酸の酸解離は抑えられる．したがって，逐次滴定では強い酸から順に中和される．

例題 4 0.050 M HCl と 0.20 M HOAc を含む溶液 20.0 mL を 0.10 M NaOH 溶液で滴定する．

（ア）10.0 mL 滴下時および（イ）50.0 mL 滴下時の pH を求めよ．

解 （ア） 第一当量点である．HCl は完全に中和されているが，HOAc は未反応である．したがって，溶液は 0.0333 M NaCl−0.133 M HOAc の混合物である．pH は HOAc によって決まるので，

$$\mathrm{pH} = \frac{1}{2}(\mathrm{p}K_\mathrm{a} - \log C) = \frac{1}{2}(4.75 + 0.876) = 2.81$$

（イ） 第二当量点である．溶液は 0.0143 M NaCl−0.0571 M NaOAc の混合物である．pH は最も強い塩基である $\mathrm{OAc^-}$ の加水分解によって決まるので，

$$\mathrm{pOH} = \frac{1}{2}(\mathrm{p}K_\mathrm{b} - \log C) = \frac{1}{2}(9.25 + 1.24) = 5.25$$

$$\therefore \quad \mathrm{pH} = 14.00 - 5.25 = 8.75$$

□

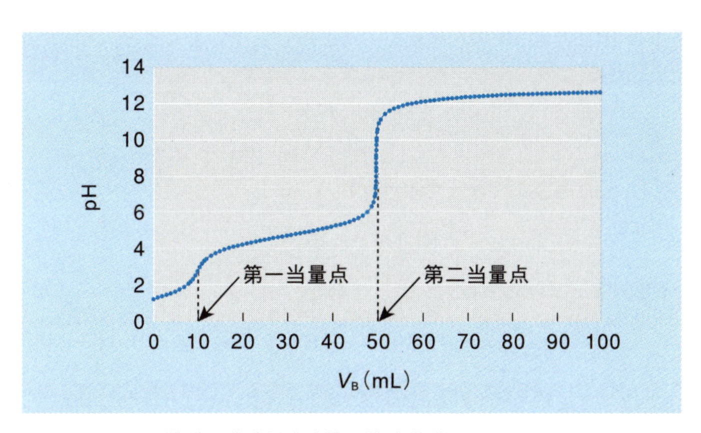

図 4.10 塩酸−酢酸混合溶液の滴定曲線
0.05 M HCl と 0.2 M HOAc を含む溶液 20 mL を 0.1 M NaOH 溶液で滴定．

例題の滴定曲線を**図 4.10** に示す．第一当量点は塩酸の当量点であるが，pH は共存する酢酸によって決まるため 7 にはならないことに注意しよう．

同様に，強さが大きく異なる塩基の混合物は強酸によって逐次滴定することができる．

Excel で考えよう 3
「酸塩基滴定曲線のシミュレーション」

本文では，近似式で平衡 pH を計算することを学んできた．ここでは Excel を活用して，異なる方法で pH を求め，滴定曲線を描いてみよう．この方法では，滴定の全領域にわたって成り立つ方程式を考える．滴定曲線上の各点で方程式を数値的に解き，平衡 pH を求める．この計算を Excel の関数を組合せて行う．

例題 1（p.66）の塩酸溶液の酸塩基滴定を考えよう．酸塩基反応に関係する化学種は H_2O, HCl および NaOH であり，それぞれ次のように解離する．

$$H_2O + H_2O \rightleftharpoons H_3O^+ + OH^-$$

$$HCl + H_2O \longrightarrow H_3O^+ + Cl^-$$

$$NaOH \longrightarrow Na^+ + OH^-$$

電荷均衡を考慮すると，次式が成り立つ．

$$[Na^+] + [H_3O^+] - [OH^-] - [Cl^-] = 0$$

水溶液中の HCl, NaOH の全濃度をそれぞれ C_A, C_B とすると，上式は次のように変形される．

$$C_B + [H_3O^+] - \frac{K_w}{[H_3O^+]} - C_A = 0$$

$[H_3O^+]$ は，pH を用いて次式で表される．

$$[H_3O^+] = 10^{-pH}$$

これを代入すると，次の方程式が得られる．

$$f(pH) = C_B + 10^{-pH} - K_w 10^{pH} - C_A = 0$$

ここで $f(pH)$ は，pH を独立変数とする関数である．この方程式は滴定の全領域で成り立つが，C_A と C_B の値は滴定の進行につれて変化する．混合前の HCl と NaOH の濃度（初濃度）をそれぞれ C_{A0}, C_{B0} とし，加えられた各々の溶液の体積を V_A, V_B とすると，C_A, C_B は

$$C_{\mathrm{A}} = \frac{V_{\mathrm{A}}}{V_{\mathrm{A}} + V_{\mathrm{B}}} C_{\mathrm{A0}}$$

$$C_{\mathrm{B}} = \frac{V_{\mathrm{B}}}{V_{\mathrm{A}} + V_{\mathrm{B}}} C_{\mathrm{B0}}$$

で表される．

各 V_{B} における方程式の解すなわち平衡 pH は，次のようにして求める．関数 f の pH に 0 から 14 まで連続的に変化させた数値を代入し，各 pH での f(pH) の絶対値 $|f(\mathrm{pH})|$ を算出する．$|f(\mathrm{pH})|$ が最小値 0 をとるのは，pH が方程式 $f(\mathrm{pH}) = 0$ の解と等しいときである．したがって，算出された $|f(\mathrm{pH})|$ の値の中から最小値を検索し，そのときの pH を求めれば，それが平衡 pH である．この一連の計算を Excel を使って行う．Excel による計算では，pH の変化は連続的ではなく，小さな数値幅での段階的な変化である．このため得られる解は近似解となる．より真値に近づけるためには，近似解の周辺で pH の刻み幅を小さくすればよい．

上記の方法を Excel のワークシートに即して説明しよう（**図 e3.1**）．セル B2, C2, D2, E2 に K_{w} の値，条件により定まる数値 C_{A0}, C_{B0}, V_{A} をそれぞれ入力する．また，セル範囲 A16：A1416 に pH の連続データを 0 から 14 まで 0.01 刻みで入力する．名前（絶対参照）機能を用いて，これらの数値が入力されたセルおよびセル範囲に名前を定義する（**Excel で考えよう 2**（p.59）を参照）．

◇	A	B	C	D	E	F	G	H	I	J	K	L
1	const	K_w	C_{A0}	C_{B0}	V_A							
2	value	1E-14	0.1	0.1	50							
3												
4	term	equation										
5	C_A	`=CA0*VA/(VA+B$10)`										
6	C_B	`=CB0*B$10/(VA+B$10)`										
7	pH	`=INDEX(pH,MATCH(MIN(B16:B1416),B16:B1416,0))`										
8	f(pH)	`=ABS(B$13+10^-$A16-Kw*10^$A16-B$12)`										
9												
10	V_B	0	1	2	3	4	5	6	7	8	9	10
11												
12	C_A	0.1	0.098039	0.096154	0.09434	0.092593	0.090909	0.089286	0.087719	0.086207	0.084746	0.083333
13	C_B	0	0.001961	0.003846	0.00566	0.007407	0.009091	0.010714	0.012281	0.013793	0.015254	0.016667
14												
15	pH	1	1.02	1.03	1.05	1.07	1.09	1.1	1.12	1.14	1.16	1.18
16	0	0.9	0.903922	0.907692	0.911321	0.914815	0.918182	0.921429	0.924561	0.927586	0.930508	0.933333
17	0.01	0.877237	0.881159	0.88493	0.888558	0.892052	0.895419	0.898666	0.901799	0.904823	0.907746	0.910571
18	0.02	0.854993	0.858914	0.862685	0.866313	0.869807	0.873174	0.876421	0.879554	0.882579	0.885501	0.888326
19	0.03	0.833254	0.837176	0.840947	0.844575	0.848069	0.851436	0.854683	0.857816	0.860841	0.863763	0.866588
20	0.04	0.812011	0.815932	0.819703	0.823332	0.826826	0.830193	0.833439	0.836572	0.839597	0.842519	0.845344
21	0.05	0.791251	0.795173	0.798943	0.802572	0.806066	0.809433	0.81268	0.815812	0.818837	0.821759	0.824584
22	0.06	0.770964	0.774885	0.778656	0.782284	0.785778	0.789145	0.792392	0.795525	0.79855	0.801472	0.804297
23	0.07	0.751138	0.75506	0.75883	0.762459	0.765953	0.76932	0.772567	0.775699	0.778724	0.781647	0.784471
24	0.08	0.731764	0.735685	0.739456	0.743085	0.746579	0.749946	0.753192	0.756325	0.75935	0.762272	0.765097
25	0.09	0.712831	0.716752	0.720523	0.724151	0.727645	0.731012	0.734259	0.737392	0.740417	0.743339	0.746164
26	0.1	0.694328	0.69825	0.702021	0.705649	0.709143	0.71251	0.715757	0.71889	0.721914	0.724837	0.727662
27	0.11	0.676247	0.680169	0.683939	0.687568	0.691062	0.694429	0.697676	0.700809	0.703833	0.706756	0.70958

図 e3.1　数値解法による酸塩基滴定のシミュレーション

0 mL から 1 mL ずつ変化させた滴下量 V_B を行 10 に入力する．各 V_B（各列）での C_A，C_B をそれぞれ行 12，行 13 で計算する．最終目標は，各 V_B における平衡 pH を求め，その値を行 15 に出力することである．

セル B16 に $|f(pH)|$ の数式を入力する．C_A，C_B の値を $|f(pH)|$ の式に代入するには，それぞれセル番地「B$12」，「B$13」を入力する．pH は同じ行にある列 A の数値を用いる．行 16 では「$A16」と入力する．絶対値は，関数（数学/三角関数）の ABS を用いて求める．したがって，セル B16 の数式は次のようになる．

「=ABS(B$13+10^-$A16-Kw*10^$A16-B$12)」

セル B16 の数式を B17 から B1416 までコピーする．すると，$V_B = 0$ における，列 A で指定された pH に対応する $|f(pH)|$ の値が各々出力される．

$|f(pH)|$ が最小となる平衡 pH を求めるには，Excel の統計関数 MIN と検索/行列関数 MATCH および INDEX を用いる．セル B15 に次のように入力する．

「=INDEX(pH のセル範囲，MATCH(MIN(|f(pH)| のセル範囲)，|f(pH)| のセル範囲，0))」

pH のセル範囲は A16：A1416 であるが，このセル範囲に pH という名前を付けているので,「pH」と入力する．列 B では $|f(pH)|$ の範囲は B16：B1416 である．この数式は次の計算を行う．関数 MIN が $|f(pH)|$ の数値の中から最小値を抽出し，MATCH がその位置を特定し，INDEX がその位置に対応する pH の数値を返す．参考のために，用いた数式を行 5〜8 にまとめて示した．

各 V_B で同じ計算を行わせるため，列 B に入力した数式を各列にコピーする．このとき絶対参照が有効に使われていることに注意しよう．以上により，各滴下量 (V_B) における平衡 pH が得られる．

横軸を V_B，縦軸を平衡 pH とした散布図を作成すれば**図 4.1**（p.67）の滴定曲線が得られる．当量点近傍では，滴下量あたりの pH 変化が大きいため，滴定曲線が滑らかではないかもしれない．より滑らかにするには，ワークシートの当量点にあたる列の前後に列を挿入し，V_B の変化幅を小さくしたデータを追加すればよい．挿入したい場所で挿入したい数の列を選択し，メニューから［挿入］→［列］と選択する．挿入された列に適当な V_B 値を入力し，数式の入った列をコピーすると，データが追加され，グラフ上に自動的にプロットされる．

このワークシートとグラフを使えば，濃度，体積などの実験条件を変えるとき滴定曲線がどのように変化するかを簡単にシミュレートできる．行 2 に入力された HCl と NaOH の初濃度 C_{A0}，C_{B0} や試料溶液の体積 V_A の数値を書き換えれば，新しい条件下での滴定曲線がグラフ上に直ちに現れる．

例題 2, 3, 4 の弱酸，多塩基酸，強酸と弱酸の混合物の滴定曲線も，同様な扱いで作成することができる．ただし，$f(\mathrm{pH})$ の方程式を書き換える必要がある．それぞれの方程式は，電荷均衡の式より，下記のようになる．

例題 2（弱酸）の場合

電荷均衡：$[\mathrm{Na^+}]+[\mathrm{H_3O^+}]-[\mathrm{OH^-}]-[\mathrm{OAc^-}]=0$
方程式　：$C_\mathrm{B}+10^{-\mathrm{pH}}-K_\mathrm{w}10^{\mathrm{pH}}-\alpha_1 C_\mathrm{A}=0$

ここで分率 α_1 は，pH を変数として次式で表される．

$$\alpha_1=\frac{K_\mathrm{a}}{10^{-\mathrm{pH}}+K_\mathrm{a}}$$

例題 3（多塩基酸）の場合

電荷均衡：$[\mathrm{Na^+}]+[\mathrm{H_3O^+}]-[\mathrm{OH^-}]-[\mathrm{HA^-}]-2\,[\mathrm{A^{2-}}]=0$
方程式　：$C_\mathrm{B}+10^{-\mathrm{pH}}-K_\mathrm{w}10^{\mathrm{pH}}-\alpha_1 C_\mathrm{A}-2\alpha_2 C_\mathrm{A}=0$

ここで分率 α_1，α_2 は，pH を変数として次式で表される．

$$\alpha_1=\frac{K_\mathrm{a1}10^{-\mathrm{pH}}}{10^{-2\mathrm{pH}}+K_\mathrm{a1}10^{-\mathrm{pH}}+K_\mathrm{a1}K_\mathrm{a2}}$$

$$\alpha_2=\frac{K_\mathrm{a1}K_\mathrm{a2}}{10^{-2\mathrm{pH}}+K_\mathrm{a1}10^{-\mathrm{pH}}+K_\mathrm{a1}K_\mathrm{a2}}$$

例題 4（強酸と弱酸の混合物）の場合

電荷均衡：$[\mathrm{Na^+}]+[\mathrm{H_3O^+}]-[\mathrm{OH^-}]-[\mathrm{Cl^-}]-[\mathrm{OAc^-}]=0$
方程式　：$C_\mathrm{B}+10^{-\mathrm{pH}}-K_\mathrm{w}10^{\mathrm{pH}}-C_\mathrm{A1}-\alpha_{\mathrm{A2,1}}\,C_\mathrm{A2}=0$

ここで C_A1 と C_A2 はそれぞれ HCl と HOAc の全濃度，分率 $\alpha_{\mathrm{A2,1}}$ は HOAc の α_1 を表す．

$$\alpha_{\mathrm{A2,1}}=\frac{K_\mathrm{a}}{10^{-\mathrm{pH}}+K_\mathrm{a}}$$

4.5　終点の検出

酸塩基滴定では溶液の pH が大きく変化する．滴定を通して pH 計で pH を測定すれば，滴定曲線が得られ，終点を判別することができる．より簡便な終点の検出は，pH によって色が変化する**酸塩基指示薬**（acid-base indicator）を用いて行われる．

4.5.1　酸塩基指示薬

酸塩基指示薬は，弱酸または弱塩基であり，非解離型と解離型で色が異なる物質である．メチルオレンジを例として示す（**図 4.11**）．メチルオレンジは，二塩基酸であるが，アゾ基の酸解離（$\mathrm{p}K_\mathrm{a} = 3.3$）が酸塩基指示薬として用いられる．酸性側（非解離型）では赤色，アルカリ性側（解離型）では黄色を示す．

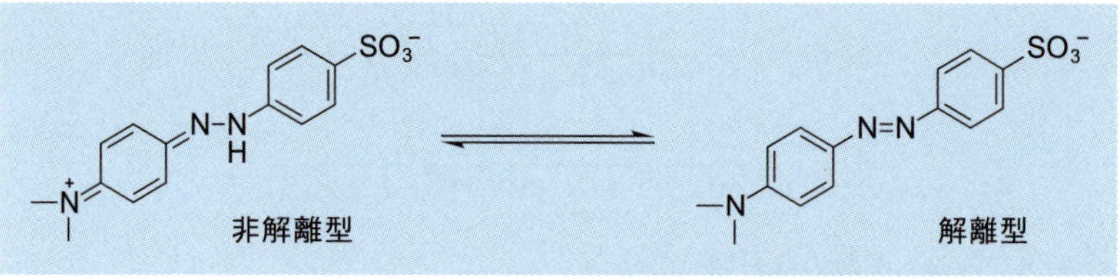

非解離型　解離型

図 4.11　メチルオレンジの酸解離

酸塩基指示薬（HIn）の酸解離平衡は，一般に次式で表される．

$$\mathrm{HIn} + \mathrm{H_2O} \rightleftharpoons \mathrm{H_3O^+} + \mathrm{In^-}$$

緩衝液の場合と同様にして，次式が成り立つ．

$$\mathrm{pH} = \mathrm{p}K_\mathrm{a} + \log\frac{[\mathrm{In^-}]}{[\mathrm{HIn}]}$$

濃度比が 10 倍であれば，濃度の高い化学種の色が識別できるとすると，

- $\mathrm{pH} < \mathrm{p}K_\mathrm{a} - 1$ のとき非解離型 HIn の色
- $\mathrm{pH} > \mathrm{p}K_\mathrm{a} + 1$ のとき解離型 $\mathrm{In^-}$ の色

となる．すなわち，指示薬はその $\mathrm{p}K_\mathrm{a}$ を中心として，pH2 くらいの変化により変色する．このように指示薬の変色が明瞭に観察できる pH 範囲をその指示薬の**変色域**という．

よく使われる酸塩基指示薬とその変色域を**図 4.12** に示す．指示薬の選択にあたっては，目的とする滴定の当量点の pH が指示薬の変色 pH 域に含まれるようにする．また，添加する指示薬の濃度は薄いことが望ましい．なぜなら，指示薬は，それ自身が弱酸または弱塩基であるので，滴定剤と反応して誤差の原因となるからだ．

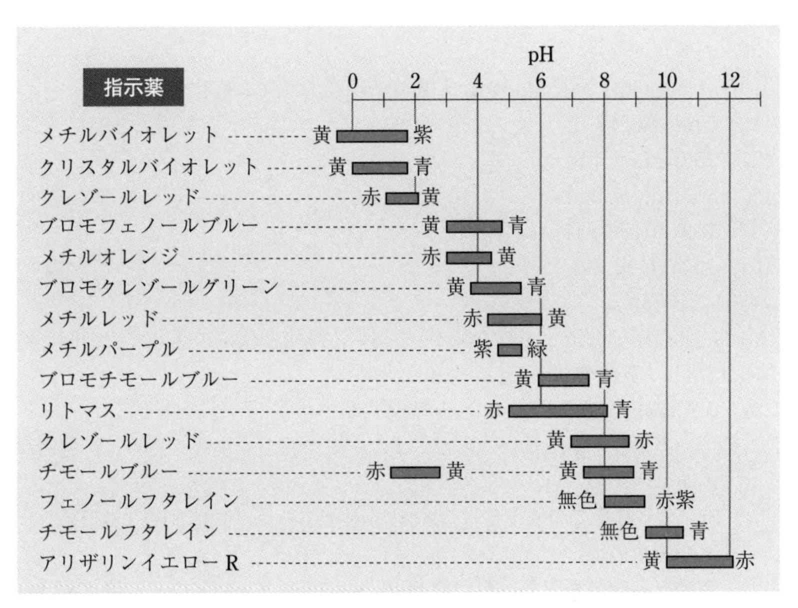

図 4.12　おもな酸塩基指示薬とその変色 pH 域

例題 5　次の酸塩基滴定に適当な指示薬を選択せよ．

（ア）　0.1 M HCl 溶液による 0.1 M NaOH 溶液の滴定．

（イ）　0.1 M NaOH 溶液による 0.1 M 酢酸溶液の滴定．

（ウ）　0.001 M NaOH 溶液による 0.001 M 酢酸溶液の滴定．

（エ）　0.1 M HCl 溶液による 0.1 M Na_2CO_3 溶液の滴定．

解　（ア）　ブロモチモールブルーなど．

（イ）　フェノールフタレインなど．

（ウ）　クレゾールレッドなど．

（エ）　第一当量点に対してはフェノールフタレイン，第二当量点に対してはメチルオレンジ．　□

演 習 問 題
第4章

1 次の術語を説明せよ．

(1) 多塩基酸

(2) 酸塩基指示薬

(3) 当量点と終点

2 0.10 M Na_2CO_3 溶液 50.0 mL を 0.10 M HCl 溶液で滴定する．

(1) 0 mL 滴下時

(2) 25.0 mL 滴下時

(3) 50.0 mL 滴下時

(4) 75.0 mL 滴下時

(5) 100 mL 滴下時

の pH を計算せよ．

3 0.1 M NaOH 標準液（$f = 1.006$）を用いる酸塩基滴定に関して次の問に答えよ．ただし，亜硝酸の pK_a は 3.29 とする．

(1) 0.2 M HCl 溶液 10.00 mL を標定する．

（ア） 当量点の pH はいくらか．また，この終点を決めるために，適当な指示薬は何か．

（イ） 当量点までの滴下量は，20.17 mL であった．0.2 M HCl 溶液のファクターを求めよ．

(2) 硝酸と亜硝酸を含む試料溶液 20.00 mL を滴定したところ，滴下量は第一当量点において 10.37 mL，第二当量点において 25.15 mL であった．

（ア） 試料溶液中の硝酸と亜硝酸の濃度はそれぞれいくらか．

（イ） 第一当量点の pH を求めよ．

（ウ） 第二当量点の pH を求めよ．

4 酸塩基滴定によってヒ酸 H_3AsO_3 の pK_a を求める実験の計画を立てよ．

5 Excel を用いて 0.10 M NaOH 溶液 50.0 mL を 0.10 M HCl 溶液で滴定するときの滴定曲線をシミュレートせよ．

錯生成反応

本章では，水溶液中で金属イオンと配位子が錯体を生成する反応について学ぶ．目標は，分析化学でよく用いられる錯生成平衡を解析できるようにすること，どのような錯体が安定であるのかを理解することである．

本章の内容

5.1 配位子と錯体

1923年，ルイスはブレンステッド–ローリーの理論とは別の酸塩基理論を提出した．**ルイスの理論**によれば，塩基は電子対供与体であり，酸は電子対受容体である．水素イオンは電子対受容体の一つであるので，ルイスの理論はブレンステッド–ローリーの理論を包含する．金属イオンは**ルイス酸**，**配位子**（ligand）は**ルイス塩基**である．したがって，金属イオンと配位子が結合して**錯体**（complex）を生成する（「形成する」ともいう）反応もルイスの酸塩基反応に含まれる．

水中で最も一般的な錯体は，水分子を配位子とする**アクア錯体**である（2.4節参照）．錯体生成の反応式を書くとき，アクア錯体の水分子は省略してフリーの陽イオンとして書くことが多いが，実際には配位子交換が起こっていることに注意しよう．例えば，銅(II)アンミン錯体の生成反応は次式で表される．

$$Cu^{2+} + 4NH_3 \rightleftharpoons [Cu(NH_3)_4]^{2+}$$

Cu^{2+} は，アクア錯体 $[Cu(H_2O)_6]^{2+}$ を形成している．この錯体で水分子は銅イオンを中心とする八面体の頂点を占めるが，このうち z 軸方向にある二つの水分子は他の四つの水分子よりも銅イオンから遠く離れている（**図 5.1**）．アンモニア分子は，xy 平面の四つの水分子を逐次置換する．$[Cu(NH_3)_4]^{2+}$ は，より正確には $[Cu(NH_3)_4(H_2O)_2]^{2+}$ であり，z 軸の二つの水分子は残っている．水溶液では，これらの水分子とアンモニア分子の置換はほとんど起こらない．また，多くの遷移金属錯体は有色である．$[Cu(H_2O)_6]^{2+}$ は薄い青色，$[Cu(NH_3)_4(H_2O)_2]^{2+}$ は濃い青色である．

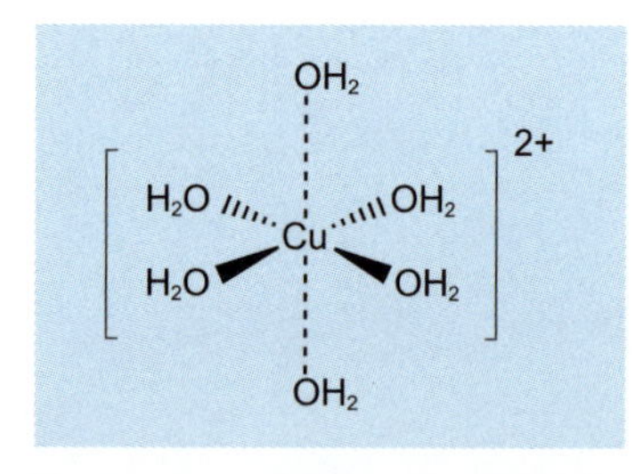

図 5.1 銅アクア錯体 $[Cu(H_2O)_6]^{2+}$

配位子と錯体にはさまざまな種類がある．本書で扱うのは，配位子自身が溶液中に安定に存在し，上に述べたような置換反応を起こす配位子である．代表的な配位子は，ハロゲン化物イオンおよび窒素，酸素または硫黄を配位原子とする分子である．ブレンステッド–ローリー型の水素イオンが関与する酸塩基反応は，速やかに進行する．これに対して，錯生成の反応速度は系によって大きく異なる．一般に化学分析で用いるには，反応速度の大きい系が有利である．

補足 本書で扱わない錯体の例は，テトラエチル鉛 $Pb(C_2H_5)_4$ のような有機金属化合物である．この化合物は金属－炭素結合を有している．Pb^{4+} と配位子 $C_2H_5^-$ から成る錯体とみなすことができるが，$C_2H_5^-$ は水中では安定でない．

5.2 生成定数

5.2.1 逐次生成定数と全生成定数

銀(I)イオンとアンモニアとの反応を例にとって考えよう．2 分子のアンモニアが銀(I)イオンに段階的に配位する．それぞれの段階に対して，**逐次生成定数**（stepwise formation constant）K_{fn} を定義する．

$$Ag^+ + NH_3 \rightleftharpoons [Ag(NH_3)]^+$$

$$K_{f1} = \frac{[Ag(NH_3)^+]}{[Ag^+][NH_3]} = 2.5 \times 10^3$$

$$[Ag(NH_3)]^+ + NH_3 \rightleftharpoons [Ag(NH_3)_2]^+$$

$$K_{f2} = \frac{[Ag(NH_3)_2{}^+]}{[Ag(NH_3)^+][NH_3]} = 1.0 \times 10^4$$

$[Ag(NH_3)_2]^+$ は直線型の無色の錯体である．全反応の式は逐次反応式の和であり，**全生成定数**（overall formation constant）β は逐次生成定数の積となる．

$$Ag^+ + 2NH_3 \rightleftharpoons [Ag(NH_3)_2]^+$$

$$\beta = K_{f1}K_{f2} = \frac{[Ag(NH_3)_2{}^+]}{[Ag^+][NH_3]^2} = 2.5 \times 10^7$$

注意 生成定数は**安定度定数**（stability constant）と呼ばれることもある．また，逆反応の平衡定数（解離定数や不安定度定数と呼ばれる）で表す文献もある．

5.2.2 化学種の存在比：分率

アンモニア水溶液で銀(I)イオンがどのような化学種として存在するかは，

アンモニア濃度に依存する．その計算法を考えよう．銀(I)イオンの全濃度は，次式で表される．

$$C = [Ag^+] + [Ag(NH_3)^+] + [Ag(NH_3)_2{}^+]$$

各化学種の**分率**を次式のように定義する．

$$\alpha_0 = \frac{[Ag^+]}{C}, \quad \alpha_1 = \frac{[Ag(NH_3)^+]}{C}, \quad \alpha_2 = \frac{[Ag(NH_3)_2{}^+]}{C}$$

定義より明らかに

$$\alpha_0 + \alpha_1 + \alpha_2 = 1$$

である．K_{fn} の定義より，

$$[Ag(NH_3)^+] = K_{f1}[Ag^+]\,[NH_3]$$

$$[Ag(NH_3)_2{}^+] = K_{f2}[Ag(NH_3)^+]\,[NH_3] = K_{f1}K_{f2}[Ag^+]\,[NH_3]^2$$

であるから，

$$C = [Ag^+] + K_{f1}[Ag^+]\,[NH_3] + K_{f1}K_{f2}[Ag^+]\,[NH_3]^2$$

したがって，

$$\alpha_0 = \frac{1}{1 + K_{f1}[NH_3] + K_{f1}K_{f2}[NH_3]^2}$$

$$\alpha_1 = \frac{K_{f1}[NH_3]}{1 + K_{f1}[NH_3] + K_{f1}K_{f2}[NH_3]^2}$$

$$\alpha_2 = \frac{K_{f1}K_{f2}[NH_3]^2}{1 + K_{f1}[NH_3] + K_{f1}K_{f2}[NH_3]^2}$$

すなわち，分率はアンモニア濃度に依存するが，銀(I)イオン濃度には無関係となる．

例題 1 0.10 M NH_3 溶液に，全濃度 5.0×10^{-4} M の銀(I)イオンを加えた．銀(I)イオンの各化学種の平衡濃度を求めよ．

解 NH_3 の加水分解は無視できるとすると，

$$\alpha_0 = \frac{1}{1 + (2.5 \times 10^3)(0.10) + (2.5 \times 10^3)(1.0 \times 10^4)(0.10)^2} = 4.0 \times 10^{-6}$$

同様にして，

$$\alpha_1 = 1.0 \times 10^{-3}, \quad \alpha_2 = 1.0$$

したがって，

$$[\mathrm{Ag}^+] = \alpha_0 C = 4.0 \times 10^{-6} \times 5.0 \times 10^{-4} = 2.0 \times 10^{-9}\ \mathrm{M}$$

$$[\mathrm{Ag(NH_3)^+}] = \alpha_1 C = 1.0 \times 10^{-3} \times 5.0 \times 10^{-4} = 5.0 \times 10^{-7}\ \mathrm{M}$$

$$[\mathrm{Ag(NH_3)_2}^+] = \alpha_2 C = 1.0 \times 5.0 \times 10^{-4} = 5.0 \times 10^{-4}\ \mathrm{M}$$

□

0.10 M NH_3 溶液では，銀(I)イオンはほとんどすべてジアミン錯体として存在する．厳密な計算では，アンモニア濃度が錯生成によって減少することを考慮しなければならない．上の例題では，減少量は 1.0×10^{-3} M に過ぎないので無視することができる．

Excel で考えよう 4
「錯体の分率 - 配位子濃度図の作成」

上の例題 1 について，Excel を用いて計算し，錯体の分率を配位子濃度に対してプロットしたグラフを作成してみよう．

まず，逐次生成定数 K_{f1}, K_{f2} および銀イオンの全濃度 C_{Ag} をセル B2, C2, D2 に入力し，`Kf1`, `Kf2`, `CAg` のように名前（絶対参照）を作成する（図e4.1）．次に，列 A の行 15 以下に log[NH_3] の値を −7 から 0 まで 0.1 刻みで入力する．列 B に

◇	A	B	C	D	E	F	G	H	I	J
1	const	K_{f1}	K_{f2}	C_{Ag}						
2	value	2500	10000	0.0005						
3										
4	term	equation								
5	[NH_3]	=10^A15								
6	α_0	=1/(1+Kf1*B15+Kf1*Kf2*B15^2)								
7	α_1	=Kf1*B15/(1+Kf1*B15+Kf1*Kf2*B15^2)								
8	α_2	=Kf1*Kf2*B15^2/(1+Kf1*B15+Kf1*Kf2*B15^2)								
9	$\Sigma\alpha_i$	=SUM(C15:E15)								
10	C	=B15+(D15+2*E15)*CAg								
11	log C	=LOG(G15)								
12	[NH_3]/C	=B15/G15								
13										
14	log [NH_3]	[NH_3]	α_0	α_1	α_2	$\Sigma\alpha_i$	C	log C	[NH_3]/C	
15	-7	1E-07	0.99975	0.00025	2.5E-07	1	2.25E-07	-6.6474	0.444013	
16	-6.9	1.26E-07	0.999685	0.000315	3.96E-07	1	2.84E-07	-6.54729	0.443901	
17	-6.8	1.58E-07	0.999603	0.000396	6.28E-07	1	3.57E-07	-6.44715	0.443761	
18	-6.7	2E-07	0.9995	0.000499	9.95E-07	1	4.5E-07	-6.34698	0.443585	
19	-6.6	2.51E-07	0.999371	0.000628	1.58E-06	1	5.67E-07	-6.24676	0.443363	
20	-6.5	3.16E-07	0.999208	0.00079	2.5E-06	1	7.14E-07	-6.14649	0.443084	
21	-6.4	3.98E-07	0.999002	0.000994	3.96E-06	1	8.99E-07	-6.04614	0.442734	
22	-6.3	5.01E-07	0.998742	0.001251	6.27E-06	1	1.13E-06	-5.94571	0.442294	
23	-6.2	6.31E-07	0.998415	0.001575	9.94E-06	1	1.43E-06	-5.84517	0.441741	
24	-6.1	7.94E-07	0.998002	0.001982	1.57E-05	1	1.8E-06	-5.74449	0.441049	
25	-6	0.000001	0.997481	0.002494	2.49E-05	1	2.27E-06	-5.64363	0.440182	
26	-5.9	1.26E-06	0.996823	0.003137	3.95E-05	1	2.87E-06	-5.54256	0.439097	
27	-5.8	1.58E-06	0.995991	0.003946	6.25E-05	1	3.62E-06	-5.44122	0.437742	

図e4.1　銀アンミン錯体の分率の計算

「=10^A15」のように数式を入力し，$[NH_3]$ の値を出力させる．列 C から列 E に分率 α_0, α_1, α_2 の数式をそれぞれ入力する．ここで，数式中の $[NH_3]$ の値は，列 B の値を用いるので,「B15」のようにセル番地を使って表す．逐次生成定数は，定義した名前で入力する．

得られた結果をグラフに表示する．横軸に $\log[NH_3]$ を，縦軸に α_i をとって散布図を作成する（図e4.2)．この散布図は，配位子の平衡濃度の常用対数 $(\log[NH_3])$ に対する錯体の分率 α_i を表す．

図の横軸を配位子の全濃度で表す場合は，錯体に含まれる NH_3 を考慮しなければならない．配位子の全濃度 C と平衡濃度 $[NH_3]$ の関係は次式で表される．

$$C = [NH_3] + (\alpha_1 + 2\alpha_2)\, C_{Ag}$$

よって，列 G に「=B15+(D15+2*E15)*CAg」と入力して C を求める．列 H で C を対数にする $(\log C)$．これを横軸として錯体の分率を示したのが図e4.3である．

なお，列 I で $[NH_3] / C$ を計算すると，$C \geq 0.1$ のとき C と $[NH_3]$ の差は 1 % 以下であることが分かる．参考のために，用いた数式を行 5 ～ 12 にまとめて示す．

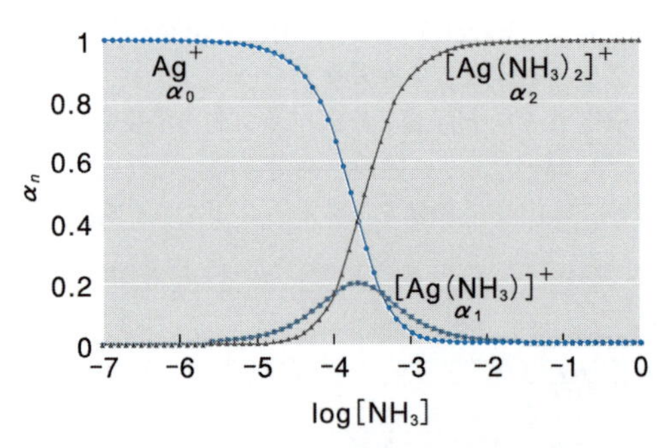

図e4.2　銀アンミン錯体分率の $\log[NH_3]$ 依存性

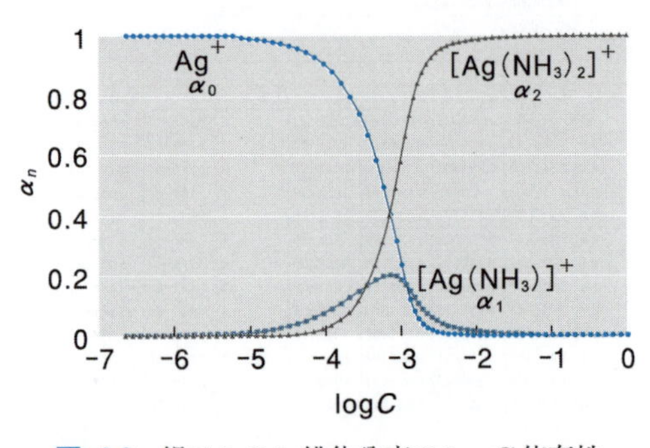

図e4.3　銀アンミン錯体分率の $\log C$ 依存性

5.3 錯体の安定度を支配する要因

錯体の安定度は，さまざまな要因によって支配される．そのおもなものを概観しよう．より詳しくは，無機化学の教科書などで勉強してほしい．

5.3.1 電荷／イオン半径比

金属イオンと配位子の**配位結合**（coordinate bond）は，イオン結合性の強いもの，共有結合性の強いものなどさまざまである．しかしいずれにしても，配位結合の強さは第一に金属イオンの電場の強さに支配される．その指標として，z/r 比や z^2/r 比が用いられる．ここで，z は金属イオンの電荷，r はイオン半径である．これらの比が大きい金属イオンは，ルイス酸性が強いといえる．

アルカリ金属イオンやアルカリ土類金属イオンは安定なアクア錯体を生成する．z/r 比が大きい Be^{2+}, Al^{3+}, Fe^{3+}, Sn^{4+} などは，水分子の酸素と強く結合し，H–O 結合を切る．

$$[Al(H_2O)_6]^{3+} + H_2O \quad \longrightarrow \quad [Al(H_2O)_5OH]^{2+} + H_3O^+$$

この反応を金属イオンの**加水分解**（hydrolysis）と呼ぶ．加水分解される金属イオンは水酸化物として沈殿しやすい．

$$\rightarrow [Al(H_2O)_4(OH)_2]^+ \rightarrow [Al(H_2O)_3(OH)_3] \rightarrow\rightarrow\rightarrow Al(OH)_3 \downarrow$$

さらに z/r 比が大きい Mo^{6+}, W^{6+} などは，水分子から完全に酸素を奪い**オキソ酸**（oxoacid）を生成する．

$$Mo^{6+} + 12H_2O \quad \longrightarrow \quad MoO_4{}^{2-} + 8H_3O^+$$

モリブデン酸イオン $MoO_4{}^{2-}$ は大きな陰イオンであり，水によく溶ける．以上のような水との反応の結果，z/r 比が中くらいの金属イオンが最も水に溶けにくい．

5.3.2 アービング－ウイリアムスの系列

第一遷移系列金属の2価イオンの錯体について，一般に同じ配位子との生成定数は，

$$Mn^{2+} < Fe^{2+} < Co^{2+} < Ni^{2+} < Cu^{2+} > Zn^{2+}$$

の順になることが知られている（**図 5.2**）．これを**アービング－ウイリアムスの系列**と呼ぶ．この系列は窒素，酸素および硫黄を配位原子とする多くの配位子に対して成立する．

この系列を決める要因の一つは，上に述べた z/r 比である．r 値は Mn^{2+} で最も大きく，原子番号とともに減少する．もう一つの要因は，配位子場安定化エネルギーである．これは金属イオンのd殻に非対称に電子が存在するときに生じる余分な安定化エネルギーである．この安定化エネルギーは，d電子が5個の Mn^{2+} や10個の Zn^{2+} ではゼロとなる．

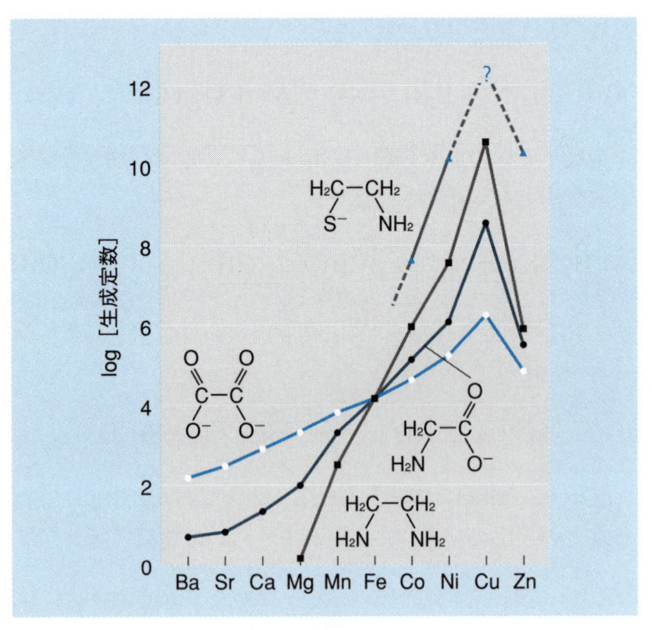

図 5.2　アービング－ウイリアムスの系列
縦軸は相対値．Fe錯体の生成定数を同じ値に揃えて示した．
（H. Siegel and D.B. McCormick, *Acc. Chem. Res.*, **3**, 201（1970））

5.3.3 硬い－軟らかい酸と塩基

5.3.1 項や 5.3.2 項に述べた傾向は，配位子によらない．しかし，実際の錯生成反応は，金属と配位子の組合せにも依存する．この組合せを記述する経験則が種々発表されているが，ここではピアソンが提唱した**硬い－軟らかい酸と塩基**（hard and soft acids and bases; HSAB）理論を見てみよう．この理論では，ルイス酸を**硬い酸**，**中間の酸**および**軟らかい酸**に分ける（**表 5.1**）．配位原子に着目すると，硬い酸の錯体の安定度は次のようになる．

$$F^- > Cl^- > Br^- > I^-, \qquad O > S, \qquad N > P$$

軟らかい酸は，錯体の安定度が次のようになる．

$$F^- < Cl^- < Br^- < I^-, \qquad O < S, \qquad N < P$$

中間の酸は，これらの中間的な性質のものである．塩基も三つに分類する．硬い酸と安定な錯体をつくる塩基を**硬い塩基**，軟らかい酸と安定な錯体をつくる塩基を**軟らかい塩基**と呼ぶ．中間の塩基は，これらの中間的な性質である．一般に，硬い酸と塩基は小さくて，分極しにくく，π 結合をつくりにくい．軟らかい酸と塩基は，大きくて，分極しやすく，π 結合をつくりやすい．

この定義によれば，硬い酸は硬い塩基と結びつくことを好み，軟らかい酸は軟らかい塩基と結びつくことを好むという経験則が成り立つ．例えば，アルカリ金属イオンはクラウンエーテルと安定な錯体をつくるが，これは硬い酸と硬い塩基の反応である．Hg^{2+} はタンパク質のチオール基（－SH）に結合しやすいが，これは軟らかい酸と軟らかい塩基の反応である．

補足　HSAB 理論は，必ずしも理論的根拠が確立されてはいないが，定性的な予測に有用であり，有機反応にも無機反応にも広く適用できる．

5.3.4 キレート効果

配位子の構造も錯体の安定度に大きな影響を及ぼす．供与電子対を 1 個だけもつ配位子を**単座配位子**と呼ぶ．2 個以上の電子対供与原子をもち，一つの金属イオンと二つ以上の配位結合をつくる分子を**多座配位子**と呼ぶ．広く用いられている多座配位子は，**キレート配位子**（chelating ligand）である．キレートという言葉は，ギリシャ語の「カニのはさみ」に由来する．キレート配位子は，金属イオンをはさみこむように配位して，キレート環と呼ばれる

表 5.1　硬い－軟らかい酸と塩基の分類

分類	化学種
硬い酸	H^+, Li^+, Na^+, K^+ (Rb^+, Cs^+) Be^{2+}, $Be(CH_3)_2$, Mg^{2+}, Ca^{2+}, Sr^{2+} (Ba^{2+}) Sc^{3+}, La^{3+}, Ce^{4+}, Gd^{3+}, Lu^{3+}, Th^{4+}, U^{4+}, ${UO_2}^{2+}$, Pu^{4+} Ti^{4+}, Zr^{4+}, Hf^{4+}, VO^{2+}, Cr^{3+}, Cr^{6+}, MoO^{3+}, WO^{4+}, Mn^{2+}, Mn^{7+}, Fe^{3+}, Co^{3+} BF_3, BCl_3, $B(OR)_3$, Al^{3+}, $Al(CH_3)_3$, $AlCl_3$, AlH_3, Ga^{3+}, In^{3+} CO_2, RCO^+, NC^+, Si^{4+}, Sn^{4+}, CH_3Sn^{3+}, $(CH_3)_2Sn^{2+}$ N^{3+}, ${RPO_2}^+$, ${ROPO_2}^+$, As^{3+} SO_3, ${RSO_2}^+$, ${ROSO_2}^+$ Cl^{3+}, Cl^{7+}, I^{5+}, I^{7+} HX（水素結合する分子）
中間の酸	Fe^{2+}, Co^{2+}, Ni^{2+}, Cu^{2+}, Zn^{2+} Rh^{3+}, Ir^{3+}, Ru^{3+}, Os^{2+} $B(CH_3)_3$, GaH_3 R_3C^+, ${C_6H_5}^+$, Sn^{2+}, Pb^{2+} NO^+, Sb^{3+}, Bi^{3+} SO_2
軟らかい酸	${Co(CN)_5}^{3-}$, Pd^{2+}, Pt^{2+}, Pt^{4+} Cu^+, Ag^+, Au^+, Cd^{2+}, Hg^+, Hg^{2+}, CH_3Hg^+ BH_3, $Ga(CH_3)_3$, $GaCl_3$, $GaBr_3$, GaI_3, Tl^+, $Tl(CH_3)_3$ CH_2，カルベン類 π-受容体：トリニトロベンゼン，クロロアニル，キノン，テトラシアノエチレンなど HO^+, RO^+, RS^+, RSe^+, Te^{4+}, RTe^+ Br_2, Br^+, I_2, I^+, ICN など O, Cl, Br, I, N, RO·, RO_2· M^0（金属原子）および金属塊
硬い塩基	NH_3, RNH_2, N_2H_4 H_2O, OH^-, O^{2-}, ROH, RO^-, R_2O CH_3COO^-, ${CO_3}^{2-}$, ${NO_3}^-$, ${PO_4}^{3-}$, ${SO_3}^{2-}$, ${ClO_4}^-$ F^- (Cl^-)
中間の塩基	$C_6H_5NH_2$, C_5H_5N, ${N_3}^-$, N_2 ${NO_2}^-$, ${SO_3}^{2-}$ Br^-
軟らかい塩基	H^- R^-, C_2H_4, C_6H_6, CN^-, RNC, CO SCN^-, R_3P, $(RO)_3P$, R_3As R_2S, RSH, RS^-, ${S_2O_3}^{2-}$ I^-

環構造をつくる．生成した錯体を**キレート** (chelate) と呼ぶ．キレート環は，ふつう 5 または 6 個の原子から構成される 5 員環または 6 員環である．次章で詳しく述べるエチレンジアミン四酢酸イオンは，金属イオンに最大 6 配位して，五つのキレート環を形成する．

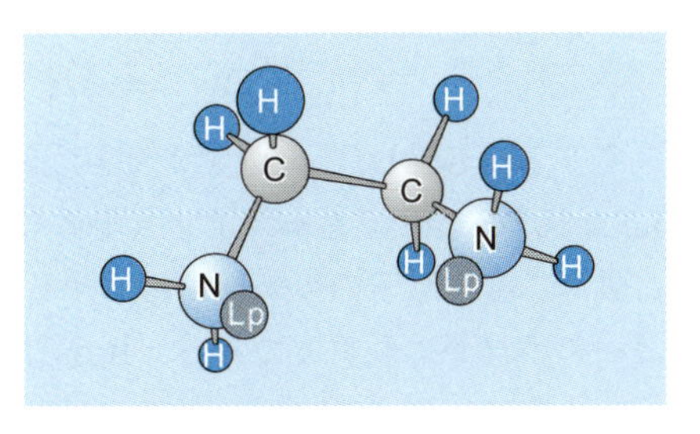

図 5.3 エチレンジアミン
フリーのエチレンジアミンは C–C および C–N 結合周りの回転によりコンフォメーションを変える．Lp は非共有電子対を示す．

一般に，キレート錯体は，単座配位子の錯体に比べて安定である．これを**キレート効果**と呼ぶ．アンモニアとエチレンジアミン (en; **図 5.3**) を例にとって考えよう．ニッケル (II) イオンは，6 配位のアンミン錯体を生成する．

$$Ni^{2+} + 6NH_3 \rightleftharpoons [Ni(NH_3)_6]^{2+} \qquad \beta = 10^{8.6} \qquad (1)$$

エチレンジアミン錯体の生成反応は，

$$Ni^{2+} + 3en \rightleftharpoons [Ni(en)_3]^{2+} \qquad \beta = 10^{18.3} \qquad (2)$$

である．$[Ni(NH_3)_6]^{2+}$ と $[Ni(en)_3]^{2+}$ はともに八面体型の錯体であるが (**図 5.4**)，後者の方がはるかに安定である．この原因を探るために，次の反応を考えよう．

$$[Ni(NH_3)_6]^{2+} + 3en \rightleftharpoons [Ni(en)_3]^{2+} + 6NH_3 \quad K = 10^{9.7} \qquad (3)$$

この反応の標準反応ギブズエネルギーは $\Delta G^\circ = -6.7 \times 10^3$ J/mol である．

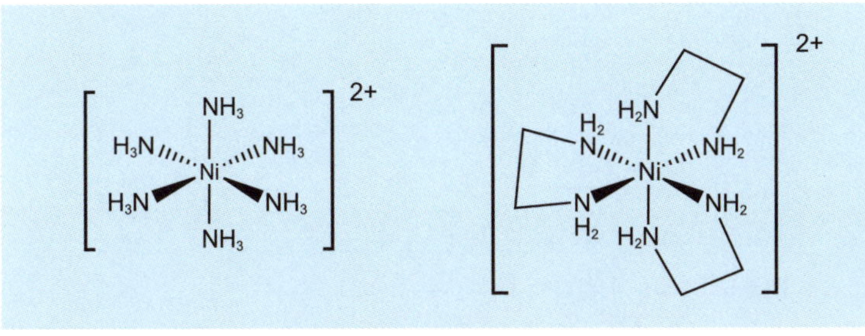

図 5.4 ニッケル錯体 $[Ni(NH_3)_6]^{2+}$ と $[Ni(en)_3]^{2+}$ の構造

その内訳は,

$$\Delta G^\circ = \Delta H^\circ - T\Delta S^\circ$$

エンタルピー項 $\Delta H^\circ = -1.2 \times 10^3$ J/mol, エントロピー項 $-T\Delta S^\circ = -5.5 \times 10^3$ J/mol である.エンタルピーの効果は,メチレン鎖からの電子供与により,窒素原子の塩基性が増大するためと考えられる.しかし,エントロピーの寄与がより重要である.反応 (3) の反応物では分子は4モルであるが,生成物では7モルに増加している.すなわち,分子が増え,系の乱雑さが増大することがキレート効果の根源である.反応 (1), (2) でも同じように考えられる.これらの式ではあらわに書かれていないが, Ni^{2+} のアクア錯体は6分子の水を含む.反応 (1) では,反応の前後で分子数の変化はないが,反応 (2) では自由な分子が3モルだけ増加する.

キレートの安定度に影響する要因として,分子にかかる歪みも重要である.フリーの配位子は,理想に近い結合長,結合角で形成され,立体反発が最も小さい**立体配座**(**コンフォメーション**; conformation)をとる.キレート生成に伴って,配位子は立体配座を変化させ,分子に歪みが生じる.これは不利なエネルギー変化を引き起こす.したがって,歪みが小さい錯体がより安定となる.例えば,エチレンジアミンと1,3-ジアミノプロパンの構造を比べてみよう.理想的なキレート環の N−M 距離は,前者では2.5 Å,後者では1.6 Å である(**図 5.5**).N−M−N 角度は,前者では69°,後者では109.5° である.エチレンジアミンの理想的な結合長,結合角は,一般的な八面体型錯体にとって適当な値により近い.そのため,多くの金属イオンに対してエチレンジアミン錯体がより安定となる.通常,6員環キレートは小さな金属イオンに有利である.

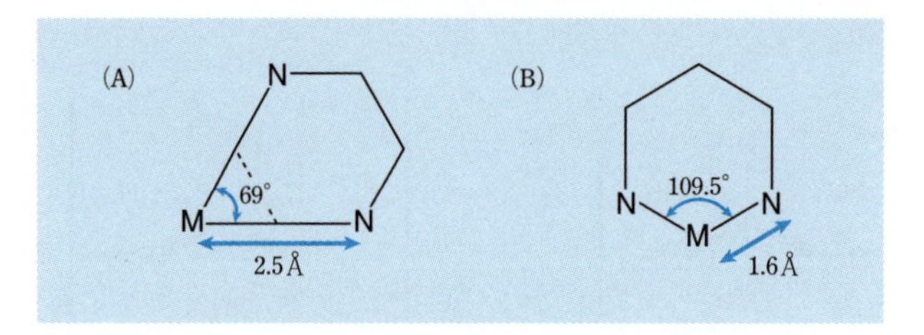

図 5.5 キレート環のサイズ
(A) エチレンジアミン;
(B) 1,3-ジアミノプロパンの理想的なジオメトリー

5.3.5　巨大環効果

多くの場合，**巨大環配位子**（macrocyclic ligand）は，同種の鎖状配位子より安定な錯体を生じる．例えば，

$K = 10^{5.2}$

これを**巨大環効果**と呼ぶ．この効果は，エンタルピーとエントロピーの両方の寄与によると考えられている．巨大環配位子の錯体は，部分的に見るとキレート環構造を有しており，キレート効果も含んでいる．しかし，特徴的であるのは，巨大環の内孔径と金属イオンの大きさが適合するときに特に安定な錯体が形成されることである．

合成された巨大環配位子の代表は，クラウンエーテルやクリプタンドである（**図 5.6**）．これらの配位子は，キレート錯体をつくりにくいアルカリ金属イオンとも安定な錯体を生成する．天然の巨大環配位子の代表は，ポルフィリンである（**図 5.7**）．

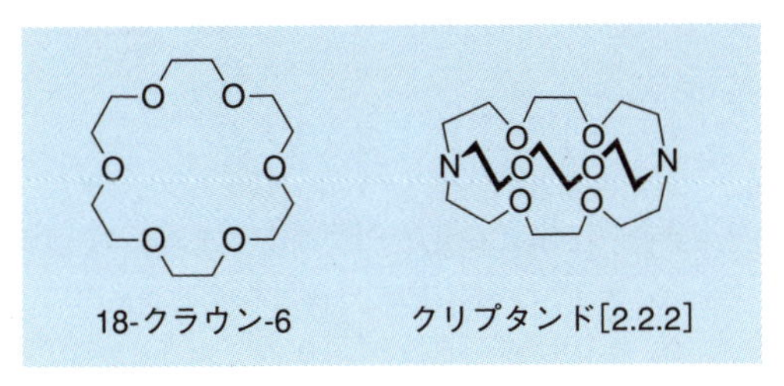

図 5.6　クラウンエーテルとクリプタンドの例

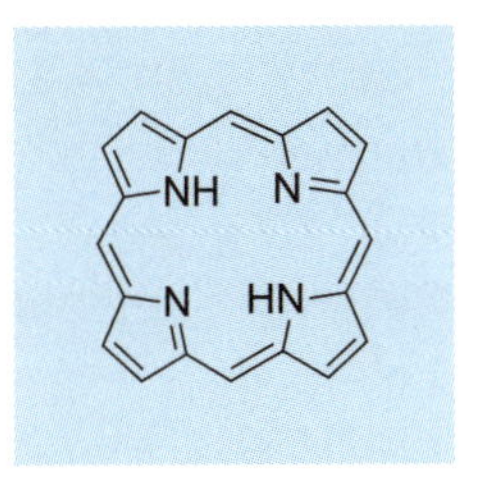

図 5.7　ポルフィリン

演 習 問 題
第5章

1 次の術語を説明せよ.

(1) ルイスの酸・塩基

(2) 金属イオンの加水分解

(3) アービング–ウイリアムスの系列

(4) HSAB 理論

(5) キレート効果

2 金属 EDTA キレートの生成定数 (K_f) が付録 3 にまとめてある（EDTA については第 6 章を参照）. 3 価の金属イオンについて，$\log K_f$ を結晶イオン半径の逆数 $(1/r)$ に対してプロットしてみよ.

3 **マスキング**（masking）は，反応を妨害する共存物質の影響を抑えることを意味する. 金属イオンが妨害物質であるとき，錯生成によるマスキングがよく用いられる. その例を調べよ.

4 Excel を用いて塩化鉄(III) 錯体の分率と $\log[Cl^-]$ の関係を示す図をつくってみよ. ただし，逐次生成定数は，$\log K_{f1} = 1.5$, $\log K_{f2} = 0.6$, $\log K_{f3} = -1.4$, $\log K_{f4} = -1.9$ とする.

5 鉛イオン，ヨウ化物イオン，および固体のヨウ化鉛が存在する溶液の平衡反応は以下のようである.

$PbI_2(s) \rightleftharpoons Pb^{2+} + 2I^-$　　$K_{sp} = [Pb^{2+}][I^-]^2 = 7.1 \times 10^{-9}$

$Pb^{2+} + I^- \rightleftharpoons PbI^+$　　$K_1 = [PbI^+]/([Pb^{2+}][I^-]) = 1.0 \times 10^2$

$Pb^{2+} + 2I^- \rightleftharpoons PbI_2(aq)$　　$\beta_2 = [PbI_2(aq)]/([Pb^{2+}][I^-]^2) = 1.4 \times 10^3$

$Pb^{2+} + 3I^- \rightleftharpoons PbI_3{}^-$　　$\beta_3 = [PbI_3{}^-]/([Pb^{2+}][I^-]^3) = 8.3 \times 10^3$

$Pb^{2+} + 4I^- \rightleftharpoons PbI_4{}^{2-}$　　$\beta_4 = [PbI_4{}^{2-}]/([Pb^{2+}][I^-]^4) = 3.0 \times 10^4$

ここで，s は固体，aq は溶存化学種を表す. イオンはすべて溶存化学種である. K_{sp} は溶解度積である（第 7 章参照）. これらの反応に関して以下の問に答えよ.

(1) 溶存鉛の全濃度を C' とおく.

$$C' = [Pb^{2+}] + [PbI^+] + [PbI_2(aq)] + [PbI_3{}^-] + [PbI_4{}^{2-}]$$

Pb^{2+} の分率 $\alpha_0 = [Pb^{2+}]/C'$ を $[I^-]$ の関数として表す式を導け.

(2) $[I^-] < 1.0 \times 10^{-4}$ M では，$\alpha_0 = 1$ とみなせる. $[I^-] = 9.0 \times 10^{-5}$ M における C' の値を求めよ.

(3) C' は $[I^-] = 1.0 \times 10^{-1}$ M くらいで最小となる. このときの C' の値を求めよ.

(4) Excel を用いて溶存鉛の各化学種の濃度と全濃度をヨウ化物イオン濃度に対してプロットした両対数グラフをつくってみよ.

キレート滴定

キレート滴定は，錯生成平衡を利用する化学分析の代表例であり，mg 程度の金属イオンを精確に定量できる．本章の目的は，キレート滴定にもっともよく使われるキレート試薬であるエチレンジアミン四酢酸（EDTA）の性質を理解すること，適当な滴定条件を計画できるようにすることである．

本章の内容

6.1 EDTA

キレート滴定（chelatometry）は，**錯形成滴定**（complexometric titration）の一つで，滴定剤にキレート配位子を用いる．主成分である金属イオンの精確な定量に適している．キレート滴定にもっとも汎用されるキレート配位子は，**エチレンジアミン四酢酸**（ethylenediaminetetraacetic acid; **EDTA**）である．

EDTAは，水中で四つのカルボキシ基から水素イオンを解離することができるので，四塩基酸である．これを示すために，EDTAをH_4Yと表す．二つのアミンの窒素は，プロトン付加することができる．アミンの窒素はカルボキシ基の酸素より塩基性が強いため，中性電荷の化学種H_4Yは，実際には**図6.1**に示すような両性イオンである．

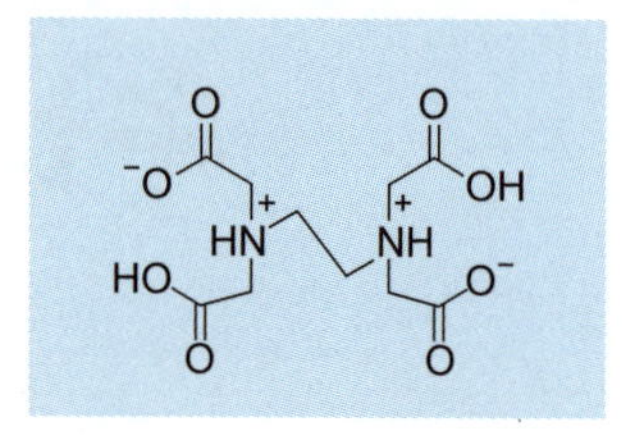

図6.1 EDTA両性イオン

金属イオンとキレートを生成するのは，水素イオンがすべて解離したY^{4-}である．四つのO^-と二つのNが，金属イオンと配位結合を生成する．これら六つの原子は金属イオンの八面体型配位位置を占める（**図6.2**）．このとき，五つの五員キレート環が形成されるが，この構造は歪みが小さい．そのため，EDTAは1価以外のほとんどすべての金属イオンと安定な1：1錯体を生成する．

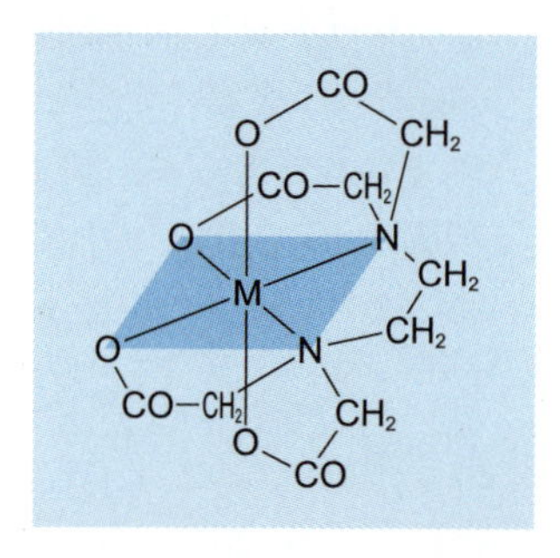

図6.2 EDTAキレートの構造

6.1.1 酸解離平衡

金属イオンと水素イオンは，Y^{4-}に対して競争的に反応する．したがって，EDTAの錯生成反応を解析するためには，まず酸解離反応を考える必要がある．

EDTAの逐次酸解離反応は以下のようである（酸性溶液ではH_5Y^+やH_6Y^{2+}も生成するが，簡単のため無視する）．

$$H_4Y + H_2O \rightleftharpoons H_3O^+ + H_3Y^-$$

$$K_{a1} = \frac{[H_3O^+][H_3Y^-]}{[H_4Y]} = 1.0 \times 10^{-2}$$

$$H_3Y^- + H_2O \rightleftharpoons H_3O^+ + H_2Y^{2-}$$

$$K_{a2} = \frac{[H_3O^+][H_2Y^{2-}]}{[H_3Y^-]} = 2.2 \times 10^{-3}$$

$$H_2Y^{2-} + H_2O \rightleftharpoons H_3O^+ + HY^{3-}$$

$$K_{a3} = \frac{[H_3O^+][HY^{3-}]}{[H_2Y^{2-}]} = 6.9 \times 10^{-7}$$

$$HY^{3-} + H_2O \rightleftharpoons H_3O^+ + Y^{4-}$$

$$K_{a4} = \frac{[H_3O^+][Y^{4-}]}{[HY^{3-}]} = 5.5 \times 10^{-11}$$

最初の二つはカルボキシ基の酸解離であり，後の二つはアンモニウムの酸解離である．金属イオンと錯生成していない EDTA の全濃度 C' は次式で表される．

$$C' = [H_4Y] + [H_3Y^-] + [H_2Y^{2-}] + [HY^{3-}] + [Y^{4-}]$$

EDTA 化学種の分率を次のように定義する．

$$\alpha_0 = \frac{[H_4Y]}{C'}, \quad \alpha_1 = \frac{[H_3Y^-]}{C'}, \quad \alpha_2 = \frac{[H_2Y^{2-}]}{C'}$$

$$\alpha_3 = \frac{[HY^{3-}]}{C'}, \quad \alpha_4 = \frac{[Y^{4-}]}{C'}$$

後の取扱いは，3.8.1 項のリン酸と同様である．ここで特に興味があるのは，錯生成に関わる Y^{4-} の分率である．これを解析するには，各化学種の濃度を $[Y^{4-}]$ と $[H_3O^+]$ の関数として表す．

$$[HY^{3-}] = \frac{[H_3O^+][Y^{4-}]}{K_{a4}}, \qquad [H_2Y^{2-}] = \frac{[H_3O^+]^2[Y^{4-}]}{K_{a3}K_{a4}}$$

$$[H_3Y^-] = \frac{[H_3O^+]^3[Y^{4-}]}{K_{a2}K_{a3}K_{a4}}, \qquad [H_4Y] = \frac{[H_3O^+]^4[Y^{4-}]}{K_{a1}K_{a2}K_{a3}K_{a4}}$$

$$\therefore \quad C' = \frac{[H_3O^+]^4[Y^{4-}]}{K_{a1}K_{a2}K_{a3}K_{a4}} + \frac{[H_3O^+]^3[Y^{4-}]}{K_{a2}K_{a3}K_{a4}} + \frac{[H_3O^+]^2[Y^{4-}]}{K_{a3}K_{a4}} + \frac{[H_3O^+][Y^{4-}]}{K_{a4}} + [Y^{4-}]$$

両辺を $[Y^{4-}]$ で割ると，

$$\frac{C'}{[Y^{4-}]} = \frac{1}{\alpha_4} = \frac{[H_3O^+]^4}{K_{a1}K_{a2}K_{a3}K_{a4}} + \frac{[H_3O^+]^3}{K_{a2}K_{a3}K_{a4}} + \frac{[H_3O^+]^2}{K_{a3}K_{a4}} + \frac{[H_3O^+]}{K_{a4}} + 1$$

したがって，分率 α_4 は，EDTA の全濃度には依存せず，$[H_3O^+]$ のみの関数となる．

例題 1　（ア）pH7.00 および（イ）pH10.00 における Y^{4-} の分率を計算せよ．

解　（ア）値を代入して，

$$\frac{1}{\alpha_4} = \frac{(1.0\times10^{-7})^4}{8.3\times10^{-22}} + \frac{(1.0\times10^{-7})^3}{8.3\times10^{-20}} + \frac{(1.0\times10^{-7})^2}{3.8\times10^{-17}} + \frac{1.0\times10^{-7}}{5.5\times10^{-11}} + 1$$

$$= 1.2\times10^{-7} + 1.2\times10^{-2} + 263 + 1818 + 1 = 2082$$

$$\therefore \quad \alpha_4 = 4.8\times10^{-4}$$

（イ）同様に値を代入して，$\alpha_4 = 0.35$　□

分率 $\alpha_0, \alpha_1, \alpha_2, \alpha_3$ も $[H_3O^+]$ のみの関数となる．これらの式に基づいて，EDTA 化学種の分率を pH に対してプロットすると**図 6.3** が得られる．

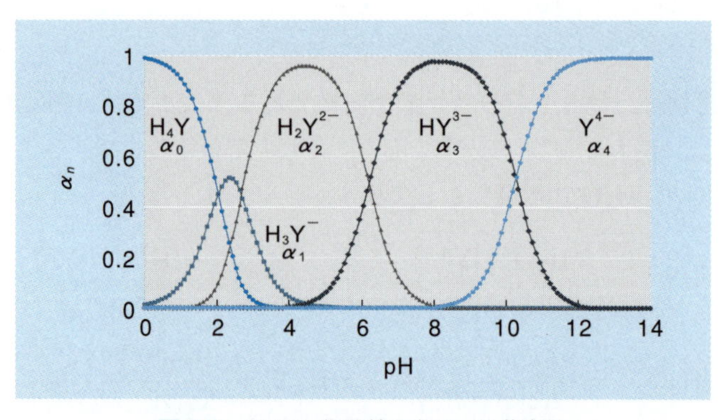

図 6.3　EDTA 化学種分率の pH 依存性

一般に EDTA 標準液の調製には，二ナトリウム塩 $Na_2H_2Y \cdot 2H_2O$ を用いる．これは H_4Y よりも溶解度が大きく扱いやすい．また高純度の $Na_2H_2Y \cdot 2H_2O$ は，80 ℃で 2 時間乾燥すれば，一次標準物質として用いることができる．

例題 2 0.10 M $Na_2H_2Y \cdot 2H_2O$ 溶液の pH を計算せよ．

解 ナトリウムイオンは完全に解離し，H_2Y^{2-} 溶液となる．H_3Y^- と HY^{3-} の寄与が無視できると仮定すると，第 3 章の例題 14（p.63）と同様に

$$\mathrm{pH} = \frac{1}{2}(\mathrm{p}K_{\mathrm{a2}} + \mathrm{p}K_{\mathrm{a3}}) = \frac{1}{2}(2.66 + 6.16) = 4.41$$ □

6.1.2 条件付き生成定数

金属イオン M^{2+} と EDTA のキレート生成反応およびその生成定数は，以下のように表される．

$$M^{2+} + Y^{4-} \rightleftharpoons MY^{2-}$$

$$K_{\mathrm{f}} = \frac{[MY^{2-}]}{[M^{2+}][Y^{4-}]}$$

さまざまな金属イオンと EDTA のキレート生成定数を付録 3 に示す．生成定数の式を変形すると，

$$\frac{[MY^{2-}]}{[M^{2+}]} = K_{\mathrm{f}}[Y^{4-}]$$

すなわち，キレートとフリーの金属イオンの比は，Y^{4-} の濃度に依存する．しかし，実験ではふつう EDTA の全濃度 C' は分かるが，$[Y^{4-}]$ は計算しなければ分からない．そこで次のような工夫をする．生成定数の式に

$$[Y^{4-}] = \alpha_4 C'$$

を代入して，

$$K_{\mathrm{f}} = \frac{[MY^{2-}]}{[M^{2+}]\alpha_4 C'}$$

$$\therefore \quad K_{\mathrm{f}}' = \alpha_4 K_{\mathrm{f}} = \frac{[MY^{2-}]}{[M^{2+}]\,C'}$$

K_f' を**条件付き生成定数**（conditional formation constant）と呼ぶ．K_f' は，分率 α_4 すなわち pH に依存する．問題とする pH での K_f' の値が分かれば，後の計算は簡単になる．

例題 3 0.010 M Mg^{2+} と 0.010 M EDTA を含む pH7.00 の溶液において，フリーの Mg^{2+} はマグネシウム全濃度の何％を占めるか？ ただし，MgY^{2-} の生成定数は 4.9×10^8 である．

解 例題 1 の結果を利用して，

$$K_f' = \alpha_4 K_f = 4.8 \times 10^{-4} \times 4.9 \times 10^8$$
$$= 2.4 \times 10^5$$

大部分の Mg^{2+} と EDTA は錯生成している．わずかに解離した Mg^{2+} の濃度を x とおくと，

	$[Mg^{2+}]$	C'	$[MgY^{2-}]$
平衡濃度（M）	x	x	$0.010 - x$

$0.010 \gg x$ であるから，

$$\frac{0.010}{x^2} = 2.4 \times 10^5 \quad \therefore \quad x = 2.0 \times 10^{-4}$$

$$\therefore \quad \frac{[Mg^{2+}]}{[MgY^{2-}] + [Mg^{2+}]} \times 100 = \frac{2.0 \times 10^{-4}}{0.010} \times 100$$
$$= 2.0\,\%$$

すなわち，この pH で滴定すると Mg^{2+} の約 2％が反応せずに残る． □

注意 $[Y^{4-}]$ は pH とともに増加するので，一般にキレート生成は pH が高いほど起こりやすい．しかし，強アルカリ性では，多くの金属イオンは水酸化物イオンと反応してヒドロキソ錯体や水酸化物沈殿を生成する．したがって，金属イオンに対してキレート配位子と水酸化物イオンとの競争が起こる．

6.1.3 滴定曲線

ふつう EDTA 滴定では，溶液に緩衝剤を加えて pH を一定にする．滴定を解析するときは，条件付き生成定数を用いると便利である．

例題 4 pH10.00 において 0.010 M Mg^{2+} 溶液 50.0 mL を 0.010 M EDTA 溶液で滴定する．
（ア）0 mL 滴下時，（イ）25.0 mL 滴下時，（ウ）50.0 mL 滴下時，
（エ）75.0 mL 滴下時の $pMg = -\log[Mg^{2+}]$ を計算せよ．

解 まず，条件付き生成定数を計算する．例題 1 の結果を利用して，

$$K_f' = \alpha_4 K_f = 0.35 \times 4.9 \times 10^8 = 1.7 \times 10^8$$

（ア）0 mL 滴下時：

$$pMg = -\log(0.010) = 2.00$$

（イ）K_f' は十分大きく MgY^{2-} の解離は無視できるから，

$$[Mg^{2+}] = \frac{0.010\,M \times 50\,mL - 0.010\,M \times 25\,mL}{50\,mL + 25\,mL} = 3.3 \times 10^{-3}\,M$$

$$\therefore \quad pMg = -\log(3.3 \times 10^{-3}) = 2.48$$

（ウ）当量点である．わずかに解離した Mg^{2+} の濃度を x とおくと，

	$[Mg^{2+}]$	C'	$[MgY^{2-}]$
平衡濃度（M）	x	x	$0.0050 - x$

$0.0050 \gg x$ であるから，

$$\frac{0.0050}{xx} = 1.7 \times 10^8, \quad x = 5.4 \times 10^{-6}$$

$$\therefore \quad pMg = 5.27$$

このとき全マグネシウムに対する Mg^{2+} の割合は，0.11 %である．
（エ）わずかに解離した Mg^{2+} の濃度を x とおくと，

	$[Mg^{2+}]$	C'	$[MgY^{2-}]$
平衡濃度（M）	x	$2.0 \times 10^{-3} + x$	$4.0 \times 10^{-3} - x$

$2.0 \times 10^{-3} \gg x$ であるから，

$$\frac{4.0 \times 10^{-3}}{2.0 \times 10^{-3} x} = 1.7 \times 10^8, \quad x = 1.2 \times 10^{-8}$$

$$\therefore \quad pMg = 7.92$$

□

上の滴定において，Mg^{2+} と MgY^{2-} の分率は，**図 6.4** に示すように変化する．当量点以降では分率はほぼ一定となる．

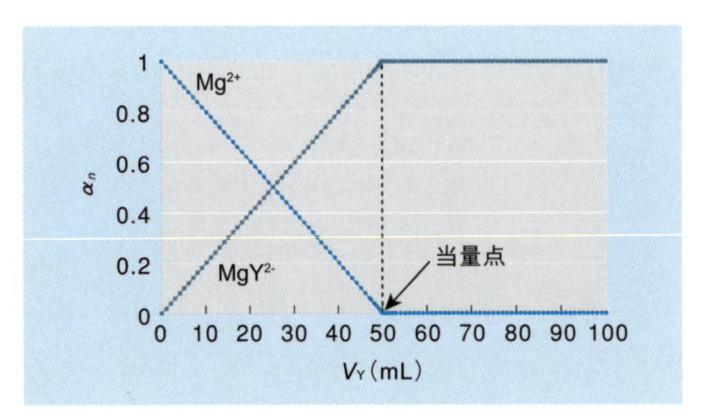

図 6.4　マグネシウム滴定における分率変化
pH10 において 0.01 M Mg^{2+} 溶液 50 mL を 0.01 M EDTA 溶液で滴定.

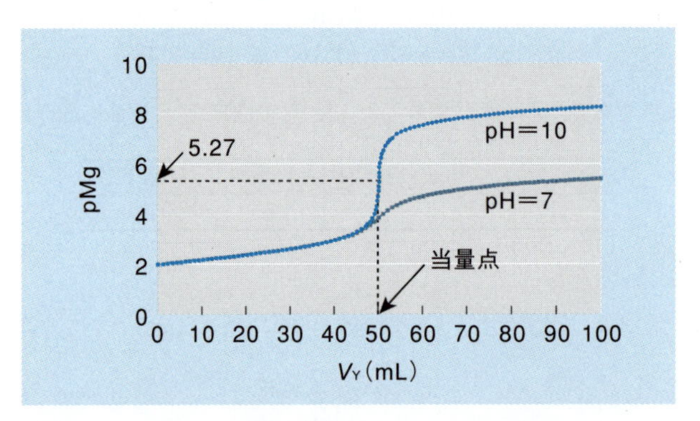

図 6.5　マグネシウム滴定曲線
pH10 および 7 において 0.01 M Mg^{2+} 溶液 50 mL を 0.01 M EDTA 溶液で滴定.

滴下量に対して pMg をプロットした滴定曲線を**図 6.5** に示す．pMg は当量点近くで大きく変化する．すなわち，終点を検出するには pMg の変化に注目すべきである．併せて，pH7.00 の場合の曲線を示す．例題 3 で考えたように，pH7 は Mg^{2+} を有効数字 4 桁で滴定するには適当でない．加えて，当量点での pMg ジャンプが小さいので，終点を検出することが困難である．

Fe^{3+}, Zn^{2+}, Ca^{2+} と EDTA の錯体について，$\log K_f'$ の pH 依存性を**図 6.6** に示す．定義より明らかに，これらの曲線は互いに平行である．当量点において $C' = 10^{-5}$ M であるとすると，$\log K_f' > 8$ となる pH において

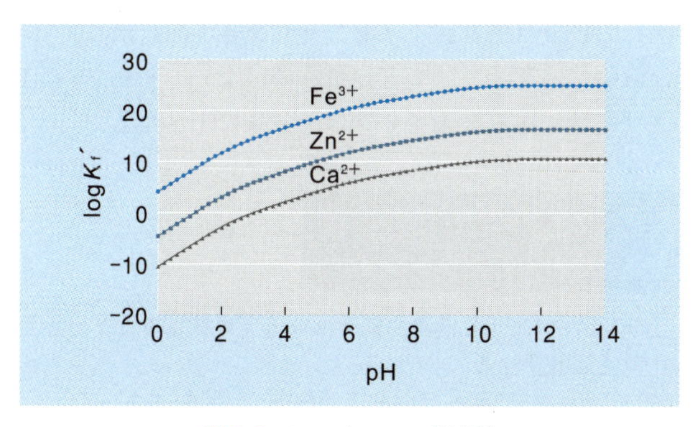

図 6.6 $\log K_f'$ の pH 依存性

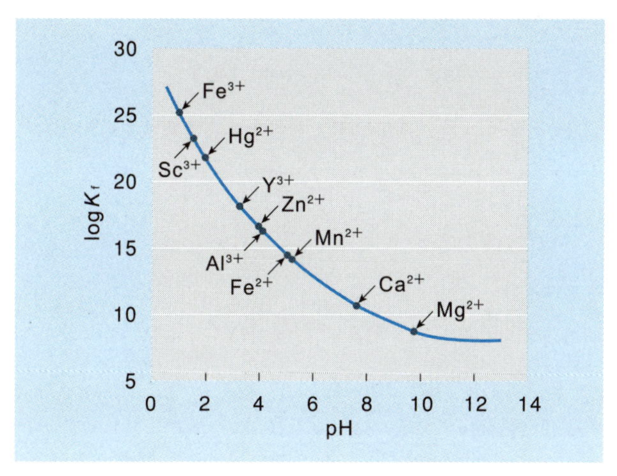

図 6.7 金属イオンの EDTA 滴定に必要な最低 pH
EDTA キレートの $\log K_f'$ が 8 となる pH を示す.

$[MY^{(n-4)-}]/[M^{n+}] > 10^3$ であり，定量的な滴定が可能となる．例えば，Fe^{3+} は pH2 でも定量的に滴定できる．このとき Ca^{2+} に対しては，$\log K_f' = -2.7$ である．すなわち，pH2 においては Ca^{2+} は EDTA とほとんどキレートを生成しない．したがって，測定溶液に Ca^{2+} が共存していても Fe^{3+} を選択的に定量することができる．

EDTA キレートの $\log K_f'$ が 8 となる pH を**図 6.7** に示す．それぞれの金属イオンは，ここに示された pH より高い pH において定量的に滴定できる．

また，この図において目的金属イオンよりも大きく右に離れている金属イオンは，測定溶液中に共存していても定量を妨げない．しかし，目的金属イオンの付近および左側にある金属イオンは，定量に干渉する．

Excel で考えよう 5
「EDTA 滴定曲線のシミュレーション」

例題 4（p.103）の EDTA 滴定曲線を Excel で作成することを考えよう．ここでは二つの方法を説明する．

数値解法

これは **Excel で考えよう 3**（p.76）で説明したのと類似の方法である．滴定の化学反応は，次式で表される．

$$Mg^{2+} + Y^{4-} \rightleftharpoons MgY^{2-}$$

この化学反応式に基づいて，pMg を独立変数とする方程式を導出する．必要な式は以下の五つである．

$$K_f = \frac{[MgY^{2-}]}{[Mg^{2+}]\,[Y^{4-}]}$$

$$K_f' = \alpha_4 K_f$$

$$C_Y = [H_4Y] + [H_3Y^-] + [H_2Y^{2-}] + [HY^{3-}] + [Y^{4-}] + [MgY^{2-}]$$

$$C_{Mg} = [Mg^{2+}] + [MgY^{2-}]$$

$$[Mg^{2+}] = 10^{-pMg}$$

ここで C_Y と C_M は，それぞれ配位子と金属イオンの全濃度であり，それらについての式は物質収支を表している．

生成定数の式を変形すると，次式が得られる．

$$[MgY^{2-}] = K_f\,[Mg^{2+}]\,[Y^{4-}] \tag{1}$$

配位子の物質収支の式から，$[Y^{4-}]$ を求める式が得られる．

$$\begin{aligned} C_Y &= [H_4Y] + [H_3Y^-] + [H_2Y^{2-}] + [HY^{3-}] + [Y^{4-}] + K_f\,[Mg^{2+}]\,[Y^{4-}] \\ &= [Y^{4-}]\left(\frac{[H_4Y]+[H_3Y^-]+[H_2Y^{2-}]+[HY^{3-}]+[Y^{4-}]}{[Y^{4-}]} + K_f\,[Mg^{2+}]\right) \\ &= [Y^{4-}](\alpha_4^{-1} + K_f\,[Mg^{2+}]) \end{aligned}$$

$$\therefore \quad [\mathrm{Y}^{4-}] = \frac{\alpha_4 C_\mathrm{Y}}{1 + \alpha_4 K_\mathrm{f}\,[\mathrm{Mg}^{2+}]} \tag{2}$$

金属イオンの物質収支の式に，(1) 式と (2) 式を代入すると，$[\mathrm{Mg}^{2+}]$ についての方程式が得られる．

$$C_\mathrm{Mg} = [\mathrm{Mg}^{2+}] + \frac{\alpha_4 K_\mathrm{f} C_\mathrm{Y}[\mathrm{Mg}^{2+}]}{1 + \alpha_4 K_\mathrm{f}\,[\mathrm{Mg}^{2+}]}$$

$$= [\mathrm{Mg}^{2+}] + \frac{K_\mathrm{f}' C_\mathrm{Y}[\mathrm{Mg}^{2+}]}{1 + K_\mathrm{f}'\,[\mathrm{Mg}^{2+}]}$$

$$\therefore \quad C_\mathrm{Mg} - [\mathrm{Mg}^{2+}] - \frac{K_\mathrm{f}' C_\mathrm{Y}[\mathrm{Mg}^{2+}]}{1 + K_\mathrm{f}'\,[\mathrm{Mg}^{2+}]} = 0$$

ここで $[\mathrm{Mg}^{2+}]$ を $10^{-\mathrm{pMg}}$ に置き換えると，pMg についての方程式が得られる．

$$f(\mathrm{pMg}) = C_\mathrm{Mg} - 10^{-\mathrm{pMg}} - \frac{K_\mathrm{f}' C_\mathrm{Y} 10^{-\mathrm{pMg}}}{1 + K_\mathrm{f}' 10^{-\mathrm{pMg}}} = 0$$

この方程式を Excel 上で数値的に解く．その例を**図 e5.1** に示す．このワークシートの構造は，**Excel で考えよう 3** の**図 e3.1**（p.77）と同じである．滴下量 V_Y と pMg の関係を散布図としてグラフにすれば，EDTA 滴定の滴定曲線**図 6.5**（p.104）が得られる．

◇	A	B	C	D	E	F	G	H	I	J	K	L
1	const	K_f	C_{Mg0}	C_{Y0}	V_{Mg}							
2	value	1.7E+08	0.01	0.01	50							
3												
4	term	equation										
5	C_{Mg}	=CMg0*VMg/(VMg+B$10)										
6	C_Y	=CY0*B$10/(VMg+B$10)										
7	pMg	=INDEX(pMg,MATCH(MIN(B16:B1016),B16:B1016,0))										
8	f(pMg)	=ABS(B$12-10^-$A16-B$13*Kf*10^-$A16/(1+Kf*10^-$A16))										
9												
10	V_Y	0	1	2	3	4	5	6	7	8	9	10
11												
12	C_{Mg}	0.01	0.009804	0.009615	0.009434	0.009259	0.009091	0.008929	0.008772	0.008621	0.008475	0.008333
13	C_Y	0	0.000196	0.000385	0.000566	0.000741	0.000909	0.001071	0.001228	0.001379	0.001525	0.001667
14												
15	pMg	2	2.02	2.03	2.05	2.07	2.09	2.1	2.12	2.14	2.16	2.18
16	0	0.99	0.990392	0.990769	0.991132	0.991481	0.991818	0.992143	0.992456	0.992759	0.993051	0.993333
17	0.01	0.967237	0.967629	0.968006	0.968369	0.968719	0.969055	0.96938	0.969693	0.969996	0.970288	0.970571
18	0.02	0.944993	0.945385	0.945762	0.946125	0.946474	0.946811	0.947135	0.947449	0.947751	0.948043	0.948326
19	0.03	0.923254	0.923646	0.924024	0.924386	0.924736	0.925072	0.925397	0.92571	0.926013	0.926305	0.926588
20	0.04	0.902011	0.902403	0.90278	0.903143	0.903492	0.903829	0.904154	0.904467	0.904769	0.905062	0.905344
21	0.05	0.881251	0.881643	0.88202	0.882383	0.882732	0.883069	0.883394	0.883707	0.88401	0.884302	0.884584
22	0.06	0.860964	0.861356	0.861733	0.862096	0.862445	0.862782	0.863106	0.86342	0.863722	0.864014	0.864297
23	0.07	0.841138	0.84153	0.841907	0.84227	0.84262	0.842956	0.843281	0.843594	0.843897	0.844189	0.844471
24	0.08	0.821764	0.822156	0.822533	0.822896	0.823245	0.823582	0.823907	0.82422	0.824522	0.824815	0.825097
25	0.09	0.802831	0.803223	0.8036	0.803963	0.804312	0.804649	0.804973	0.805287	0.805589	0.805881	0.806164
26	0.1	0.784328	0.78472	0.785097	0.78546	0.78581	0.786146	0.786471	0.786784	0.787087	0.787379	0.787662
27	0.11	0.766247	0.766639	0.767016	0.767379	0.767729	0.768065	0.76839	0.768703	0.769006	0.769298	0.76958

図 e5.1　数値解法によるキレート滴定のシミュレーション

解析解法

上で導いた $[Mg^{2+}]$ についての方程式は，変形すると次の二次方程式となる．

$$K_f'[Mg^{2+}]^2 - \{K_f'(C_{Mg} - C_Y) - 1\}[Mg^{2+}] - C_{Mg} = 0$$

$[Mg^{2+}] > 0$ を考慮して，二次方程式の解の公式を適用すれば，

$$[Mg^{2+}] = \frac{K_f'(C_{Mg} - C_Y) - 1 + \sqrt{\{K_f'(C_{Mg} - C_Y) - 1\}^2 + 4K_f'C_{Mg}}}{2K_f'}$$

よって，pMg は次式で表される．

$$\mathrm{pMg} = -\log\left[\frac{K_f'(C_{Mg} - C_Y) - 1 + \sqrt{\{K_f'(C_{Mg} - C_Y) - 1\}^2 + 4K_f'C_{Mg}}}{2K_f'}\right]$$

この式を用いれば，EDTA 溶液の滴下量 V_Y に応じた C_Y，C_{Mg} を代入して直接 pMg を求めることができる．この方法のワークシートを図 e5.2 に示す．

◇	A	B	C	D	E	F	G	H	I	J	K	L
1	const	K_f	C_{Mg0}	C_{Y0}	V_{Mg}							
2	value	1.7E+08	0.01	0.01	50							
3												
4	term	equation										
5	C_{Mg}	=CMg0*VMg/(VMg+B$10)										
6	C_Y	=CY0*B$10/(VMg+B$10)										
7	$[Mg^{2+}]$	=(Kf*(B$12-B$13)-1+SQRT((Kf*(B$12-B$13)-1)^2+4*Kf*B$12))/(2*Kf)										
8	pMg	=-LOG10(B15)										
9												
10	V_Y	0	1	2	3	4	5	6	7	8	9	10
11												
12	C_{Mg}	0.01	0.009804	0.009615	0.009434	0.009259	0.009091	0.008929	0.008772	0.008621	0.008475	0.008333
13	C_Y	0	0.000196	0.000385	0.000566	0.000741	0.000909	0.001071	0.001228	0.001379	0.001525	0.001667
14												
15	$[Mg^{2+}]$	0.01	0.009608	0.009231	0.008868	0.008519	0.008182	0.007857	0.007544	0.007241	0.006949	0.006667
16	pMg	2	2.017374	2.034762	2.052178	2.069636	2.08715	2.104735	2.122406	2.140179	2.158068	2.176091
17												

図 e5.2 解析解法によるキレート滴定のシミュレーション

6.2　終点の検出

さまざまな金属イオンに応答する**イオン選択性電極**（ion selective electrode）が開発されている．これを用いれば，ガラス電極で pH を測定するのと同様にして，金属イオンの pM を測定できる．したがって，**図 6.5**（p.104）のような滴定曲線を描き，終点を決定できる．より簡便な終点の検出には，**金属指示薬**（metal indicator）を用いる．

6.2.1　金属指示薬

金属指示薬はキレート配位子であって，キレート生成によって変色する．対象とする金属イオンに応じて，さまざまな指示薬が使われる．

キレート滴定の代表例は，水の**硬度**（hardness）測定である．硬度は，水に含まれる Mg^{2+} と Ca^{2+} の合計濃度を，対応する炭酸カルシウム $CaCO_3$ の濃度 mg/kg = ppm として表したものである．硬度の高い水は，せっけんの泡立ちを阻害する．また飲用水の硬度は高すぎても低すぎても健康によくない．Mg^{2+} と Ca^{2+} の合計は，1-(1-ヒドロキシ-2-ナフチルアゾ)-6-ニトロ-2-ナフトール-4-スルホン酸ナトリウム（商品名エリオクロムブラック T，EBT，BT などと呼ばれる）を指示薬として，pH10 で滴定される．

EBT は，o,o'-ジヒドロキシアゾ形の染料であり，アゾ基の N と二つの酸解離したヒドロキシ基の O^- によって金属イオンに配位する．Zn^{2+} や Cd^{2+} の滴定にも用いられる．三段階に酸解離するので，H_3In と表される．

$pH < 6$ では H_2In^- が主で赤色
$7 < pH < 11$ では HIn^{2-} が主で青色
$12 < pH$ では In^{3-} が主で黄橙色

を示す（**図 6.8**）．pH10 でマグネシウムイオンと赤色の錯体を生成する．

$$\underset{\text{青色}}{Mg^{2+} + HIn^{2-}} \rightleftharpoons \underset{\text{赤色}}{MgIn} + H^+$$

この溶液に EDTA 溶液を滴下すると，EDTA はまずフリーの Mg^{2+} と反応し，ついには MgIn から Mg^{2+} を奪う．このとき溶液の色が変化する．

$$\underset{\text{赤色}}{MgIn} + \underset{\text{無色}}{HY^{3-}} \rightleftharpoons \underset{\text{無色}}{MgY^{2-}} + \underset{\text{青色}}{HIn^{2-}}$$

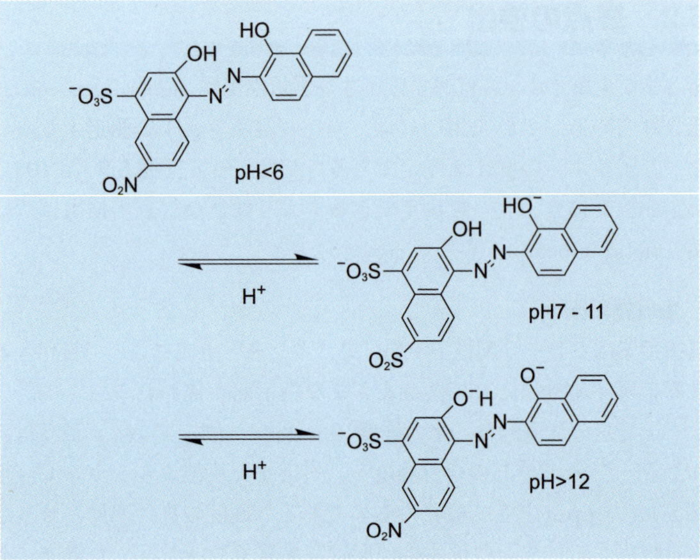

図 6.8　EBT の酸解離

赤味の消失したところが終点である．この終点が当量点で明確に検出されるためには，指示薬錯体の生成定数が EDTA 錯体の生成定数の 1/10～1/100 であるとよい．

EBT のカルシウム錯体は不安定であり，当量点前に変色してしまう．そのため，この指示薬を Ca^{2+} の滴定に用いることはできない．しかし，EDTA のカルシウム錯体はマグネシウム錯体より安定であるので，Mg^{2+} と Ca^{2+} が共存する場合には，Ca^{2+} が先に滴定され，後から Mg^{2+} が滴定される．したがって，EBT を用いて硬度を測定することが可能となる．

Mg^{2+} の共存下で Ca^{2+} を定量する方法を見てみよう．一つは，pH12 で EDTA 滴定するものである．この pH では，Mg^{2+} は水酸化マグネシウムとして沈殿し，EDTA と反応しない．指示薬には，2-ヒドロキシ-1-(2-ヒドロキシ-4-スルホ-1-ナフチルアゾ)-3-ナフトエ酸（NN 指示薬と呼ばれる）を用いる（**図 6.9**）．この指示薬は pH12～13 で青色であるが，カルシウム錯体は赤色である．

別の方法では，EDTA の代わりにエチレングリコール-ビス（*β*-アミノエチルエーテル）-*N*,*N*,*N'*,*N'*-四酢酸（EGTA）を滴定剤に用いる（**図 6.10**）．

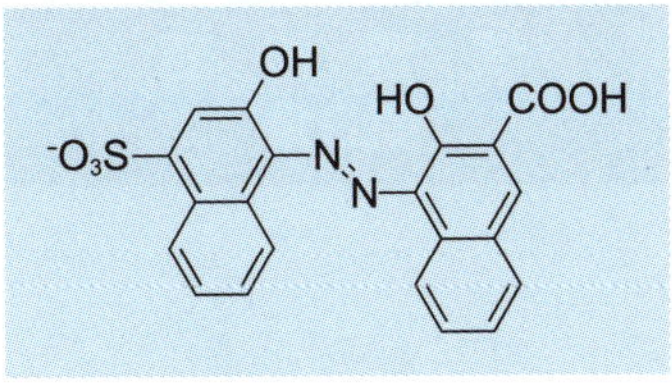

図 6.9　NN 指示薬

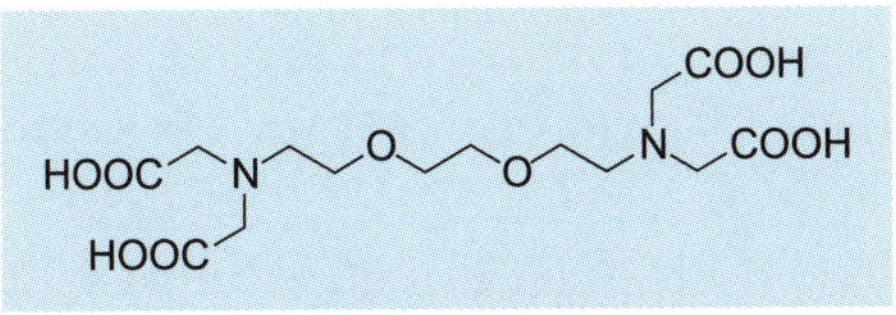

図 6.10　EGTA

EGTA キレートの $\log K_\mathrm{f}$ は，Mg^{2+} では 5.2 であるが，Ca^{2+} では 11.0 である．このため，Ca^{2+} を選択的に滴定できる．

例題 5　ある河川水 50.00 mL を pH10 で EBT を指示薬として 0.01000 M EDTA 溶液で滴定したところ，36.21 mL を要した．同じ河川水 50.00 mL を pH12 で NN 指示薬を用いて 0.01000 M EDTA 溶液で滴定したところ，11.78 mL を要した．この河川水の Mg^{2+} 濃度，Ca^{2+} 濃度，および硬度を求めよ．ただし，他のイオンは無視できるものとする．

解　Mg^{2+} と Ca^{2+} の濃度をそれぞれ x M, y M とおくと，

$$(x+y)\,\mathrm{M} \times 50.00\,\mathrm{mL} = 0.01000\,\mathrm{M} \times 36.21\,\mathrm{mL}$$

$$y\,\mathrm{M} \times 50.00\,\mathrm{mL} = 0.01000\,\mathrm{M} \times 11.78\,\mathrm{mL}$$

この連立方程式を解いて，

$$[\mathrm{Mg}^{2+}] = 4.886 \times 10^{-3}\,\mathrm{M}$$

$$[\mathrm{Ca}^{2+}] = 2.356 \times 10^{-3}\,\mathrm{M}$$

$CaCO_3$ の式量は 100.1 であるので，硬度は

$$(x+y)\,\mathrm{mol/L} \times 100.1 \times 10^{3}\,\mathrm{mg/mol} = 724.9\,\mathrm{mg/L}$$

日本産のミネラルウォーターの硬度は 0.2 ~ 260 くらいと報告されている．この河川水はかなり硬水である．□

演習問題
第6章

1 次の術語を説明せよ．
(1) 条件付き生成定数　(2) 金属指示薬

2 エチレンジアミン四酢酸の分子モデルを組み立てて，どのようにコンフォメーションが変化しうるか調べてみよ．

3 Ca^{2+} が共存する溶液中の Pb^{2+} の EDTA 滴定に関して，以下の問に答えよ．
(1) pH3 における Ca^{2+} と Pb^{2+} の EDTA キレートの条件付き生成定数 K' を求めよ．
(2) pH3 の 0.0250 M Pb^{2+} 溶液 20.0 mL を 0.0100 M EDTA 溶液で滴定する．当量点における Pb^{2+} 濃度を求めよ．
(3) Ca^{2+} が共存した場合，上記の当量点において $[CaY^{2-}]/[Ca^{2+}]$ 比はいくらになるか？　また，この結果から，共存する Ca^{2+} は Pb^{2+} の定量を妨害するか否かを説明せよ．

4 Cd^{2+}, Ti^{3+}, Sr^{2+} のそれぞれについて，$\log K'_f = 8$ となる pH を求めよ．

5 黄銅に含まれる銅と亜鉛を EDTA 滴定で定量する実験計画を立てよ．

6 Excel を用いて，pH10 および pH12 において 0.010 M Ca^{2+} 溶液 50.0 mL を 0.010 M EDTA 溶液で滴定するときの滴定曲線をシミュレートせよ．

7 トリエチレンテトラミン（$NH_2CH_2CH_2NHCH_2CH_2NHCH_2CH_2NH_2$，以下 L とする）は，$Cu^{2+}$ に対して高い選択性をもつキレート滴定試薬である．L と Cu^{2+} とのキレート生成反応式および生成定数は次のようである．

$$Cu^{2+} + L \rightleftharpoons CuL^{2+} \qquad K_f = \frac{[CuL^{2+}]}{[Cu^{2+}][L]} = 7.9 \times 10^{20}$$

1 分子の L は Cu^{2+} に対して最大で［ア］座配位子として配位する．この場合，CuL^{2+} 錯体は［イ］つの［ウ］員キレート環からなる構造をとる．
L に H^+ が付加した化学種 $H_{5-n}L^{(5-n)+}$（$n = 1 \sim 4$）は以下のように酸解離し，

$$H_{5-n}L^{(5-n)+} \rightleftharpoons H^+ + H_{4-n}L^{(4-n)+} \qquad K_{an} = \frac{[H^+][H_{4-n}L^{(4-n)+}]}{[H_{5-n}L^{(5-n)+}]}$$

$K_{a1} = 1.7 \times 10^{-4}$，$K_{a2} = 1.5 \times 10^{-7}$，$K_{a3} = 5.9 \times 10^{-10}$，$K_{a4} = 1.4 \times 10^{-10}$ である．
(1) ［ア］～［ウ］にあてはまる適切な数を記せ．
(2) pH = 6.00 において，2.0×10^{-2} M Cu^{2+} 溶液 25.0 mL を 2.0×10^{-2} M トリエチレンテトラミン溶液で滴定する．当量点において錯生成していない Cu^{2+} の濃度を計算せよ．

沈殿反応

沈殿反応は溶液相から固体相を生成する反応である．水溶液中のイオンが難溶性塩として沈殿する反応は，定性分析，定量分析のみならず分離精製にも広く用いられている．難溶性塩の沈殿反応は，溶解平衡に基づいて解析できる．溶解平衡は，溶液と固体の二つの相の間で成立する．本章では，溶解平衡の原理と定量的取扱いを身に付けよう．

本章の内容

7.1 溶解平衡と溶解度積

難溶性塩の沈殿とその成分イオンの溶液中化学種の間には溶解平衡が成立する．塩化銀を例にとって考えよう．

$$\mathrm{AgCl\,(s)} \rightleftharpoons \mathrm{Ag^+ + Cl^-}$$

ここで (s) は，固体相であることを示す．この反応の熱力学的平衡定数は次式で表される．

$$K^\circ = \frac{a_{\mathrm{Ag^+}}a_{\mathrm{Cl^-}}}{a_{\mathrm{AgCl\,(s)}}}$$

純物質である AgCl の活量 $a_{\mathrm{AgCl\,(s)}}$ は 1 であるので，

$$K^\circ_{\mathrm{sp}} = a_{\mathrm{Ag^+}}a_{\mathrm{Cl^-}}$$

これを**溶解度積**（solubility product）と呼ぶ．$\mathrm{Ag^+}$ と $\mathrm{Cl^-}$ の活量係数をそれぞれ $f_{\mathrm{Ag^+}}$, $f_{\mathrm{Cl^-}}$ で表すと，

$$K^\circ_{\mathrm{sp}} = f_{\mathrm{Ag^+}}[\mathrm{Ag^+}]f_{\mathrm{Cl^-}}[\mathrm{Cl^-}] = f_{\mathrm{Ag^+}}f_{\mathrm{Cl^-}}K_{\mathrm{sp}}$$

ここで K_{sp} はモル濃度溶解度積である．難溶性塩と平衡にあるイオンの濃度はごく低いので，他に共存するイオンがなければ $f_{\mathrm{Ag^+}} = f_{\mathrm{Cl^-}} = 1$ とみなすことができる．

$$\therefore \quad K^\circ_{\mathrm{sp}} = [\mathrm{Ag^+}]\,[\mathrm{Cl^-}] = K_{\mathrm{sp}}$$

すなわち，モル濃度溶解度積は熱力学的溶解度積と等しくなる．

一般に，塩 $\mathrm{M}_p\mathrm{X}_q$ の溶解平衡とモル濃度溶解度積は，次式で表される．

$$\mathrm{M}_p\mathrm{X}_q\mathrm{(s)} \rightleftharpoons p\mathrm{M}^{z+} + q\mathrm{X}^{z-}$$

$$K_{\mathrm{sp}} = [\mathrm{M}^{z+}]^p\ [\mathrm{X}^{z-}]^q$$

$\mathrm{M}_p\mathrm{X}_q$ が強電解質であれば，段階的な解離・溶解は無視できる．代表的な難溶性塩の溶解度積を付録 4 に示す．

注意 溶解平衡は，沈殿が存在するときに成立する．溶質が溶媒に溶解する限度を表す**溶解度**（solubility）は，いくつかの形で定義されるが，いずれにしても溶解平衡が成立している条件で求められる．溶解度積ならびに溶解度は，沈殿の量には無関係である．

例題 1 ヨウ化鉛 PbI_2 の溶解度積は，$K_{sp} = 7.1 \times 10^{-9}$ である．
（ア） 飽和溶液における Pb^{2+} と I^- のモル濃度を求めよ．
（イ） PbI_2 の溶解度（g/L; 飽和溶液 1 L に含まれる溶質の質量 g）を求めよ．

解 （ア） Pb^{2+} の平衡濃度を x M とおくと，

	$[Pb^{2+}]$	$[I^-]$
平衡濃度（M）	x	$2x$

であるので，

$$x \times (2x)^2 = 7.1 \times 10^{-9} \qquad \therefore \quad x = 1.2 \times 10^{-3}$$

したがって，$[Pb^{2+}] = 1.2 \times 10^{-3}$ M，$[I^-] = 2.4 \times 10^{-3}$ M
（イ） PbI_2 の式量は 461.0 であるので，溶解度は，

$$1.2 \times 10^{-3}\ \text{mol/L} \times 461.0\ \text{g/mol} = 0.55\ \text{g/L}$$

□

7.2 溶液組成による溶解度の変化

難溶性塩の溶解度は，溶液組成によって大きく変化する．その詳細を見ていこう．

7.2.1 共通イオン効果

難溶性塩を構成する一つのイオンが過剰に存在する場合，残りのイオンの濃度は低く抑えられる．これは**共通イオン効果**である．

例題 2 塩化銀 AgCl の溶解度積は，$K_{sp} = 1.0 \times 10^{-10}$ である．次の溶液における Ag^+ と Cl^- のモル濃度および AgCl の**モル溶解度** S（M; 飽和溶液 1 L に含まれる溶質のモル数）を求めよ．
（ア） AgCl 飽和溶液
（イ） 1.0×10^{-3} M NaCl を含む AgCl 飽和溶液

解 （ア） Ag^+ の平衡濃度を x M とおくと，

	$[Ag^+]$	$[Cl^-]$
平衡濃度（M）	x	x

であるので，

$$x \times x = 1.0 \times 10^{-10} \qquad \therefore \quad x = 1.0 \times 10^{-5}$$

したがって，$[Ag^+] = [Cl^-] = 1.0 \times 10^{-5}$ M．AgCl のモル溶解度も 1.0×10^{-5} M である．

（イ）$[Cl^-]$ は，NaCl の寄与と AgCl の溶解による寄与の和となる．Ag^+ の平衡濃度を x M とおくと，

	$[Ag^+]$	$[Cl^-]$
平衡濃度 (M)	x	$1.0 \times 10^{-3} + x$

$1.0 \times 10^{-3} \gg x$ であるので，

$$x \times 1.0 \times 10^{-3} = 1.0 \times 10^{-10} \qquad \therefore \quad x = 1.0 \times 10^{-7}$$

したがって，

$$[Ag^+] = 1.0 \times 10^{-7}\,\mathrm{M}, \quad [Cl^-] = 1.0 \times 10^{-3}\,\mathrm{M}$$

である．AgCl のモル溶解度は，$[Ag^+]$ と等しく 1.0×10^{-7} M である．すなわち，溶解度は（ア）の場合の 100 分の 1 となる．なお，濃厚電解質溶液では，後述する共存イオン効果も現れる（7.2.4 項を参照）．厳密にはその効果も考えるべきであるが，その大きさは共通イオン効果に比べて小さい．□

図 7.1 に AgCl 飽和溶液中の $[Cl^-]$ と $[Ag^+]$ の関係を示す．1：1 塩の場合，双曲線となる．塩化物イオンの重量分析では，過剰に $AgNO_3$ を加える．これは，共通イオン効果を利用して，Cl^- を定量的に沈殿させるためである．

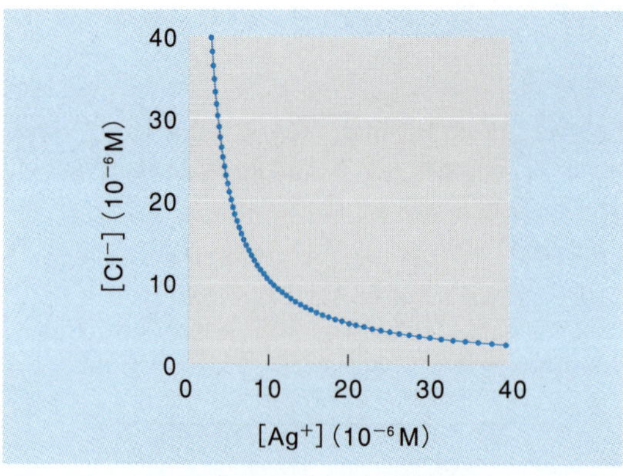

図 7.1 AgCl 飽和溶液における $[Ag^+]$ と $[Cl^-]$ の関係

7.2.2　pH の影響

難溶性塩の陰イオンが弱酸である場合，溶液の pH によって溶解度が大きく変化する．酸性では陰イオンが水素イオンと結合する競争反応が起こり，塩の溶解度が増加する．

例として，強酸存在下におけるシュウ酸カルシウム CaC_2O_4 のモル溶解度 S を考えよう．溶解平衡は，

$$CaC_2O_4(s) \rightleftharpoons Ca^{2+} + C_2O_4{}^{2-}$$

$$K_{sp} = [Ca^{2+}]\,[C_2O_4{}^{2-}] = 2.6 \times 10^{-9}$$

シュウ酸の酸解離平衡は，

$$H_2C_2O_4 + H_2O \rightleftharpoons H_3O^+ + HC_2O_4{}^-$$

$$K_{a1} = \frac{[H_3O^+]\,[HC_2O_4{}^-]}{[H_2C_2O_4]} = 6.5 \times 10^{-2}$$

$$HC_2O_4{}^- + H_2O \rightleftharpoons H_3O^+ + C_2O_4{}^{2-}$$

$$K_{a2} = \frac{[H_3O^+]\,[C_2O_4{}^{2-}]}{[HC_2O_4{}^-]} = 6.1 \times 10^{-5}$$

沈殿を生成していないシュウ酸の全濃度を C' とおくと，

$$C' = [H_2C_2O_4] + [HC_2O_4{}^-] + [C_2O_4{}^{2-}]$$

シュウ酸化学種の分率は以下のように定義できる．

$$\alpha_0 = \frac{[H_2C_2O_4]}{C'}, \quad \alpha_1 = \frac{[HC_2O_4{}^-]}{C'}, \quad \alpha_2 = \frac{[C_2O_4{}^{2-}]}{C'}$$

3.8.2 項のリン酸の場合と同様にして，

$$\alpha_2 = \frac{K_{a1}K_{a2}}{[H_3O^+]^2 + K_{a1}[H_3O^+] + K_{a1}K_{a2}}$$

$[C_2O_4{}^{2-}] = \alpha_2 C'$ を溶解度積の式に代入して整理すると，

$$\frac{K_{sp}}{\alpha_2} = K_{sp}{}' = [Ca^{2+}]\,C'$$

K_{sp}' を**条件付き溶解度積**（conditional solubility product）と呼ぶ．K_{sp}' は，6.1.2 項で述べた K_f' と同様に，ある pH での平衡計算に便利である．今考えている系では，モル溶解度は，

$$S = [\mathrm{Ca^{2+}}] = C'$$

となるので，次式が得られる．

$$S = \sqrt{K_{sp}'}$$

例題 3 （ア）純水中および（イ）0.0030 M HCl 溶液における CaC_2O_4 のモル溶解度 S を求めよ．

解 （ア）

$$S = \sqrt{K_{sp}}$$
$$= \sqrt{2.6 \times 10^{-9}} = 5.1 \times 10^{-5}\ \mathrm{M}$$

（イ） まず前ページの α_2 の式に $[\mathrm{H_3O^+}] = 0.0030\,\mathrm{M}$ を代入すると，

$$\alpha_2 = 0.019$$

これを用いて，条件付き溶解度積を求める．

$$K_{sp}' = \frac{K_{sp}}{\alpha_2} = \frac{2.6 \times 10^{-9}}{0.019} = 1.4 \times 10^{-7}$$

$$\therefore\quad S = \sqrt{K_{sp}'}$$
$$= \sqrt{1.4 \times 10^{-7}} = 3.7 \times 10^{-4}\ \mathrm{M}$$

すなわち，溶解度は純水中の 7.3 倍となる． □

注意 上の例題（イ）では，pH ではなく，塩酸濃度が与えられている．実際には塩酸から解離して生じる水素イオンの一部は，シュウ酸との反応によって消費される．より正確な解を求めるには，この効果を考慮しなければならない．その方法の一つは，**逐次近似法**を行うことである．まず，$[\mathrm{H_3O^+}] = 0.0030\,\mathrm{M}$ と仮定したときの α_0, α_1 から，シュウ酸との反応によって消費される水素イオン量を見積もる．この量を補正した $[\mathrm{H_3O^+}]$ を求め，これを使って分率および溶解度を再計算する．$[\mathrm{H_3O^+}]$ が有意に変化しなくなるまでこの操作を繰り返す．

例題 4　例題 3（イ）で逐次近似法を実行し，より正確なモル溶解度を求めよ．

解

$$\alpha_0 = \frac{[\mathrm{H_3O^+}]^2}{[\mathrm{H_3O^+}]^2 + K_{\mathrm{a1}}[\mathrm{H_3O^+}] + K_{\mathrm{a1}}K_{\mathrm{a2}}}$$

$$\alpha_1 = \frac{K_{\mathrm{a1}}[\mathrm{H_3O^+}]}{[\mathrm{H_3O^+}]^2 + K_{\mathrm{a1}}[\mathrm{H_3O^+}] + K_{\mathrm{a1}}K_{\mathrm{a2}}}$$

である．$[\mathrm{H_3O^+}] = 0.0030\,\mathrm{M}$ のとき，

$$\alpha_0 = 0.043, \quad \alpha_1 = 0.938$$

したがって，シュウ酸との反応によって消費される水素イオン量は，

$$2\alpha_0 C' + \alpha_1 C' = 2 \times 0.043 \times 3.7 \times 10^{-4} + 0.938 \times 3.7 \times 10^{-4}$$
$$= 3.8 \times 10^{-4}\ \mathrm{M}$$

ヒドロニウムイオン濃度の補正値は，

$$[\mathrm{H_3O^+}] = 0.0030 - 3.8 \times 10^{-4}$$
$$= 2.6 \times 10^{-3}\ \mathrm{M}$$

この値を用いて再計算する．

$$\alpha_0 = 0.038, \quad \alpha_1 = 0.944, \quad \alpha_2 = 0.022$$

また，

$$K_{\mathrm{sp}}{}' = 1.2 \times 10^{-7}, \quad S = 3.5 \times 10^{-4}\ M$$

したがって，

$$2\alpha_0 C' + \alpha_1 C' = 3.6 \times 10^{-4}\ \mathrm{M}$$

$$[\mathrm{H_3O^+}] = 0.0030 - 3.6 \times 10^{-4}$$
$$= 2.6 \times 10^{-3}\ \mathrm{M}$$

有効数字 2 桁では，ヒドロニウムイオン補正濃度は変化していないので，これで収束したとみなせる．確からしいモル溶解度は，$S = 3.5 \times 10^{-4}$ M．この値は例題 3 の結果の 0.95 倍である．□

7.2.3　錯生成の影響

難溶性塩の陽イオンが金属イオンであり，溶液にこれと錯生成する配位子が存在する場合，陽イオンに対する競争反応が起こる．この競争反応も塩の

溶解度を増加させる．

例として，NH_3 溶液中の AgBr のモル溶解度 S を考えよう．溶解平衡は，

$$\mathrm{AgBr\,(s)} \rightleftharpoons \mathrm{Ag^+ + Br^-}$$

$$K_{\mathrm{sp}} = [\mathrm{Ag^+}]\,[\mathrm{Br^-}] = 4 \times 10^{-13}$$

銀アンミン錯体の錯生成平衡の取扱いは，5.2 節で述べた通りである．沈殿を生成していない銀の全濃度を C' とおくと，

$$[\mathrm{Ag^+}] = \alpha_0 C', \qquad \alpha_0 = \frac{1}{1 + K_{\mathrm{f1}}[\mathrm{NH_3}] + K_{\mathrm{f1}}K_{\mathrm{f2}}[\mathrm{NH_3}]^2}$$

であるから，

$$\frac{K_{\mathrm{sp}}}{\alpha_0} = K_{\mathrm{sp}}{}' = C'\,[\mathrm{Br^-}]$$

すなわち，条件付き溶解度積 $K_{\mathrm{sp}}{}'$ は，アンモニア濃度に依存する．

$$S = C' = [\mathrm{Br^-}]$$

が成り立つので，

$$S = \sqrt{K_{\mathrm{sp}}{}'}$$

例題 5 （ア）純水中および（イ）0.070 M NH_3 溶液における AgBr のモル溶解度 S を求めよ．

解 （ア）

$$S = \sqrt{K_{\mathrm{sp}}} = \sqrt{4 \times 10^{-13}} = 6 \times 10^{-7}\ \mathrm{M}$$

（イ） α_0 の式に $[\mathrm{NH_3}] = 0.070\,\mathrm{M}$ を代入して，

$$\alpha_0 = 8.2 \times 10^{-6}$$

これを用いて，条件付き溶解度積を求める．

$$K_{\mathrm{sp}}{}' = \frac{K_{\mathrm{sp}}}{\alpha_0} = \frac{4 \times 10^{-13}}{8.2 \times 10^{-6}} = 4.9 \times 10^{-8}$$

$$\therefore\quad S = \sqrt{K_{\mathrm{sp}}{}'} = \sqrt{4.9 \times 10^{-8}} = 2 \times 10^{-4}\ \mathrm{M}$$

よって，溶解度は純水中のおよそ 300 倍となる．この場合も NH_3 の一部は Ag^+ との錯生成により消費されているが，その影響は有効数字 1 桁の計算では無視できる． □

7.2.4　共存イオン効果

一般に難溶性塩を構成するイオンと無関係なイオンが共存する場合にも，沈殿の溶解度は増加する．これは，共存イオンが難溶性塩イオンの電荷を遮へいするために生じる効果である．この効果を評価するには，熱力学的溶解度積を活量係数で補正したモル濃度溶解度積を用いる．

例題 6　0.10 M $NaNO_3$ を含む AgCl 飽和溶液 ($K^\circ_{sp} = 1.0 \times 10^{-10}$) における AgCl のモル溶解度 S を求めよ．ただし，イオン強度 $\mu = 0.1$ M において $f_{Ag^+} = 0.75$, $f_{Cl^-} = 0.76$ とする．

解　7.1 節で述べた熱力学的溶解度積とモル濃度溶解度積の関係式を変形して，

$$K_{sp} = \frac{K^\circ_{sp}}{f_{Ag^+} f_{Cl^-}} = \frac{1.0 \times 10^{-10}}{0.75 \times 0.76} = 1.8 \times 10^{-10}$$

$$\therefore \quad S = \sqrt{K_{sp}} = \sqrt{1.8 \times 10^{-10}} = 1.3 \times 10^{-5} \text{ M}$$

AgCl のモル溶解度は，例題 2（ア）イオン強度 0 M の場合の 1.3 倍となる．□

あるイオン強度の溶液における活量係数は，イオンの電荷が大きいほど小さくなる．したがって，共存イオン効果による溶解度の増加は，多価イオンの塩において顕著である．

また，イオン強度が著しく高い場合には，活量係数が 1 より大きくなり，溶解度が減少することがある．

7.3 イオン積による沈殿生成の予測

難溶性塩 M_pX_q が沈殿するか否かを予測するには，沈殿がないと仮定したときのモル濃度からイオン積

$$\{M^{z+}\}^p\{X^{z-}\}^q$$

を計算する．ここで｛ ｝はモル濃度を表すが，平衡濃度ではないことに注意しよう．

- $K_{sp} < \{M^{z+}\}^p\{X^{z-}\}^q$ のとき，沈殿が生成する．
- $K_{sp} > \{M^{z+}\}^p\{X^{z-}\}^q$ のとき，沈殿は溶解する．

沈殿が生成あるいは溶解するに伴い，イオン濃度は平衡濃度へ近付いていく．

例題 7 Ni^{2+}, Cu^{2+}, Zn^{2+} をそれぞれ 0.6 mg/L 含む 0.3 M HCl 溶液に H_2S を通じて飽和させた．このときどのイオンが沈殿し，どのイオンが溶液に残るか？ただし，硫化ニッケル，硫化銅，硫化亜鉛の K_{sp} は，それぞれ 1×10^{-19}, 9×10^{-36}, 1×10^{-21} とする．また，H_2S の飽和濃度は 0.1 M とみなしてよい．H_2S の酸解離定数は以下の通りである．

$$K_{a1} = \frac{[H_3O^+][HS^-]}{[H_2S]} = 9.1\times10^{-8}$$

$$K_{a2} = \frac{[H_3O^+][S^{2-}]}{[HS^-]} = 1.2\times10^{-15}$$

解 各金属イオンの濃度は約 1×10^{-5} M である．7.2.2 項のシュウ酸の場合と同様にして，

$$\alpha_2 = \frac{K_{a1}K_{a2}}{[H_3O^+]^2 + K_{a1}[H_3O^+] + K_{a1}K_{a2}} = 1\times10^{-21}$$

Ni^{2+}, Cu^{2+}, Zn^{2+} のそれぞれに対して，

$$K_{sp}{}' = \frac{K_{sp}}{\alpha_2} = \frac{1\times10^{-19}}{1\times10^{-21}} = 1\times10^{2}$$

$$K_{sp}{}' = \frac{K_{sp}}{\alpha_2} = \frac{9\times10^{-36}}{1\times10^{-21}} = 9\times10^{-15}$$

$$K_{sp}{}' = \frac{K_{sp}}{\alpha_2} = \frac{1\times10^{-21}}{1\times10^{-21}} = 1$$

硫化水素の全濃度を C とすると，沈殿がないと仮定したときのイオン積は，

$$C\,[\mathrm{Ni^{2+}}] = 0.1 \times 1 \times 10^{-5} = 1 \times 10^{-6} < K_{\mathrm{sp}}{}'$$

$$C\,[\mathrm{Cu^{2+}}] = 0.1 \times 1 \times 10^{-5} = 1 \times 10^{-6} > K_{\mathrm{sp}}{}'$$

$$C\,[\mathrm{Zn^{2+}}] = 0.1 \times 1 \times 10^{-5} = 1 \times 10^{-6} < K_{\mathrm{sp}}{}'$$

したがって，Cu^{2+} は沈殿し，Ni^{2+} と Zn^{2+} は溶液に残る． □

補足 上の例題は，**系統的定性分析**でよく用いられる条件の一つである．系統的定性分析は，無機イオンの溶解度の差を利用する分離・検出法である．これは無機イオンの反応を理解する上で役に立つので，ぜひ実際に実験してみよう．

例題 8 1.0 mM Fe^{2+} 溶液と 1.0 mM Fe^{3+} 溶液から水酸化物沈殿が生成する pH はそれぞれいくらか．ただし，水酸化鉄(II) と水酸化鉄(III) の K_{sp} は，それぞれ 8×10^{-16}, 4×10^{-38} とする．

解 Fe^{2+} 溶液では，

$$[\mathrm{OH^-}] = \sqrt{\frac{K_{\mathrm{sp}}}{[\mathrm{Fe^{2+}}]}} = \sqrt{\frac{8 \times 10^{-16}}{0.001}} = 9 \times 10^{-7}\ \mathrm{M}$$

$$\therefore\quad \mathrm{pH} = 14.00 + \log\,(9 \times 10^{-7}) = 8.0$$

Fe^{3+} 溶液では，

$$[\mathrm{OH^-}] = \sqrt[3]{\frac{K_{\mathrm{sp}}}{[\mathrm{Fe^{2+}}]}} = \sqrt[3]{\frac{4 \times 10^{-38}}{0.001}} = 3 \times 10^{-12}\ \mathrm{M}$$

$$\therefore\quad \mathrm{pH} = 14.00 + \log\,(3 \times 10^{-12}) = 2.5$$

□

注意 Fe^{3+} を安定に溶存させるためには，溶液を強酸性にしなければならない．なお，Fe^{2+} は空気中の酸素によって容易に Fe^{3+} に酸化される．

実際には，沈殿生成は過飽和溶液から起こる速度論的な過程である．この詳細については次章で学ぶ．

演習問題 第7章

1 次の術語を説明せよ.

(1) 条件付き溶解度積

(2) イオン積

2 Al^{3+}, Mg^{2+}, Ca^{2+}, Zn^{2+}, Cd^{2+} のいずれか一種類を 1.0×10^{-2} M 含む5個の酸性試料溶液がある. これらの試料に加えた操作とその結果を以下に示す.

(ア) NH_3 水を添加すると沈殿が生成した. さらに添加すると沈殿が溶解した.

(イ) NaOH 溶液を添加すると沈殿が生成した. さらに添加すると沈殿が溶解した.

(ウ) NH_3 水を添加しても沈殿は生成しなかった. さらに $(NH_4)_2CO_3$ 溶液を添加すると沈殿が生成した.

(1) (ア)～(ウ)のそれぞれに該当する金属イオン試料溶液をすべて挙げよ.

(2) Cd^{2+} 試料溶液に NaOH 溶液を添加すると沈殿が生成する. 沈殿が生成し始める pH を計算せよ. ただし, NaOH 溶液の添加による Cd^{2+} 濃度の変化は無視できると仮定し, $Cd(OH)_2$ の溶解度積は $K_{sp} = 5.9 \times 10^{-15}$ とする.

(3) 試料溶液中に Ca^{2+} と Al^{3+} が共存する場合, 尿素を添加して加熱すると二つの金属イオンを分離することができる. この現象を説明せよ (8.5節参照).

3 典型的な海水は pH8 で, その鉄濃度は 10^{-9} M レベルである. これに関して以下の問に答えよ.

(1) $Fe(OH)_3$ の溶解平衡が Fe^{3+} 濃度を決めると仮定して, その濃度を求めよ. ただし, $Fe(OH)_3$ の溶解度積は $K_{sp} = 4 \times 10^{-38}$ とする.

(2) 実測値が(1)で求めた値よりはるかに高い理由を考えてみよ.

4 シュウ酸鉛 PbC_2O_4 の溶解度積は, $K_{sp} = 4.8 \times 10^{-10}$ である. 以下の問に答えよ.

(1) 純水中ではシュウ酸イオンのプロトン付加は無視できる. このときのシュウ酸鉛のモル溶解度 (M) を求めよ.

(2) 7.0×10^{-3} M HCl 溶液におけるシュウ酸鉛のモル溶解度 (M) を求めよ.

(3) シュウ酸鉛が沈殿するとき, Ca^{2+}, Sr^{2+}, Ba^{2+} などが同時に沈殿することがある (第8章参照).

(ア) この現象を何と呼ぶか.

(イ) この傾向の大小関係を考えるとき, 有用な指標は何か.

5 系統的定性分析において, 溶解度積がどのように利用されているか調べてみよ.

重量分析

重量分析は，原子量の決定，化学法則の発見など近代化学誕生の基礎となる実験データを生み出した．現代においても，主成分の分析法としては，もっとも正確かつ精度の高い方法である．しかし，よいデータを得るためには，手間と熟練が必要である．重量分析では，沈殿の生成と熟成の過程が分析の成否を大きく左右する．本章では，これらの過程を詳しく学び，純粋な沈殿をつくる方法を身に付けよう．

本章の内容

8.1　おもな重量分析とその手順

8.1.1　重量分析の手順

重量分析 (gravimetric analysis) は，目的成分を一定組成の純物質として分離し，その質量を測定して目的成分を定量する方法である．これは標準物質を必要としない**絶対定量法**である．重量分析の一般的手順を**図 8.1** に示す．

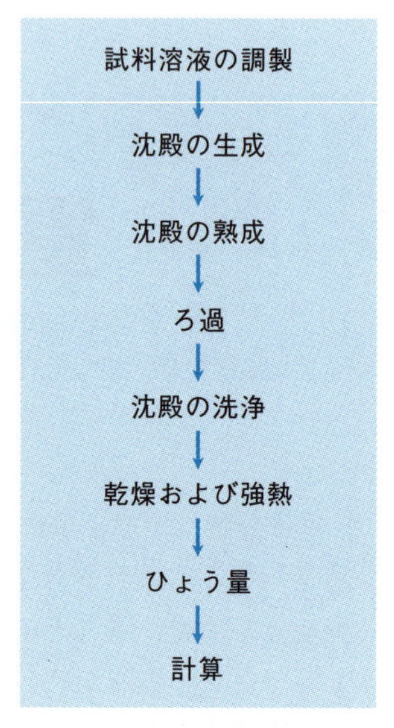

図 8.1　重量分析の手順

最初に既知量の試料を含む水溶液を調製する．もとの試料が固体の場合には，溶解操作が必要である．この溶液に沈殿剤を加えて目的成分と反応させ，沈殿を生成する．この沈殿生成反応は，目的成分に対して**選択的** (selective) でなければならない．沈殿剤と反応する干渉物質はあらかじめ分離する，あるいは**マスキング剤** (masking agent) を加えて，干渉反応が起こらないようにする．沈殿の生成と熟成については後の節で詳しく述べる．

沈殿の性状はさまざまである．シュウ酸カルシウムはさらさらとした沈殿で**ろ過** (filtration) しやすい．硫酸バリウムもさらさらした沈殿であるが，粒子が細かいため，目の粗いろ紙を通り抜け，また器壁に付いた溶液をはい上がったりする．水酸化鉄(III) や水酸化アルミニウムの沈殿は水を含んだゼラチン状で，器壁への吸着やろ紙の目詰まりを起こしやすい．ろ過には，ガラスフィルター，ろ紙，合成高分子のメンブレンフィルター（メンブランフィルター）などが用いられる．目的に応じて正しく器具を選択する．

重量分析において，沈殿として生成する物質を**沈殿形**と呼ぶ．沈殿形は，純粋で，定量的に生成し，ろ過しやすいことが望ましい．ひょう量に用いる物質を**ひょう量形**と呼ぶ．ひょう量形は，沈殿形を乾燥あるいは強熱することにより得られる．ひょう量形に望まれる条件は次のようである．

- 組成が一定である．

- 安定であり，吸湿や揮散を起こさない．
- 式量が大きく，目的成分の組成比が小さい．このことは，ひょう量誤差が定量結果に及ぼす影響を小さくするために重要である．

乾燥は水分を除くために行われる．通常，乾燥器中 110 ～ 120 ℃で 1 ～ 2 時間加熱する．高い温度での強熱は，水分を除くのが容易でないとき，ひょう量形が沈殿形と異なる酸化物であるときなどに必要とされる．強熱に適当な条件は，物質によってさまざまである．

8.1.2　おもな重量分析

重量分析の代表例を**表 8.1** に示す．沈殿形，ひょう量形をまとめてある．

沈殿試薬として用いられる有機化合物は，**有機沈殿剤**と呼ばれる．おもな有機沈殿剤を**表 8.2** に示す．これらの多くは，**キレート試薬**（chelating reagent），あるいはかさ高い陽イオンまたは陰イオンである．前者は金属イオンと不溶性のキレートを生成し，後者は大きな陰イオンまたは陽イオンと**イオン対**（ion pair）を生成して沈殿する．有機沈殿剤には，次のような利点がある．

- 分子量が大きく，目的成分の組成比が小さい．
- 無電荷のキレートは溶解度がきわめて低い．

表 8.1　重量分析の例

分析対象	沈殿形	ひょう量形	備考
Ag^+	AgCl	AgCl	
Al^{3+}	$Al(OH)_3 \cdot xH_2O$	Al_2O_3	
	$Al(hq)_3$	$Al(hq)_3$	8-ヒドロキシキノリン錯体
Ba^{2+}	$BaSO_4$	$BaSO_4$	
Ca^{2+}	CaC_2O_4	CaO	シュウ酸錯体
Cl^-	AgCl	AgCl	
Cu^{2+}	CuS	CuO	
Fe^{3+}	$Fe(OH)_3 \cdot xH_2O$	Fe_2O_3	
K^+	$K[B(C_6H_5)_4]$	$K[B(C_6H_5)_4]$	テトラフェニルホウ酸塩
Mg^{2+}	$MgNH_4PO_4$	$Mg_2P_2O_7$	
Ni^{2+}	$Ni(Hdmg)_2$	$Ni(Hdmg)_2$	ジメチルグリオキシム錯体
Pb^{2+}	$PbSO_4$	$PbSO_4$	
$PO_4{}^{3-}$	$MgNH_4PO_4$	$Mg_2P_2O_7$	
$Si(OH)_4$	$SiO_2 \cdot xH_2O$	SiO_2	
$SO_4{}^{2-}$	$BaSO_4$	$BaSO_4$	
Zn^{2+}	$ZnNH_4PO_4$	$Zn_2P_2O_7$	

表 8.2 有機沈殿剤

試薬	構造式	分析対象
ジメチルグリオキシム	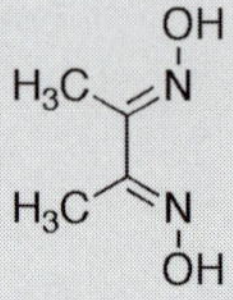 H_3C, N, OH, H_3C, N, OH	Ni^{2+}, Pd^{2+}
N-ニトロソフェニルヒドロキシルアミンアンモニウム(クペロン)	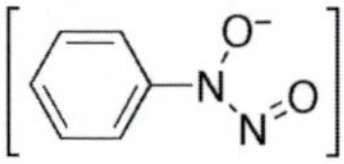 O^-, N, N, O, NH_4^+	多くの金属イオン 特に Fe^{3+}, Ti^{4+}, Zr^{4+}
8-ヒドロキシキノリン(オキシン)	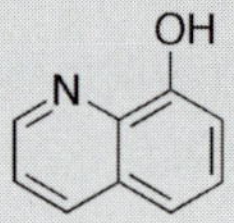 OH, N	多くの金属イオン 特に Al^{3+}, Mg^{2+}
テトラフェニルホウ酸ナトリウム	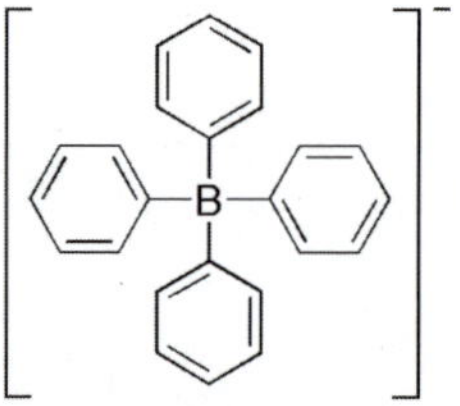 B, $-$, Na^+	K^+, Rb^+, Cs^+, Tl^+
塩化テトラフェニルアルソニウム	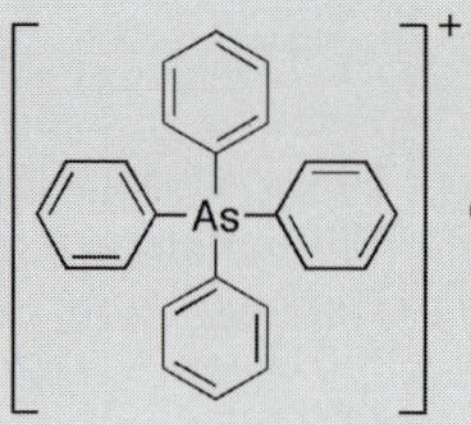 As, $+$, Cl^-	$Cr_2O_7^{2-}$, MnO_4^-, MoO_4^{2-}, ClO_4^-, I_3^-

- 一般に沈殿の比重が小さく，かさが高く，粒径が大きく，ろ過しやすい．
- 選択性の高いものがある．例えば，ジメチルグリオキシム（H_2dmg）は，Ni(II) と Pd(II) に対して選択的である．これは，正方平面配位の 1：2 錯体 $Ni(Hdmg)_2$ または $Pd(Hdmg)_2$ が配位子間水素結合により安定化されるためである（**図 8.2**）．

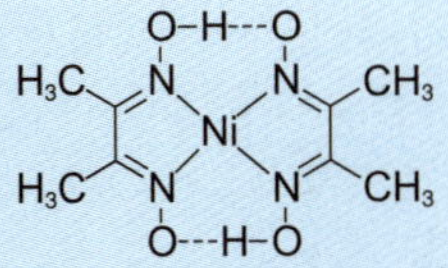

図 8.2 ビス（ジメチルグリオキシマト）ニッケル(II)

ある種の金属イオンは，**電気分解**（electrolysis）により，金属として陰極上に，あるいは酸化物や過酸化物として陽極上に定量的に析出する．その後，電極とともに析出物をひょう量することにより，金属イオンを定量することができる．これを**電解重量分析**（electrogravimetry）と呼ぶ．

例題 1 ニッケル銅 0.1053 g を溶解したアンモニア溶液にジメチルグリオキシム溶液を加え，ビス（ジメチルグリオキシマト）ニッケル(II) を定量的に生成させた．赤色沈殿をろ過，乾燥後ひょう量したところ，0.3422 g であった．ニッケル銅中の Ni の重量パーセントはいくらか．

解 Ni の原子量は 58.69，$Ni(Hdmg)_2$ の分子量は 288.91 である．Ni の重量を x g とおくと，

$$\frac{x}{0.3422} = \frac{58.69}{288.91}$$

$$\therefore \quad x = 0.06952 \text{ g}$$

よって重量パーセントは，

$$\frac{0.06952}{0.1053} \times 100 = 66.02 \ \%$$

□

8.2 沈殿の生成

沈殿は**過飽和**（supersaturation）の溶液から生成する．難溶性塩の過飽和条件は，イオン積が溶解度積より大きいことである（7.3 節参照）．

最初に，小さい**結晶**（crystal）粒子が析出する**核生成**（nucleation）が起こる．過飽和度が大きいと，核生成速度が大きくなり，小さい結晶粒子が多数出現する．その場合，表面積：体積の比が高いので，不純物が吸着しやすい．

核表面に沈殿の析出が続くことによって，結晶は成長する．過飽和度が大きいと，結晶の成長速度も大きくなる．その場合，結晶に欠陥が生じたり，不純物を取り込んだりしやすい．

沈殿粒子の大きさは，溶液の**相対過飽和度**に反比例する．相対過飽和度は次式で定義される．

$$\frac{Q-S}{S}$$

ここで Q は初濃度，S は沈殿の溶解度である．相対過飽和度が高いときには，多くの小さい結晶が生成する．相対過飽和度が低いときには，結晶は数少なく，大きく成長する．したがって，純度の高い沈殿を得るためには，Q を小さく，S を大きくして，相対過飽和度を低く保つことが望ましい．具体的には，以下のようである．

- 希薄溶液から沈殿を生成する．
- よくかきまぜながら，低濃度の沈殿剤をゆっくり加える．これは，過飽和度が局所的に大きくなることを防ぐためである．
- 最初は S を大きくするために，熱い溶液から沈殿を生成させる．その後，溶液を冷却して定量的に沈殿させる．
- 金属陽イオンの沈殿生成は，できるだけ低い pH で行う．

通常，目的成分を定量的に沈殿させるには，沈殿剤を過剰に加える．これは共通イオン効果により溶解度を小さくするためであるが，相対過飽和度を低く保つこととは矛盾する．沈殿剤の過剰量は 10％程度で十分である．

沈殿が沈降した後，上澄み液に沈殿剤を 2, 3 滴加えて，新しい沈殿が生じなければ，沈殿生成は終了している．

8.3　沈殿の熟成

小さい結晶は，比表面積が大きいので，大きい結晶より溶解しやすい．沈殿を生成溶液中に放置すると，小さい結晶がなくなり，大きい結晶が成長する．この過程を**熟成**（digestion）と呼ぶ．熟成により，結晶の表面積および格子欠陥が減少する．吸着あるいは吸蔵されていた不純物が放出される．その結果，純度が高く，かつ粒径が大きくてろ過しやすい沈殿が得られる．

多くの沈殿は，最初は 1 ～ 500 nm くらいの径の**コロイド粒子**（colloidal particle）である．これは比表面積が大きく，吸着を起こしやすい．例として，塩化物イオンの重量分析を考えよう．この場合，硝酸銀 $AgNO_3$ 溶液を加えて，塩化銀 AgCl を沈殿させる．

$$Ag^+ + Cl^- \longrightarrow AgCl$$

AgCl コロイド粒子の模式図を**図 8.3** に示す．コロイド内部の結晶では，Ag^+ と Cl^- が規則的に配列する．当量の Ag^+ が加えられるまで，溶液には Cl^- が過剰に存在するので，結晶表面の第一層には Cl^- が吸着する．そのためコロイド粒子は負の電荷を帯びる．第一層の外側には陽イオンが多く集まり，対イオン層すなわち第二層が形成される．この層までを含めると，コロイ

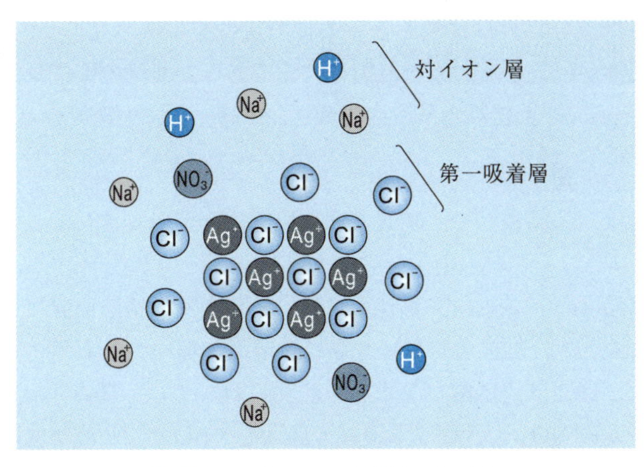

図 8.3　AgCl コロイド粒子のモデル
Cl^- が過剰の場合．

ド粒子は電気的に中性となる．第二層がよく形成されると，中性のコロイド粒子は集まって，より大きな粒子を形成する．これを**凝集**（coagulation）と呼ぶ．凝集は，電解質の添加，加熱，かくはんなどによって促進される．AgCl は**疎水性**（hydrophobic）コロイドの一つであって，凝集の際に水分子が除かれやすい．疎水性コロイドは，凝集しやすく，ろ過も容易である．

親水性（hydrophilic）コロイドは，水に対する親和性が高く，その溶液は粘性が高い．代表例は水酸化鉄(III) $Fe(OH)_3 \cdot xH_2O$ である．これは凝集しにくく，ゼラチン状の沈殿を生成する．このような沈殿は，表面積が非常に大きく，不純物をよく吸着する．

凝集したコロイド沈殿を分散させてコロイド溶液の状態にすることを**ペプチゼーション**（peptisation）と呼ぶ．ろ過した沈殿粒子を水で洗浄すると，第二層に水分子が侵入し，沈殿が部分的にコロイド状態に戻る．その結果，コロイド粒子の一部がろ紙を通り抜けてしまう．これを防ぐために，沈殿の洗浄には HNO_3 や NH_4NO_3 などの揮発性電解質の希薄溶液を用いる．これらの電解質は，乾燥または強熱の過程で揮発するので，ひょう量誤差を生じない．

8.4 共　沈

共沈（coprecipitation）または**共同沈殿**は，ある物質を沈殿させるとき，単独であれば沈殿しない他の物質が同時に沈殿する現象である．一般に重量分析では，目的成分以外は沈殿しない条件で沈殿を生成させる．したがって，沈殿に不純物が混入するおもな原因は共沈である．共沈の機構は，表面への**吸着**（adsorption）と結晶内部への**吸蔵**（occlusion）に大別できる．

8.4.1 吸　着

強い吸着は，結晶表面でイオン結合や配位結合が形成されることによって起こる．

イオン結晶（ionic crystal）の沈殿では，結晶表面の格子位置にイオンが吸着する．このとき，結晶の格子イオンと難溶性の塩をつくるイオンほど吸着されやすい．例えば，硫酸バリウムの沈殿に対しては，Ba^{2+} と溶解度の小さい塩をつくる $NO_3{}^-$ が Cl^- より多く吸着し，$SO_4{}^{2-}$ と溶解度の小さい塩をつくる Pb^{2+} が Na^+ より多く吸着する．

含水酸化物（hydrous oxide）の表面には，活性なヒドロキシ基が存在する

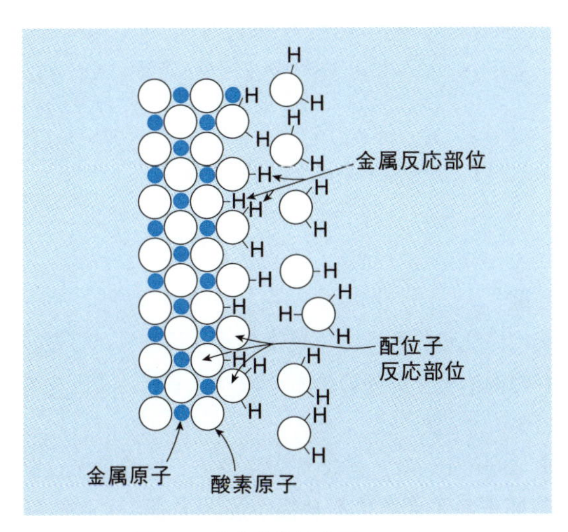

図 8.4　含水酸化物表面のモデル

（**図 8.4**）．この沈殿は，配位結合を形成することによってイオンを吸着する．これは**表面錯生成**と呼ばれる．例えば，水酸化鉄（III）表面への陽イオンの吸着は，次式で表される．

$$\equiv FeOH + Cu^{2+} + H_2O \rightleftharpoons \equiv FeOCu^{+} + H_3O^{+}$$

ここで $\equiv$ は，Fe 原子が結晶中の原子と結合していることを表す．

陰イオンは，ヒドロキシ基を置換して Fe 原子に配位することによって吸着する．

$$\equiv FeOH + {PO_4}^{3-} \rightleftharpoons \equiv {FeOPO_3}^{2-} + OH^{-}$$

また，含水酸化物表面のヒドロキシ基は，酸塩基反応も起こす．

$$\underset{\text{酸性}}{\equiv {FeOH_2}^{+}} \rightleftharpoons \equiv FeOH \rightleftharpoons \underset{\text{アルカリ性}}{\equiv FeO^{-}}$$

そのため，沈殿表面は酸性溶液では正電荷を帯びるので，陰イオンが静電的に吸着する．アルカリ性では負電荷を帯びるので，陽イオンが静電的に吸着する．このように，含水酸化物への吸着は，表面錯生成と静電引力の両方に支配される．

例題 2 F^-, Br^-, I^- を塩化銀沈殿に吸着しやすい順に並べよ．

解 AgF はよく溶ける．K_{sp} は AgBr, AgI に対してそれぞれ 4×10^{-13}, 1×10^{-16} であるので，吸着しやすさの順は次のように予想される．

$$I^- > Br^- > F^-$$

□

8.4.2 吸　　蔵

吸蔵は，広義には沈殿内部への不純物の取り込みすべてを包含する．狭義には，結晶固有の構造と無関係に物質が取り込まれることを指す．結晶の欠陥などに不純物が入り込むことである．

固溶体（solid solution）は，異なる物質が均一に溶けあった固相として定義される．結晶格子のすきまに不純物が侵入すること，あるいは格子位置の原子を不純物原子が置換することによって固溶体が形成される．後者は**混晶**（mixed crystal）とも呼ばれる．例えば，リン酸アンモニウムマグネシウム $MgNH_4PO_4$ を沈殿させるとき，$NH_4{}^+$ と同じ電荷であり，ほぼ同じイオン半径をもつ K^+ が存在すると，リン酸カリウムマグネシウム $MgKPO_4$ との混晶が形成される．このような形の不純物を除くことはきわめて難しい．したがって，混晶を生じるような沈殿は，分析にはほとんど用いられない．

8.4.3 共沈の積極的利用

共沈は重量分析においてはやっかいな現象であるが，それを積極的に利用することもある．

微量成分の分析においては，しばしば定量操作に先だって，目的成分を共存成分から分離・濃縮することが必要となる．よく用いられる方法の一つが，**共沈法**である．水酸化鉄(III) やマンガン酸化物 $MnO_2 \cdot xH_2O$ の沈殿は，さまざまな微量元素を効果的に共沈する．共沈の利点は，操作が比較的簡単であること，高い濃縮率を達成できること，大量試料の処理に向いていることなどである．

共沈は水処理場で水の浄化にも利用される．溶存成分や懸濁粒子を除去する目的で，凝集剤と呼ばれる硫酸アルミニウム $Al_2(SO_4)_3 \cdot xH_2O$，ポリ塩化アルミニウム $Al_m(OH)_nCl_{3m-n}$，塩化鉄などを原水に加え，水酸化アルミニウムや水酸化鉄(III) を沈殿させる．

また，共沈は自然界の物質循環においても重要である．水酸化鉄(III)，マンガン酸化物，アルミノケイ酸塩鉱物などへの共沈は，溶存微量元素を海や湖から除去する究極的機構であると考えられている．

8.5　均一沈殿法

沈殿剤を試料溶液に加えるとき，たとえ十分にかくはんしていても，局所的に試薬濃度が大過剰の状態が生じてしまう．これを防ぐため，沈殿剤を溶液中で生成させる**均一沈殿法**が考案された．

一つの例は，尿素の加水分解による水酸化物イオンの発生である．

$$(NH_2)_2CO + 3H_2O \longrightarrow CO_2 + 2NH_4{}^+ + 2OH^-$$

この反応は，90～100 ℃でゆっくりと起こる．あらかじめ Fe^{3+} や Al^{3+} を溶解させた酸性溶液から，$Fe(OH)_3$ や $Al(OH)_3$ を沈殿させるのに用いられる．また，シュウ酸溶液の pH を上げ，シュウ酸カルシウムを沈殿させるためにも利用できる．

もう一つの例は，スルファミン酸の加水分解による硫酸イオンの生成である．

$$H_2NSO_3H + 2H_2O \longrightarrow H_3O^+ + NH_4{}^+ + SO_4{}^{2-}$$

この反応は，$BaSO_4$ や $PbSO_4$ を沈殿させるのに用いられる．

一般に均一沈殿法は操作に時間を要するが，純度が高く，結晶性がよく，粒径が大きい沈殿を生成する．

演習問題
第8章

1 次の術語を説明せよ．

(1) マスキング剤

(2) 沈殿形とひょう量形

(3) 沈殿の核生成

(4) 沈殿の熟成

(5) 共沈

2 銀(I) イオンの重量分析について，以下の問に答えよ．ただし，塩化銀の溶解度積は，$K_{sp} = 1.0 \times 10^{-10}$ である．

(1) 4.0×10^{-3} M $AgNO_3$ 水溶液 200 mL を試料とするとき，平衡時の Ag^+ 濃度を 4.0×10^{-7} M とするためには，0.010 M NaCl 溶液を何 mL 加えればよいか？

(2) 0.010 M NH_3 を含む溶液における AgCl の条件付き溶解度積 K_{sp}' を求めよ．

(3) 試料水 200 mL が，4.0×10^{-3} M $AgNO_3$ と 0.010 M NH_3 を含んでいる．このとき，平衡時の溶液の銀の全濃度を 4.0×10^{-7} M とするためには，1.0 M NaCl 溶液を何 mL 加えればよいか？

3 鉄のサプリメント錠剤 30 粒を溶解した試料に適当な量の尿素を加えて 100 ℃に加熱した．溶液中の鉄を完全に沈殿させ，これをろ過，乾燥した後，850 ℃で 1 時間強熱した．得られた沈殿の質量は 0.372 g であった．この操作で共沈は無視できるとする．

(1) 沈殿形とひょう量形の化学式を記せ．

(2) 錠剤 1 粒当たりの鉄の平均質量を求めよ．

4 硫酸銅(II) 五水和物中の硫酸イオンと銅イオンを重量分析で定量する実験の計画を立てよ．

5 ニッケルクロム合金中のニッケルとクロムを重量分析で定量する実験の計画を立てよ．

6 共沈法による微量元素の分離・濃縮の例について調べてみよ．

第9章

沈殿滴定

沈殿滴定は沈殿生成反応を利用する滴定である．特に主成分である陰イオンの正確な定量に適している．本章の目的は，おもな沈殿滴定，滴定曲線の解析，終点の検出を学ぶことである．

本章の内容

9.1　おもな沈殿滴定

表 9.1 におもな**沈殿滴定**（precipitation titration）を示す．代表例は硝酸銀溶液を用いる陰イオンの滴定であり，これは**銀滴定**（argentometry）と総称される．表には終点の検出に用いられる**吸着指示薬**を併せて示した．これについては，後（p.142）で説明しよう．

表 9.1　沈殿滴定の例

分析対象	滴定剤	沈殿の色	吸着指示薬
Ag^+	Br^-	黄	ローダミン 6G
	Cl^-	白	メチルバイオレット
Br^-	Ag^+	黄	エオシン
Cl^-	Ag^+	白	フルオレセイン
			ジクロロフルオレセイン
Hg^{2+}	Cl^-	白	ブロモフェノールブルー
I^-	Ag^+	黄	エオシン
Pb^{2+}	CrO_4^{2-}	黄	オルトクロム T
SCN^-	Ag^+	白	ブロモクレゾールグリーン
			エオシン
SO_4^{2-}	Ba^{2+}	白	トリン

沈殿滴定における沈殿生成反応は，化学量論に従うものでなければならない．共沈や吸着が起こりやすい沈殿は適当でない．そのため多くの水酸化物や硫化物の沈殿生成反応は，用いられない．一般に沈殿生成反応は，酸塩基反応に比べて平衡に達するのに時間がかかる．定量的であっても速度が遅い沈殿反応は，滴定には適さない．

前章で述べた有機沈殿剤には，金属イオンの沈殿滴定に用いられるものがある．例えば，テトラフェニルホウ酸ナトリウム（**図 9.1**）は，カリウムイオンの沈殿滴定に応用できる．

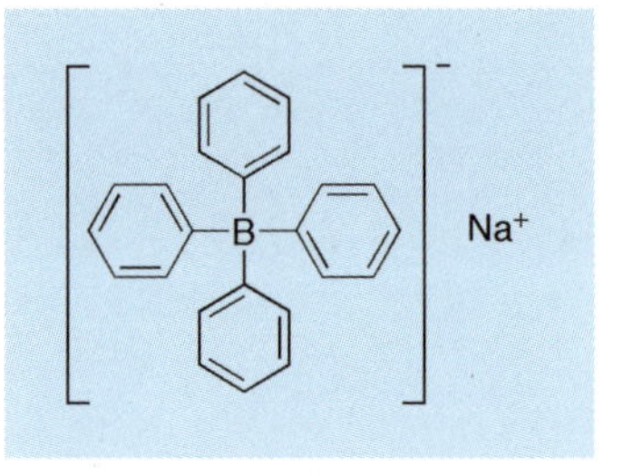

図 9.1　テトラフェニルホウ酸ナトリウム

9.2 滴定曲線

硝酸銀溶液によるハロゲン化物イオンの滴定を考えよう．

例題 1 0.10 M NaCl 溶液 50.0 mL を 0.10 M $AgNO_3$ 溶液で滴定する．
（ア）25.0 mL 滴下時，（イ）49.5 mL 滴下時，（ウ）50.0 mL 滴下時，
（エ）50.5 mL 滴下時の $pCl = -\log[Cl^-]$ を計算せよ．ただし，AgCl の溶解度積は，$K_{sp} = 1.0 \times 10^{-10}$ とする．

解 （ア） 加えられた Ag^+ が定量的に AgCl を沈殿するので，溶液に残っている Cl^- 濃度は，

$$[Cl^-] = \frac{0.10\,M \times 50\,mL - 0.10\,M \times 25\,mL}{50\,mL + 25\,mL} = 3.3 \times 10^{-2}\ M$$

$$\therefore \quad pCl = -\log(3.3 \times 10^{-2}) = 1.48$$

（イ） 上と同様に，

$$[Cl^-] = \frac{0.10\,M \times 50\,mL - 0.10\,M \times 49.5\,mL}{50\,mL + 49.5\,mL} = 5.0 \times 10^{-4}\ M$$

$$\therefore \quad pCl = -\log(5.0 \times 10^{-4}) = 3.30$$

（ウ） 当量点である．溶液に残っている Cl^- 濃度は，AgCl の溶解度積によって決まる．

$$[Cl^-] = \sqrt{K_{sp}} = \sqrt{1.0 \times 10^{-10}} = 1.0 \times 10^{-5}\ M$$

$$\therefore \quad pCl = -\log(1.0 \times 10^{-5}) = 5.00$$

（エ） 溶液に過剰に存在する Ag^+ 濃度は，

$$[Ag^+] = \frac{0.10\,M \times 50.5\,mL - 0.10\,M \times 50\,mL}{50\,mL + 50.5\,mL} = 5.0 \times 10^{-4}\ M$$

Cl^- は Ag^+ と沈殿平衡にあるので，

$$[Cl^-] = \frac{K_{sp}}{[Ag^+]} = \frac{1.0 \times 10^{-10}}{5.0 \times 10^{-4}} = 2.0 \times 10^{-7}\ M$$

$$\therefore \quad pCl = -\log(2.0 \times 10^{-7}) = 6.70$$

□

例題1の**滴定曲線**を**図 9.2** に示す．この場合も縦軸に対数をとるのがよい(6.1.3 項参照)．当量点近くまでは，沈殿の解離による Cl^- の寄与は無視できる．当量点近くで pCl は大きく変化する．当量点における Cl^- 濃度は，初濃度に依存しない．

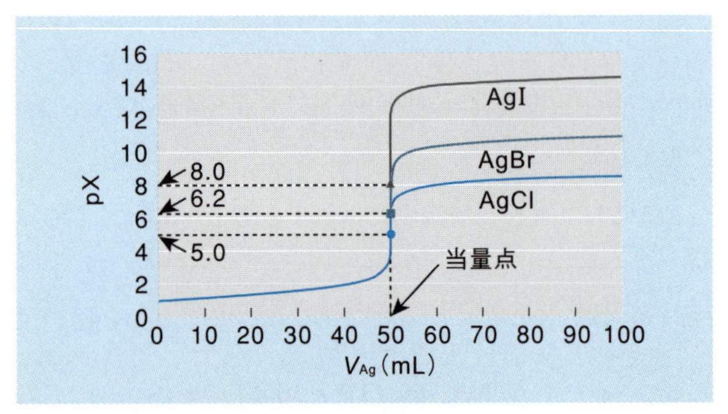

図 9.2　ハロゲン化物イオンの銀滴定曲線
0.1 M X^- 溶液 50 mL を 0.1 M $AgNO_3$ 溶液で滴定．

図 9.2 には，0.10 M NaBr 溶液および 0.10 M NaI 溶液を試料としたときの滴定曲線を併せて描いた．滴定曲線は当量点近くまで一致する．AgBr と AgI の K_{sp} は，それぞれ 4×10^{-13} と 1×10^{-16} である．したがって，当量点における pBr と pI は，それぞれ 6×10^{-7} と 1×10^{-8} となる．当量点後の Br^- と I^- の濃度は，例題1(エ)と同様に，溶解度積と溶液に過剰に存在する Ag^+ 濃度の比によって決まる．ゆえに，K_{sp} が小さいほど当量点付近での pX 変化が大きくなる．これは終点を検出する上で有利である．

Excel で考えよう 6
「沈殿滴定曲線のシミュレーション」

Excel を使って例題1の滴定曲線を描いてみよう．ここでは $[Cl^-]$ の方程式を立て，それを解析的に解く方針をとる．**Excel で考えよう 5** (p.108) で述べた第二の解法と同じである．

沈殿滴定における化学反応は次式で表される．

$$AgCl(s) \rightleftharpoons Ag^+ + Cl^-$$

この反応式に基づいて方程式を導出するのに必要な式は以下の四つである．

$$K_{\mathrm{sp}} = [\mathrm{Ag}^+]\,[\mathrm{Cl}^-]$$

$$C_{\mathrm{Ag}} = [\mathrm{Ag}^+] + [\mathrm{AgCl}]_{\mathrm{s}}$$

$$C_{\mathrm{Cl}} = [\mathrm{Cl}^-] + [\mathrm{AgCl}]_{\mathrm{s}}$$

$$[\mathrm{Cl}^-] = 10^{-\mathrm{pCl}}$$

ここで C_{Ag} と C_{Cl} は，それぞれ銀イオンと塩化物イオンの全濃度で，それらについての式は物質収支を示す．また，下付きの s は固相の化学種を表す．

上の三つの式を連立させて，$[\mathrm{Ag}^+]$ と $[\mathrm{AgCl}]_{\mathrm{s}}$ を消去すると次の二次方程式が得られる．

$$[\mathrm{Cl}^-]^2 - (C_{\mathrm{Cl}} - C_{\mathrm{Ag}})[\mathrm{Cl}^-] - K_{\mathrm{sp}} = 0$$

解の公式を用いると $[\mathrm{Cl}^-] > 0$ だから，

$$[\mathrm{Cl}^-] = \frac{(C_{\mathrm{Cl}} - C_{\mathrm{Ag}}) + \sqrt{(C_{\mathrm{Cl}} - C_{\mathrm{Ag}})^2 + 4K_{\mathrm{sp}}}}{2}$$

よって，pCl は次式で表される．

$$\mathrm{pCl} = -\log\left[\frac{(C_{\mathrm{Cl}} - C_{\mathrm{Ag}}) + \sqrt{(C_{\mathrm{Cl}} - C_{\mathrm{Ag}})^2 + 4K_{\mathrm{sp}}}}{2}\right]$$

この式を用いれば，$AgNO_3$ 溶液の滴下量 V_{Ag} に応じた C_{Cl}, C_{Ag} を代入して直接 pCl を求めることができる．ワークシートを**図 e6.1** に示す．行 10 の V_{Ag} と行 16 の pCl のデータを用いて，滴定曲線（**図 9.2**）が描かれる．

◇	A	B	C	D	E	F	G	H	I	J	K	L
1	const	K_{sp}	C_{Ag0}	C_{Cl0}	V_{Cl}							
2	value	1E-10	0.1	0.1	50							
3												
4	term	equation										
5	C_{Cl}	=CCl0*VCl/(VCl+B$10)										
6	C_{Ag}	=CAg0*B$10/(VCl+B$10)										
7	[Cl-]	=(B$12-B$13+SQRT((B$12-B$13)^2+4*Ksp))/2										
8	pCl	=-LOG10(B15)										
9												
10	V_{Ag}	0	1	2	3	4	5	6	7	8	9	10
11												
12	C_{Cl}	0.1	0.098039	0.096154	0.09434	0.092593	0.090909	0.089286	0.087719	0.086207	0.084746	0.083333
13	C_{Ag}	0	0.001961	0.003846	0.00566	0.007407	0.009091	0.010714	0.012281	0.013793	0.015254	0.016667
14												
15	[Cl-]	0.1	0.096078	0.092308	0.088679	0.085185	0.081818	0.078571	0.075439	0.072414	0.069492	0.066667
16	pCl	1	1.017374	1.034762	1.052178	1.069636	1.08715	1.104735	1.122406	1.140179	1.158068	1.176091
17												

図 e6.1 解析解法による沈殿滴定のシミュレーション

9.3 終点の検出

イオン選択性電極を利用できる場合には，**図 9.2**（p.140）のような滴定曲線を描き，終点を決めることができる．より簡便には，指示薬を利用する．代表的な二種類の指示薬について見ていこう．

9.3.1 滴定剤と反応する指示薬

溶液中の過剰の滴定剤と反応し呈色する物質を指示薬に用いることができる．

モール法　Cl^-, Br^- の銀滴定に用いられる．指示薬としてクロム酸カリウムを添加する．クロム酸は，溶液では黄色であるが，過剰の Ag^+ と反応して赤色のクロム酸銀を沈殿する．

$$2Ag^+ + CrO_4{}^{2-} \longrightarrow Ag_2CrO_4(s)$$

黄色　　赤色

指示薬濃度はふつう 0.002 ～ 0.01 M とする．これより濃い溶液では，黄色が強すぎて，赤色沈殿を見分けにくい．この指示薬による終点は，その濃度に依存する．

例題 2　モール法によって Cl^- を定量する．$CrO_4{}^{2-}$ 濃度が 0.0050 M の場合，終点における Ag^+ 濃度はいくらになるか．この濃度を，当量点の Ag^+ 濃度と比較せよ．ただし，Ag_2CrO_4 の K_{sp} は，1.1×10^{-12} である．

解　Ag_2CrO_4 が沈殿するときの Ag^+ 濃度を x M とおくと，

$$x^2 \times 0.0050 = 1.1 \times 10^{-12}$$

$$\therefore \quad x = 1.5 \times 10^{-5}\,\mathrm{M}$$

一方，Cl^- 滴定の当量点における Ag^+ 濃度は，1.0×10^{-5} M である．したがって，終点では 5×10^{-6} M の Ag^+ が過剰に加えられている．□

例題 2 のように，モール法では必ず過剰の滴定剤が加えられる．これを**指示薬ブランク**（indicator blank）と呼ぶ．純水を試料として指示薬ブランクを求め，これを測定値から差し引いて補正する．

モール法の試料は，pH を 7 ～ 10 に調整する．

- 酸性が強いと，$CrO_4{}^{2-}$ が水素イオンと会合する反応が起こり，Ag_2CrO_4 が溶解する．
- アルカリ性が強いと，Ag^+ が水酸化物として沈殿する．

モール法は，I^- や SCN^- の銀滴定には使えない．なぜなら，AgI や AgSCN の沈殿は，Ag_2CrO_4 を吸着しやすく，終点以前に沈殿が着色するからだ．

フォルハルト法　酸性溶液中の陰イオンの銀滴定に用いられる．これは**逆滴定**（back titration）の一種である．まず，陰イオンに対して過剰かつ既知量の Ag^+ を加える．沈殿生成後，溶液に残った過剰の Ag^+ をチオシアン酸カリウム溶液で滴定する．

$$Ag^+ + SCN^- \longrightarrow AgSCN\,(s)$$

このとき溶液に Fe^{3+} を加えておけば，過剰の SCN^- が赤色のチオシアナト鉄錯体 $Fe(SCN)_n{}^{(n-3)-}$ を生成するので，終点を検出できる．

I^-, Br^-, SCN^- の定量では，逆滴定のときに沈殿があっても構わない．一方，Cl^- の定量では，逆滴定に先だって沈殿を除かねばならない．これは AgCl の溶解度が AgSCN の溶解度よりも大きいため，AgCl 沈殿と SCN^- が反応してしまうからだ．

$$AgCl\,(s) + SCN^- \longrightarrow AgSCN\,(s) + Cl^-$$

また，I^- は Fe^{3+} と酸化還元反応

$$2I^- + 2Fe^{3+} \longrightarrow I_2 + 2Fe^{2+}$$

を起こすことに注意しよう．このため，I^- の定量では，I^- が完全に AgI として沈殿した後に Fe^{3+} を加える．

例題 3 沿岸部の地下水中の塩化物イオン濃度をフォルハルト法により測定した．地下水 25.0 mL に 0.0100 M 硝酸銀標準液（$f = 0.9958$）100 mL を加え，0.0100 M チオシアン酸カリウム標準液（$f = 1.021$）で逆滴定した．このとき，終点までに 47.9 mL を要した．地下水中の塩化物イオン濃度を求めよ．

解 地下水中の塩化物イオン濃度を x M とすると，Ag^+ と SCN^- の物質量は mmol 単位で以下のように表される．

試料水に加えた Ag^+ の物質量：$0.9958 \times 0.0100\,\mathrm{M} \times 100\,\mathrm{mL}$
Cl^- と反応し沈殿生成した Ag^+ の物質量：$x\,\mathrm{M} \times 25.0\,\mathrm{mL}$
逆滴定で使われた SCN^- の物質量：$1.021 \times 0.0100\,\mathrm{M} \times 47.9\,\mathrm{mL}$

試料水に加えた Ag^+ のうち，試料水中の Cl^- と反応しなかった過剰の Ag^+ が，逆滴定において SCN^- と反応する．よって，次式が成り立つ．

$$0.9958 \times 0.0100\,\mathrm{M} \times 100\,\mathrm{mL} - x\,\mathrm{M} \times 25.0\,\mathrm{mL} = 1.021 \times 0.0100\,\mathrm{M} \times 47.9\,\mathrm{mL}$$

$$\therefore \quad x = \frac{0.9958 \times 0.0100\,\mathrm{M} \times 100\,\mathrm{mL} - 1.021 \times 0.0100\,\mathrm{M} \times 47.9\,\mathrm{mL}}{25\,\mathrm{mL}}$$

$$= 0.0203\,\mathrm{M}$$

□

補足 一般に逆滴定は，目的物質と試薬との反応が遅く，直接滴定が難しいような場合に有効である．

9.3.2 吸着指示薬

吸着指示薬は，沈殿に吸着して呈色する有機染料である．これらは通常弱酸 HIn であり，溶液中の陰イオン In^- は別の色を現す．おもな吸着指示薬を**表 9.1**（p.138）に示す．

吸着指示薬を用いる銀滴定を**ファヤンス法**と呼ぶ．銀滴定では，滴定の進行につれて沈殿の表面電荷が変化する．当量点前では，沈殿表面の第一層には過剰の陰イオンが吸着するので，表面電荷は負である（8.3 節参照）．このとき，In^- は静電反発のため沈殿に吸着しない．当量点では沈殿は荷電していない．当量点を過ぎると，過剰の Ag^+ が第一層に吸着する．In^- は正に荷電した第一層との静電引力，および Ag^+ との表面錯体生成により，沈殿表面に吸着する．

代表的な吸着指示薬にフルオレセイン（図 9.3）がある．pH7～8 の溶液でフルオレセインは，黄緑色の蛍光を示す．終点では，紅色沈殿が生成する．

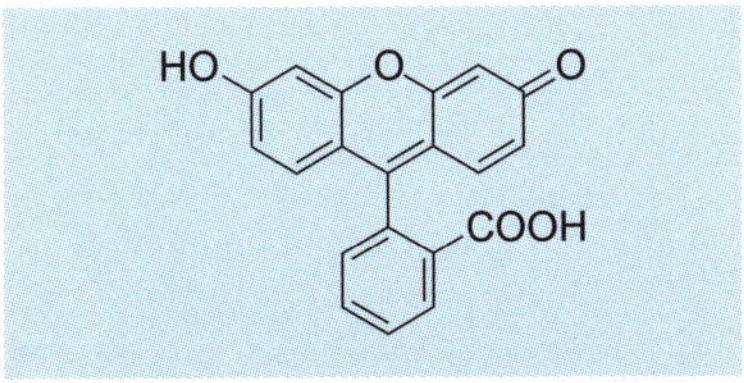

HO, O, O, COOH

図 9.3　フルオレセイン

吸着指示薬による終点も当量点と一致しない．実用的には，既知濃度の目的物質を含む溶液を試料として，吸着指示薬を用いて滴定剤を標定する．この標定値は，厳密な当量関係を示すものではない．しかし，標準試料と実試料で滴定剤の滴下量が同程度であれば，ブランクの影響をほとんど除くことができる．

以下に吸着指示薬を選ぶ上での注意点を記す．

- 滴定溶液の pH に応じた指示薬を選択することが大切である．吸着指示薬は，その pH で酸解離しなければならない．HIn が生成すると，沈殿への吸着が減少する．
- 吸着が強すぎるのもよくない．これは，当量点前に吸着が起こってしまうためである．
- 電解質濃度が高い溶液に吸着指示薬を適用することは難しい．これは，コロイド粒子の凝集が起こりやすく，指示薬の吸着が阻害されるからである．

注意　Ag^+ は溶液中でも塩の固体中でも光還元されて Ag を生じ黒色を呈する．この還元が銀滴定における誤差のおもな原因となる．特に直射日光は避けるべきである．

演 習 問 題
第9章

1 次の術語を説明せよ.

(1) 銀滴定

(2) 指示薬ブランク

(3) 逆滴定

(4) 吸着指示薬

2 ヨウ化銀,臭化銀,および塩化銀の溶解度積 K_{sp} は,それぞれ 1×10^{-16},4×10^{-13},1.0×10^{-10} である.ヨウ化物イオンと塩化物イオンを含む試料水 40.00 mL を 0.008735 M $AgNO_3$ で滴定したところ,10.49 mL と 36.82 mL に二つの終点が検出された.以下の問に答えよ.

(1) 第1終点と第2終点は,それぞれヨウ化物イオンと塩化物イオンの当量点に相当する.もとの試料中のヨウ化物イオンと塩化物イオンの濃度を求めよ.

(2) 第1終点と第2終点における銀イオンの濃度を求めよ.

(3) ヨウ化物イオンと塩化物イオンを含む試料の銀滴定では,系統誤差は一般に小さい.しかし,臭化物イオンと塩化物イオンを含む試料の銀滴定では,臭化物イオン濃度の測定値が真値より数%くらい高くなる傾向がある.この原因として考えられることを述べよ.

3 モール法は海水の**塩素量**(chlorinity)の精密測定に用いられる.塩素量の定義とその分析の詳細を調べてみよ.

4 天然の銀はしばしば硫化鉱物として産する.輝銀鉱 Ag_2S を主成分とする岩石試料中の銀を沈殿滴定で定量する実験の計画を立てよ.

5 Excel を用いて 0.010 M Hg^{2+} 溶液 50.0 mL を 0.010 M HCl 溶液で滴定するときの滴定曲線をシミュレートせよ.

第10章

酸化還元反応

酸化還元反応は，電子の移動によって起こる．本章ではその原理について学ぶ．水溶液中の電子は，水素イオンなどに比べてはるかに反応性が高い．そのため，酸化還元反応を解析するには，電子を授受する電極とその反応性を支配する電極電位を用いるのが便利である．目標は，電極電位の原理を理解すること，それを酸化還元平衡の計算に利用できるようにすることである．

本章の内容

10.1 電気化学セル

酸化（oxidation）は物質が電子を放出してより高い酸化状態になること，**還元**（reduction）は物質が電子を獲得してより低い酸化状態になることである．多くの場合，酸化と還元は同時に起こるので，**酸化還元反応**（oxidation-reduction reaction, redox reaction）と呼ばれる．この反応の一般式は次のようである．

$$\mathrm{Ox1 + Red2 \rightleftharpoons Red1 + Ox2}$$

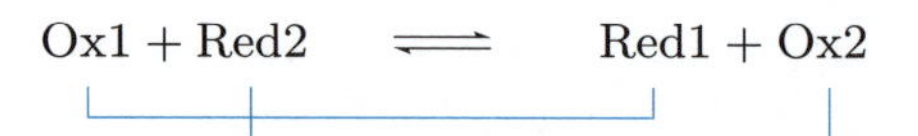

ここで Ox は**酸化体**（または**酸化剤**; oxidant, oxidizing agent），Red は**還元体**（または**還元剤**; reductant, reducing agent）を表す．Ox1 は**電子**（electron: e^-）を得て Red1 となり，Red2 は電子を失って Ox2 となる．移動する電子数は，一つのときも複数のときもある．この反応は，次の二つの**半反応**（half-reaction）に分けることができる．

$$\mathrm{Ox1} + ne^- \rightleftharpoons \mathrm{Red1}$$

$$\mathrm{Red2} \rightleftharpoons \mathrm{Ox2} + ne^-$$

水和電子は反応性がきわめて高いので，半反応を溶液内化学種のみの反応として解析することは難しい．半反応を解析するには，**電極**（electrode）を溶液に浸して，**電気化学セル**（electrochemical cell）を構築する．電極は溶液内の化学種との間で電子授受を行うことができる．

補足 電気化学セルは**電池**（cell）とも呼ばれるが，日本では電池は電位差を生じさせる装置を指すことが多い．

電気化学セルは，**電解槽**（electrolytic cell）と**ガルバニ電池**（galvanic cell）に大別できる．電解槽では，非自発的な化学反応を進行させるように，外部から電気エネルギーが加えられる．その例は，水の電気分解である（**図 10.1**）．

ガルバニ電池では，化学反応が自発的に進行し，電気エネルギーを生じる．ここで興味があるのは，ガルバニ電池の一種で，**電極電位**（electrode potential）の測定に適したものである．その例を**図 10.2** に示す．電池は二つの**半電池**（half cell）から成る．**図 10.2** の左の半電池の溶液には Fe^{2+} が存在し，右の半電池の溶液には Ce^{4+} が存在する．電極は白金で，導線により接続され

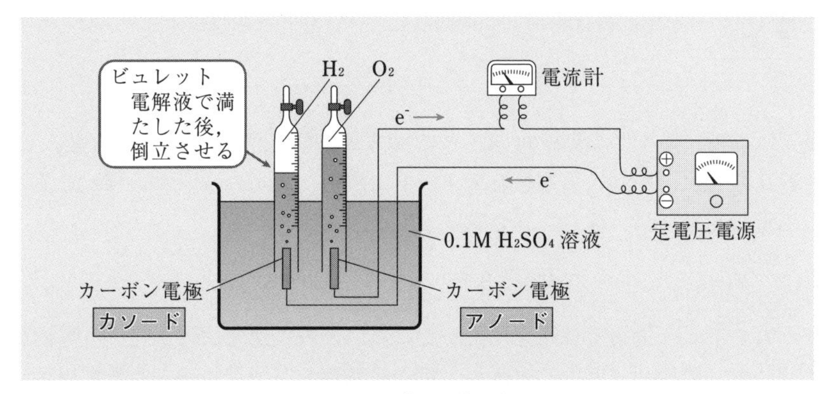

図 10.1 水の電気分解

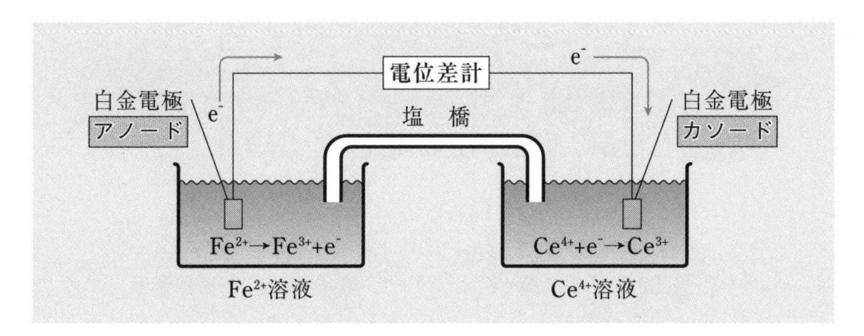

図 10.2 ガルバニ電池

ている．二つの電極間の電位差を測定するために，導線の途中に**電位差計**(potentiometer) を置く．電流が流れると電極電位が変化するので，ほとんど電流を流さないような電位差計を用いる．二つの半電池は，さらに**塩橋** (salt bridge) によって接続されている．塩橋は，二つの溶液を混合させないで電気的に接続するために用いられる．KCl で飽和した寒天がよく使われる．塩橋中の電流は，K^+ と Cl^- の移動によって担われる．一般に組成または濃度の異なる二つの電解質溶液が接するとき，**液間電位** (liquid junction potential) が発生する．塩橋を用いると，この液間電位を無視できるくらいに小さくして，電極電位差を正確に測定することができる．このようにして測定される電極電位差を**電池電圧**（または**セル電圧**; cell potential, cell voltage; E_{cell}）と呼ぶ．

図 10.2 の左側の電極では，Fe^{2+} が Fe^{3+} に酸化される．

$$Fe^{2+} \longrightarrow Fe^{3+} + e^{-}$$

電子は電極に移り，導線を流れる．すなわち，この電極では酸化反応が起こる．一般に酸化反応が起こる電極を**アノード**（**陽極**; anode）と呼ぶ（**表 10.1**）．

右側の電極では，流れてきた電子が Ce^{4+} に渡される．

$$Ce^{4+} + e^{-} \longrightarrow Ce^{3+}$$

すなわち，この電極では還元反応が起こる．一般に還元反応が起こる電極を**カソード**（**陰極**; cathode）と呼ぶ．電子は導線を左の電極から右の電極へ流れるので，左の電極が負極，右の電極が正極である．電池全体の反応は，

$$Fe^{2+} + Ce^{4+} \longrightarrow Fe^{3+} + Ce^{3+}$$

となる．これが自発反応である．カソードとアノードの電極電位をそれぞれ E_{cathode}，E_{anode} とすると，電池電圧は次式で与えられる．

$$E_{\mathrm{cell}} = E_{\mathrm{cathode}} - E_{\mathrm{anode}}$$

補足　左の半電池では電子が電極へ流れるので，溶液中に正電荷が過剰となるように見える．しかし，実際には塩橋から Cl^{-} が溶出して，電気的中和が保たれる．同様に右の半電池では，電極から供給される電子に見合った量の K^{+} が塩橋から溶出する．

表 10.1　電極の名称

電極の呼び方	アノード	カソード
反応	酸化反応	還元反応
反応の模式図	電極 溶液 Red e⁻ Ox	電極 溶液 Ox e⁻ Red
ガルバニ電池での別名	負極	正極
電解槽での別名	正極	負極

電池の表記法　　**図 10.2** のガルバニ電池を次のように表記する．

$$\mathrm{Pt|Fe^{2+}||Ce^{4+}|Pt}$$

ここで，縦線は相の界面を表す．二重の縦線は，液間電位が消去された界面を意味している．両端に電極，内側に溶液の組成が書かれる．各成分の濃度をかっこで示す場合もある．通常，アノードを左に，カソードを右に書く．

電極の名称に関する注意

例題 1　**図 10.1** に示した水の電解槽において，アノードとカソードを指摘せよ．

解　電解槽では，電子の流れる方向は，外部電池によって決まる．外部電池の正極につながれた電極では水が酸化される．

$$\mathrm{H_2O} \longrightarrow \frac{1}{2}\mathrm{O_2} + 2\mathrm{H^+} + 2\mathrm{e^-}$$

負極につながれた電極では水素イオンが還元される．

$$2\mathrm{H^+} + 2\mathrm{e^-} \longrightarrow \mathrm{H_2}$$

したがって，正極がアノード，負極がカソードである．□

注意　上の例題から分かるように，電解槽とガルバニ電池では，正極と負極で起こる反応が逆転する（**表 10.1**）．

10.2　酸化還元電位

　半電池だけでは反応は起こらない．また半電池の電極電位の絶対値を知ることはできない．測定できるのは，二つの半電池の電極電位差である電池電圧のみである．酸化還元による電極電位（**酸化還元電位**; oxidation-reduction potential）は，国際純正および応用化学連合（IUPAC）の規約に従って表される．すなわち，

- 半反応は還元反応として表す
- すべての温度において，**標準水素電極**（normal hydrogen electrode：NHE; standard hydrogen electrode：SHE）の電位を 0 V とする

水素電極（図 10.3）では，下記の還元反応が起こる．

$$2H^+ + 2e^- \rightleftharpoons H_2$$

この電極は次のように表記される．

$$Pt|H_2,\ H^+|$$

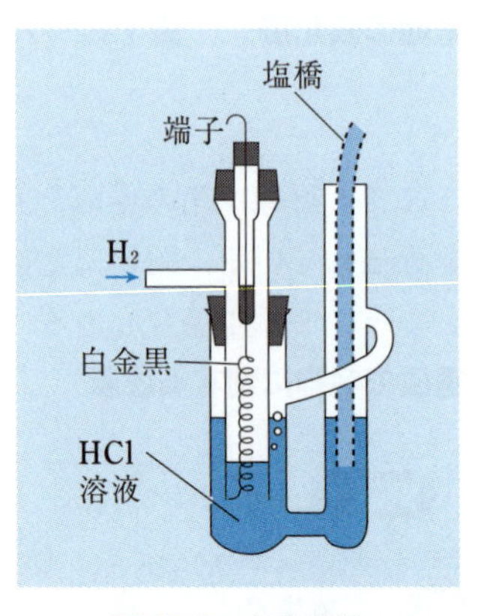

図 10.3　水素電極

標準とは，圧力 1 bar，温度 25 ℃であって，反応式に含まれるすべての化学種が単位活量（溶質は 1 M，気体は 1 bar）であることを意味している．NHE をアノードとして電位を測定すれば，任意の半反応に対する酸化還元電位を求めることができる．さまざまな半反応に対する**標準酸化還元電位**（E°）を付録 5 にまとめた．酸化還元電位には，次の性質がある．

- 酸化還元電位がより正であれば，酸化体がより還元されやすい．酸化還元電位が高くなると，酸化剤はより強くなり，還元体はより弱い還元剤となる．
- 酸化還元電位がより負であれば，還元体がより酸化されやすい．酸化還元電位が低くなると，還元剤はより強くなり，酸化体はより弱い酸化剤となる．
- 二つの半反応を組み合わせるとき，より高い酸化還元電位をもつ半反応が自発的な還元反応となる．

例題 2　図 10.2（p.149）のガルバニ電池において，一方の半電池には単位活量の Fe^{3+} と Fe^{2+} を含む 1 M HNO_3 溶液，他方の半電池には単位活量の Ce^{4+} と Ce^{3+} を含む 1 M HNO_3 溶液が存在したとする．このときの電池電圧 E_{cell} を求めよ．

解　鉄の半電池の電極電位は，

$$Fe^{3+} + e^- \rightleftharpoons Fe^{2+}$$

$$E^\circ(Fe^{3+}/Fe^{2+}) = 0.771\ V$$

セリウムの半電池の電極電位は，

$$\mathrm{Ce^{4+} + e^- \rightleftharpoons Ce^{3+}}$$
$$E^\circ(\mathrm{Ce^{4+}/Ce^{3+}}) = 1.61\ \mathrm{V}$$

である（これは厳密には見掛け電位である．11.1.1 項を参照）．したがって，鉄の半電池がアノード，セリウムの半電池がカソードとなる．

$$\mathrm{Pt|Fe^{3+}(1\,M),\ Fe^{2+}(1\,M)||Ce^{4+}(1\,M),\ Ce^{3+}(1\,M)|Pt}$$
$$E^\circ_{\mathrm{cell}} = 1.61 - 0.771 = 0.84\ \mathrm{V}$$ □

標準電池電圧から標準反応ギブズエネルギーを求めることができる．

$$\Delta G^\circ = -nFE^\circ_{\mathrm{cell}}$$

ここで n は反応に関与する電子数，F はファラデー定数（96485 C/mol）である．また，2.6.4 項で述べたように，標準反応ギブズエネルギーは，熱力学的平衡定数と関係付けられる．

$$K^\circ = \exp\left(-\frac{\Delta G^\circ}{RT}\right)$$

よって，

$$\log K^\circ = \frac{nFE^\circ_{\mathrm{cell}}}{2.303RT} = \frac{nE^\circ_{\mathrm{cell}}}{0.0592}$$

すなわち，標準電池電圧が分かれば，平衡定数を推定できる．

例題 3 例題 2 における自発反応の式を書け．その標準反応ギブズエネルギーと熱力学的平衡定数を計算せよ．

解 自発反応式は次式で与えられる．

$$\mathrm{Fe^{2+} + Ce^{4+} \longrightarrow Fe^{3+} + Ce^{3+}}$$

例題 2 の解答より，$E^\circ_{\mathrm{cell}} = 0.84\,\mathrm{V}$ であるので，

$$\Delta G^\circ = -1 \times 96485\,\mathrm{C/mol} \times 0.84\,\mathrm{V} = -81000\ \mathrm{J/mol}$$
$$K^\circ = \exp\left(\frac{1 \times 0.84}{0.0592}\right) = 1.5 \times 10^{14}$$

よって，反応はほとんど完全に進行する． □

10.3 参照電極

前節で述べたように，酸化還元電位は標準水素電極の電位を基準として定義される．しかし，標準水素電極は，水素ガスを単位活量（1 bar）に保つ必要があり，取扱いが面倒である．実験では他の**参照電極**（reference electrode）を用いて，電位を測定したり制御したりすることが多い．そこで，本節では代表的な参照電極について学んでおこう．

カロメル電極（甘(かん)こう電極）は，よく使われる参照電極である．その構造を**図 10.4** に示す．この電極の表記および反応は次式で与えられる．

$$\mathrm{Hg}|\mathrm{Hg_2Cl_2}|\mathrm{Cl^-}|$$

$$\mathrm{Hg_2Cl_2} + 2\mathrm{e^-} \rightleftharpoons 2\mathrm{Hg} + 2\mathrm{Cl^-}$$

補足　塩化水銀（I）Hg_2Cl_2 をカロメルあるいは甘こうと呼ぶので，この名がある．

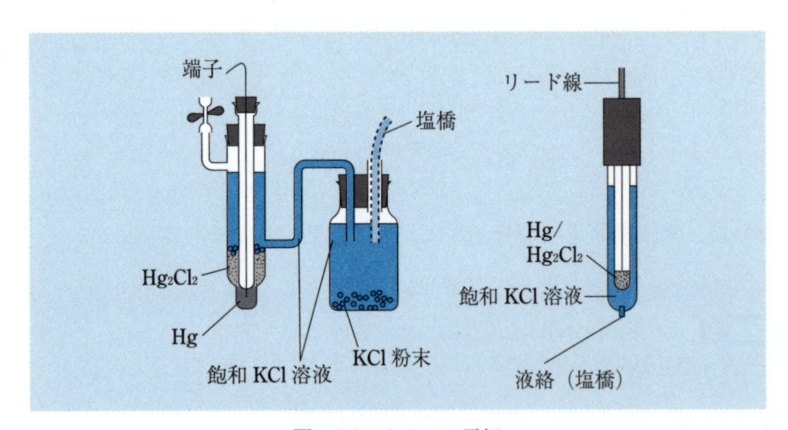

図 10.4　カロメル電極

この電極の電位は，Cl^- 濃度と温度に依存する．KCl 飽和溶液を用いたものを，**飽和カロメル電極**（saturated calomel electrode; SCE）と呼ぶ．25 ℃においてSCEの電位は，0.241 V（vs. NHE）である．したがって，SCEを基準とする電位は，0.241 V を足すと標準水素電極を基準とする電位に換算できる．カロメル電極にはさまざまな構造のものがある．多くのpH計では，コンパクトな構造のカロメル電極が参照電極として使われている．

銀－塩化銀電極（Ag/AgCl）もよく使われる参照電極である（**図 10.5**）．

この電極の表記および反応は次式で与えられる．

$$\mathrm{Ag|AgCl|Cl^-|}$$

$$\mathrm{AgCl + e^-} \rightleftharpoons \mathrm{Ag + Cl^-}$$

この電極は容易に作成できる．Ag 線は，塩酸中で電解酸化すれば，AgCl で被覆される．これを KCl 溶液に浸すと参照電極となる．電位は，Cl^- 濃度と温度に依存する．25 ℃, 1 M KCl 溶液における Ag/AgCl の電位は，0.228 V（vs. NHE）である．

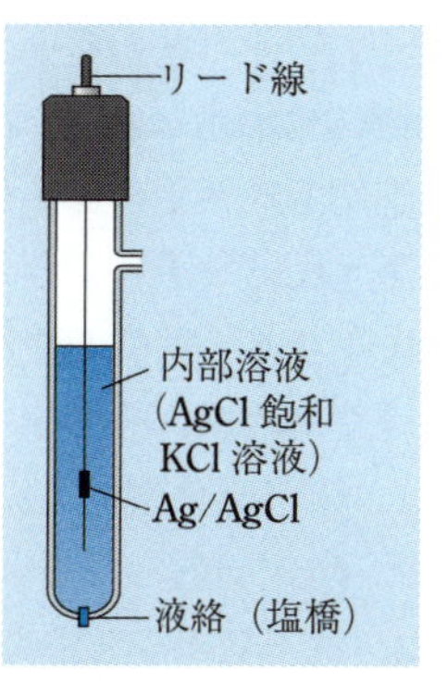

図 10.5 銀−塩化銀電極

例題 4 25 ℃において飽和カロメル電極を参照電極として，ある半電池の電極電位を測定したところ，−0.656 V（vs. SCE）となった．参照電極を

（ア）標準水素電極

（イ）銀−塩化銀電極（1 M KCl 溶液）

に換えたとき，この半電池の電極電位はいくらになるか．

解 電極電位の位置関係は図 10.6 のようである．

（ア） 求める電位を x V（vs. NHE）とおくと，

$$-0.656 = x + (0 - 0.241) \qquad \therefore \quad x = -0.415 \text{ V}$$

（イ） 求める電位を y V（vs. Ag/AgCl）とおくと，

$$-0.656 = y + (0.228 - 0.241) \qquad \therefore \quad y = -0.643 \text{ V}$$

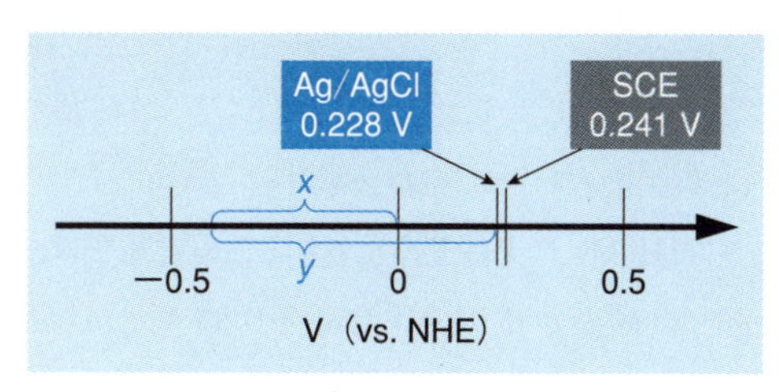

図 10.6 参照電極電位の関係

□

補足 参照電極をはっきり示すには，本節でしたように V の後に vs. 参照電極をかっこ書きする．本書では特記しない限り，NHE に対する電位を表す．

10.4 酸化還元反応のつり合わせ方

半反応式とその標準酸化還元電位が分かっていれば，標準状態における酸化還元反応を予言できる．半反応式から全反応式を組み立てるとき，電子の損失がなく，電気的中性が保たれるようにする．つり合った酸化還元反応式を書くための一般的な手順は，次のようである．

1. 標準酸化還元電位に基づいて，酸化反応と還元反応を判断する
2. 酸化反応となる半反応は逆向きに書く
3. 電子数が等しくなるように，二つの半反応に適当な係数を掛ける
4. 二つの半反応の式を辺々加える
5. 電気的中性を保つため，必要に応じて，酸性溶液では水素イオン，アルカリ性溶液では水酸化物イオンを左辺に加える
6. さらに水素と酸素の数をあわせるために，必要であれば水分子を加える

注意 手順 3 で係数を掛けても酸化還元電位には無関係である．なお，付録 5 に挙げた半反応は，手順 5, 6 に則って，つり合った式として書かれている．

例題 5 酸素と過マンガン酸イオンの還元反応は以下のようである．

$$O_2 + 2H^+ + 2e^- \rightleftharpoons H_2O_2 \quad (1)$$

$$E^\circ(O_2/H_2O_2) = 0.682\ V$$

$$MnO_4{}^- + 8H^+ + 5e^- \rightleftharpoons Mn^{2+} + 4H_2O \quad (2)$$

$$E^\circ(MnO_4{}^-/Mn^{2+}) = 1.51\ V$$

標準状態において，この二つの半電池から成る電池の電圧を求めよ．そのときの自発反応の式を書け．

解

$$E^\circ(O_2/H_2O_2) < E^\circ(MnO_4{}^-/Mn^{2+})$$

であるので，$MnO_4{}^-$ は H_2O_2 によって還元される．電池電圧は，

$$E^\circ_{cell} = 1.51 - 0.682 = 0.83\ V$$

自発反応の式は (2) 式を 2 倍，(1) 式の左右を入れ替えて 5 倍し辺々足すと得られる．

$$2MnO_4{}^- + 16H^+ + 10e^- \longrightarrow 2Mn^{2+} + 8H_2O$$

$$5H_2O_2 \longrightarrow 5O_2 + 10H^+ + 10e^-$$

$$\therefore\ 2MnO_4{}^- + 5H_2O_2 + 6H^+ \longrightarrow 2Mn^{2+} + 5O_2 + 8H_2O$$

□

10.5　未知の標準酸化還元電位の計算

半反応の式とその標準酸化還元電位を用いて，未知の標準酸化還元電位を計算することができる．これは，今まで考えてきた電位差の計算とは異なる．この場合，電極電位を示量変数である標準ギブズエネルギーに換算して考えなければならない．

例題 6　銅イオンの標準酸化還元電位は以下のようである．

$$\mathrm{Cu^{2+} + 2e^- \rightleftharpoons Cu} \tag{1}$$

$$E^\circ(\mathrm{Cu^{2+}/Cu}) = 0.337\ \mathrm{V}$$

$$\mathrm{Cu^{+} + e^- \rightleftharpoons Cu} \tag{2}$$

$$E^\circ(\mathrm{Cu^{+}/Cu}) = 0.521\ \mathrm{V}$$

これらを用いて次の半反応

$$\mathrm{Cu^{2+} + e^- \rightleftharpoons Cu^+}$$

の標準酸化還元電位 $E^\circ(\mathrm{Cu^{2+}/Cu^+})$ を求めよ．

解　反応 (1), (2) の標準反応ギブズエネルギーは，それぞれ

$$\Delta G^\circ(\mathrm{Cu^{2+}/Cu}) = -2 \times F \times 0.337 = -0.674F\ \mathrm{J/mol}$$

$$\Delta G^\circ(\mathrm{Cu^{+}/Cu}) = -1 \times F \times 0.521 = -0.521F\ \mathrm{J/mol}$$

求める半反応は (1) − (2) であるから，

$$\Delta G^\circ(\mathrm{Cu^{2+}/Cu^+}) = \Delta G^\circ(\mathrm{Cu^{2+}/Cu}) - \Delta G^\circ(\mathrm{Cu^{+}/Cu})$$

$$= -0.153F\ \mathrm{J/mol}$$

$$\therefore\quad E^\circ(\mathrm{Cu^{2+}/Cu^+}) = 0.153\ \mathrm{V}$$

□

補足　これまで述べたように，酸化還元電位が分かれば，その反応のギブズエネルギーや平衡定数を求めることができる．このため，酸化還元電位はさまざまな反応の平衡解析に応用できる．例えば，酸化還元電位から溶解度積を求めることができる（演習問題 4（p.164）を参照）．

10.6　ネルンストの式

酸化還元電位は，反応に関与する物質の活量に依存して変化する．一般に半電池

$$a\mathrm{Ox} + ne^- \rightleftharpoons b\mathrm{Red}$$

に電流が流れていないとき，電極電位（酸化還元電位）は次の**ネルンストの式**で与えられる．

$$E = E^\circ - \frac{2.303RT}{nF}\log\frac{{a_{\mathrm{Red}}}^b}{{a_{\mathrm{Ox}}}^a}$$

ここで E° は標準酸化還元電位，R は気体定数，T は絶対温度，n は反応に関与する電子数，F はファラデー定数である．以下では簡単のため Ox, Red とも活量係数が 1 である場合を考える．25 ℃では，

$$E = E^\circ - \frac{0.0592}{n}\log\frac{[\mathrm{Red}]^b}{[\mathrm{Ox}]^a}$$

となる．log 項の中には，反応の平衡定数に相当する商が入る．電子は除いて，Ox, Red 以外の物質が反応式に含まれるときは，それらの項も含める．固体および液体（H_2O など）の純物質は，単位活量とする．

例題 7　酸性溶液における二クロム酸の還元反応は次のようである．

$$\mathrm{Cr_2O_7}^{2-} + 14\mathrm{H}^+ + 6\mathrm{e}^- \rightleftharpoons 2\mathrm{Cr}^{3+} + 7\mathrm{H_2O}$$

$$E^\circ(\mathrm{Cr_2O_7}^{2-}/\mathrm{Cr}^{3+}) = 1.33\ \mathrm{V}$$

2.0×10^{-2} M $Cr_2O_7{}^{2-}$, 5.0×10^{-3} M Cr^{3+} を含む pH = 1.00 の溶液の酸化還元電位を求めよ．

解

$$E = E^\circ(\mathrm{Cr_2O_7}^{2-}/\mathrm{Cr}^{3+}) - \frac{0.0592}{6}\log\frac{[\mathrm{Cr}^{3+}]^2}{[\mathrm{Cr_2O_7}^{2-}]\,[\mathrm{H}^+]^{14}}$$

$$= 1.33 - \frac{0.0592}{6}\log\frac{(5.0\times10^{-3})^2}{(2.0\times10^{-2})(1.0\times10^{-1})^{14}}$$

$$\therefore\quad E = 1.22\ \mathrm{V}$$

□

10.7　酸化還元反応の平衡電位と平衡定数

電極電位が異なる二つの半電池でガルバニ電池を組み立てて電流を流すと，時間とともに二つの電極電位が接近する．酸化還元反応が平衡に達すると，半電池の電極電位が等しくなり（$E_{\mathrm{cell}}=0$），見かけ上電流が流れなくなる．このときの電極電位を酸化還元反応の**平衡電位**（equilibrium potential）と呼ぶ．

例題 8　一方のビーカーには 0.070 M Fe^{3+} と 0.030 M Fe^{2+} を含む溶液 100 mL，もう一方のビーカーには 0.100 M I_3^- と 0.200 M I^- を含む溶液 100 mL が入っている．これらに白金電極と塩橋を取り付けて，次のガルバニ電池を組み立てた．

$$\mathrm{Pt|I_3^-,\ I^-||Fe^{3+},\ Fe^{2+}|Pt}$$

（ア）反応前のそれぞれの電極電位と電池電圧を求めよ．

（イ）酸化還元反応が平衡に達した後の電極電位，およびそれぞれの溶液の組成を求めよ．

解　（ア）鉄(III) イオンの還元反応は，

$$\mathrm{Fe^{3+}+e^-} \rightleftharpoons \mathrm{Fe^{2+}}$$

$$E^\circ(\mathrm{Fe^{3+}/Fe^{2+}})=0.771\ \mathrm{V}$$

であるから，

$$E=0.771-\frac{0.0592}{1}\log\frac{0.030}{0.070}=0.793\ \mathrm{V}$$

三ヨウ化物イオンの還元反応は，

$$\mathrm{I_3^-+2e^-} \rightleftharpoons \mathrm{3I^-}$$

$$E^\circ(\mathrm{I_3^-/I^-})=0.536\ \mathrm{V}$$

であるから，

$$E=0.536-\frac{0.0592}{2}\log\frac{(0.200)^3}{0.100}=0.568\ \mathrm{V}$$

したがって，Fe^{3+} が I^- によって還元される．電池電圧は

$$E_{\mathrm{cell}}=0.793-0.568=0.225\ \mathrm{V}$$

（イ）全反応式は

$$\mathrm{2Fe^{3+}+3I^-} \longrightarrow \mathrm{2Fe^{2+}+I_3^-}$$

である．0.070 M Fe^{3+} と完全に反応する I^- の濃度を x M とすると，

$$2 : 3 = 0.070\,\mathrm{M} \times 100\,\mathrm{mL} : x\,\mathrm{M} \times 100\,\mathrm{mL} \qquad \therefore \quad x = 0.105\ \mathrm{M}$$

I^- の初期濃度はこれより大きいので，Fe^{3+} がほとんど無くなるまで反応が進む．平衡時の Fe^{3+} 濃度を $2y$ M とすると，

	$[Fe^{3+}]$	$[I^-]$	$[Fe^{2+}]$	$[I_3{}^-]$
初濃度　(M)	0.070	0.200	0.030	0.100
平衡濃度 (M)	$2y$	$0.095 + 3y$	$0.100 - 2y$	$0.135 - y$

y が十分に小さいと仮定すると，$I_3{}^-/I^-$ の電極電位は，

$$E = 0.536 - \frac{0.0592}{2} \log \frac{0.095^3}{0.135} = 0.601\ \mathrm{V}$$

Fe^{3+}/Fe^{2+} の電極電位もこれと等しくなるので，

$$0.601 = 0.771 - \frac{0.0592}{1} \log \frac{0.100}{2y} \qquad \therefore \quad y = 6.7 \times 10^{-5}\ \mathrm{M}$$

よって平衡時に左の半電池は $[I_3{}^-] = 0.135\,\mathrm{M}$, $[I^-] = 0.095\,\mathrm{M}$ を含み，右の半電池は $[Fe^{3+}] = 1.3 \times 10^{-4}\,\mathrm{M}$, $[Fe^{2+}] = 0.100\,\mathrm{M}$ を含む． ■

上の例題の電池電圧に対する一般解は次のようである．

$$\begin{aligned}
E_{\mathrm{cell}} &= E(Fe^{3+}/Fe^{2+}) - E(I_3{}^-/I^-) \\
&= \left\{E^\circ(Fe^{3+}/Fe^{2+}) - \frac{0.0592}{1} \log \frac{[Fe^{2+}]}{[Fe^{3+}]}\right\} \\
&\quad - \left\{E^\circ(I_3{}^-/I^-) - \frac{0.0592}{2} \log \frac{[I^-]^3}{[I_3{}^-]}\right\} \\
&= E^\circ(Fe^{3+}/Fe^{2+}) - E^\circ(I_3{}^-/I^-) - \frac{0.0592}{2} \log \frac{[Fe^{2+}]^2[I_3{}^-]}{[Fe^{3+}]^2[I^-]^3}
\end{aligned}$$

ここで，log 項の中は，全反応の平衡定数であることに注意しよう．特に，酸化還元反応が平衡に達したとき，$E_{\mathrm{cell}} = 0$ となるので，

$$\begin{aligned}
E^\circ(Fe^{3+}/Fe^{2+}) - E^\circ(I_3{}^-/I^-) &= \frac{0.0592}{2} \log \frac{[Fe^{2+}]^2[I_3{}^-]}{[Fe^{3+}]^2[I^-]^3} \\
&= \frac{0.0592}{2} \log K
\end{aligned}$$

一般に，n 個の電子が関与する酸化還元反応に対して次式が成り立つ．

$$\log K = \frac{n(E^\circ_{\text{cathode}} - E^\circ_{\text{anode}})}{0.0592}$$

これは，10.2 節で導いたのと同じ式である（活量係数を 1 と仮定）．

例題 9　例題 8 の酸化還元反応に対する平衡定数を求めよ．

$$2Fe^{3+} + 3I^- \rightleftharpoons 2Fe^{2+} + I_3^-$$

解

$$\log K = \frac{2\{E^\circ(Fe^{3+}/Fe^{2+}) - E^\circ(I_3^-/I^-)\}}{0.0592} = \frac{2 \times (0.771 - 0.536)}{0.0592} = 7.94$$

$$\therefore \quad K = 8.7 \times 10^7$$

例題 8 で求めた平衡濃度がこの値と調和していることを確かめよう．□

これまで見てきた反応では，酸化剤と還元剤は別々の半電池に含まれていた．酸化還元滴定などにおいては，酸化剤と還元剤は同じ溶液中に存在する．この場合もネルンストの式に基づいて反応を解析できる．このときは**図 10.7** に示すように，目的とする酸化還元反応系がカソード側，参照電極がアノード側にあるガルバニ電池を考える．カソード側の電極は，**指示電極**（indicator electrode）と呼ばれる．酸化還元反応が平衡に達すると，酸化剤と還元剤のそれぞれの半反応の電位が平衡電位と等しくなる．具体例は，次章で学ぶことにしよう．

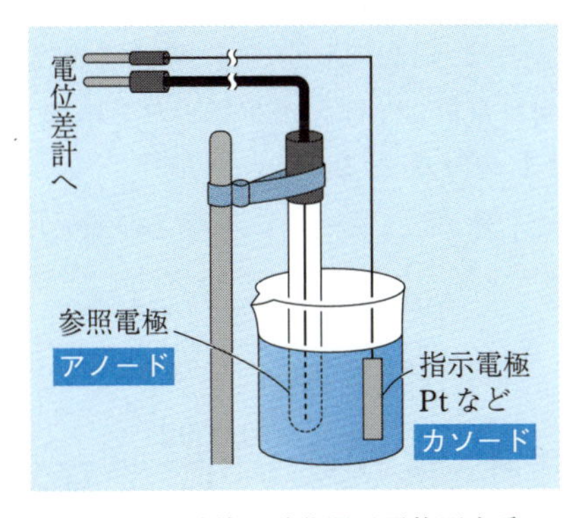

図 10.7　溶液の酸化還元電位測定系

10.8　見掛け電位

ネルンストの式は厳密には活量を用いて書かれる．金属イオンの活量は錯生成などによって変化する．また，多くの半反応には，水素イオンや水酸化物イオンが含まれている．したがって，電位は溶液のpHや配位子濃度に依存する．特定の溶液条件において，酸化還元対の全濃度のみを変数とするネルンストの式があると解析が容易となる．そのために，E° の代わりに**見掛け電位**（formal potential; $E^{\circ\prime}$）を導入する．一般に見掛け電位は共存イオン効果による活量係数の変化を含んでいる．さらに，電位がpHや配位子濃度に依存する場合は以下のようになる．

電位のpH依存性　過マンガン酸イオンの還元反応を例として考えよう．

$$\mathrm{MnO_4^-} + 8\mathrm{H^+} + 5\mathrm{e^-} \rightleftharpoons \mathrm{Mn^{2+}} + 4\mathrm{H_2O}$$

$$E^\circ(\mathrm{MnO_4^-/Mn^{2+}}) = 1.51\ \mathrm{V}$$

$$\begin{aligned} E &= E^\circ(\mathrm{MnO_4^-/Mn^{2+}}) - \frac{0.0592}{5}\log\frac{[\mathrm{Mn^{2+}}]}{[\mathrm{MnO_4^-}]\,[\mathrm{H^+}]^8} \\ &= E^\circ(\mathrm{MnO_4^-/Mn^{2+}}) - \frac{0.0592}{5}\times 8\mathrm{pH} - \frac{0.0592}{5}\log\frac{[\mathrm{Mn^{2+}}]}{[\mathrm{MnO_4^-}]} \\ &= E^{\circ\prime}(\mathrm{MnO_4^-/Mn^{2+}}) - \frac{0.0592}{5}\log\frac{[\mathrm{Mn^{2+}}]}{[\mathrm{MnO_4^-}]} \end{aligned}$$

すなわち，見掛け電位は次式で与えられる．

$$E^{\circ\prime}(\mathrm{MnO_4^-/Mn^{2+}}) = E^\circ(\mathrm{MnO_4^-/Mn^{2+}}) - \frac{0.0592}{5}\times 8\mathrm{pH}$$

半反応の式から明らかなように，$\mathrm{MnO_4^-}$ は酸性溶液においてより強い酸化剤である．実際，見掛け電位はpHの減少につれて増加する．例えばpH6では0.94 V，pH1では1.42 Vとなる．

電位の錯生成依存性　例として銀（I）イオンの還元反応を考えよう．

$$\mathrm{Ag^+} + \mathrm{e^-} \rightleftharpoons \mathrm{Ag}$$

$$E^\circ(\mathrm{Ag^+/Ag}) = 0.799\ \mathrm{V}$$

$$E = E^\circ(\mathrm{Ag^+/Ag}) - \frac{0.0592}{1}\log\frac{1}{[\mathrm{Ag^+}]}$$

ここにアンモニアが共存する場合，銀イオンの全濃度を C とおき，分率 α_0 を 5.2.2 項と同様に定義すると，

$$[Ag^+] = \alpha_0 C$$

である．これをネルンストの式に代入して整理すると，

$$\begin{aligned} E &= E^\circ(Ag^+/Ag) + 0.0592 \log \alpha_0 + 0.0592 \log C \\ &= E^{\circ\prime}(Ag^+/Ag) + 0.0592 \log C \end{aligned}$$

この場合，見掛け電位は次のようになる．

$$E^{\circ\prime}(Ag^+/Ag) = E^\circ(Ag^+/Ag) + 0.0592 \log \alpha_0$$

例題 10　0.10 M NH_3 溶液における見掛け電位 $E^{\circ\prime}(Ag^+/Ag)$ を求めよ．

解　0.10 M NH_3 溶液では，$\alpha_0 = 4.0 \times 10^{-6}$ であるので（第 5 章例題 1（p.86）参照），

$$E^{\circ\prime}(Ag^+/Ag) = 0.799 + 0.0592 \log (4.0 \times 10^{-6}) = 0.48 \text{ V}$$

錯生成がない場合に比べて酸化還元電位は大きく低下する．これは，錯生成によって銀（I）イオンが安定化され，還元されにくくなるからだ．□

10.9　電極電位の限界

以上で学んだように，電極電位は酸化還元反応が起こるかどうかを予測する上で役に立つ．しかし，反応速度については何の情報も与えない．

酸化還元反応は，系によって電子移動速度が大きく異なる．電子移動速度が大きい反応を**可逆的**（reversible），小さい反応を**非可逆的**（irreversible）と呼ぶ．可逆的な反応は，平衡に達するのが速いので，酸化還元滴定などに応用することができる．非可逆的な反応は，平衡に達するまでに長い時間を要する．このような反応を利用するには，温度を上げる，触媒を加えるなどの工夫が必要となる．

演 習 問 題
第10章

1 次の術語を説明せよ．

(1) ガルバニ電池

(2) 標準酸化還元電位

(3) ネルンストの式

(4) 見掛け電位

(5) 非可逆的反応

2 ダニエル電池は次式のように表される．$[Zn^{2+}] = 3.0\,M$, $[Cu^{2+}] = 1.0\,M$ のときの電池電圧を計算せよ．

$$Zn|Zn^{2+}||Cu^{2+}|Cu$$

3 MnO_4^- から MnO_2 および MnO_2 から Mn^{2+} への酸化還元反応とその標準酸化還元電位は，それぞれ次式で表される．

$$MnO_4^- + 4H^+ + 3e^- \rightleftharpoons MnO_2 + 2H_2O$$

$$E^\circ(Mn(VII)/Mn(IV)) = 1.70\ V$$

$$MnO_2 + 4H^+ + 2e^- \rightleftharpoons Mn^{2+} + 2H_2O$$

$$E^\circ(Mn(IV)/Mn(II)) = 1.23\ V$$

(1) ビーカー A には 0.10 M $KMnO_4$ と 1.0 M HCl，ビーカー B には 0.0030 M $MnCl_2$ と 1.0 M HCl をとる．両方のビーカーに十分な量の MnO_2 沈殿を加えて，電気化学セルを形成する．二つのビーカー間の電位差を求めよ．

(2) (1) の条件における自発反応の式を書け．また，その平衡定数を求めよ．

(3) 二つの半反応を用いて，次の半反応の標準酸化還元電位 $E^\circ(Mn(VII)/Mn(II))$ を計算せよ．

$$MnO_4^- + 8H^+ + 5e^- \rightleftharpoons Mn^{2+} + 4H_2O$$

4 以下の二つの半反応の標準酸化還元電位から AgCl の溶解度積を求めよ．

$$AgCl + e^- \rightleftharpoons Ag + Cl^- \qquad E^\circ = 0.22\ V$$

$$Ag^+ + e^- \rightleftharpoons Ag \qquad E^\circ = 0.80\ V$$

第11章

酸化還元滴定

この章では，酸化還元反応を利用する分析法の例として，酸化還元滴定について学ぶ．目標は，酸化還元滴定に伴う電極電位の変化を解析できるようにすること，いくつかの酸化還元滴定の実例を理解することである．

本章の内容

11.1 滴定曲線

酸化還元滴定（oxidation-reduction titration）は，酸化剤を滴定剤とすることが多い．一般に，還元剤の標準液は空気中の酸素によって酸化されるので，安定でないからである．

11.1.1 セリウム(IV) イオン

セリウム(IV) イオンは強い酸化剤であり，滴定剤としてよく用いられる．

$$Ce^{4+} + e^- \rightleftharpoons Ce^{3+}$$

加水分解を防ぐため，酸性溶液で用いる．Ce^{4+}/Ce^{3+} の酸化還元電位は，酸の陰イオンとの錯生成により変化する．見掛け電位は 1 M $HClO_4$ 溶液では 1.70 V，1 M HNO_3 溶液では 1.61 V，1 M HCl 溶液では 1.28 V である．硝酸二アンモニウムセリウム(IV) $Ce(NH_4)_2(NO_3)_6$ は，一次標準物質となるので便利である．セリウム(IV) による酸化は一電子反応であるので，もっとも単純である．まずこの滴定反応を詳しく見てみよう．

例題 1　1 M $HClO_4$ を含む 0.100 M Fe^{2+} 溶液 50.0 mL を 1 M $HClO_4$ を含む 0.100 M Ce^{4+} 溶液で滴定する．

（ア）0.500 mL 滴下時，（イ）25.0 mL 滴下時，（ウ）50.0 mL 滴下時，

（エ）100 mL 滴下時の溶液の平衡電位および各成分の濃度を計算せよ．ただし，以下の酸化還元電位を用いよ．

$$E^\circ(Fe^{3+}/Fe^{2+}) = 0.771\ V$$

$$E^{\circ\prime}(Ce^{4+}/Ce^{3+}) = 1.70\ V$$

解　滴定反応は，第 10 章例題 2（p.152）と同じく次式で表される．

$$Fe^{2+} + Ce^{4+} \longrightarrow Fe^{3+} + Ce^{3+}$$

この問題で求める平衡電位は，NHE をアノードとする次のガルバニ電池のカソード電位である（10.7 項参照）．

$$Pt|H_2,\ H^+||Fe^{3+},\ Fe^{2+},\ Ce^{4+},\ Ce^{3+}|Pt$$

（ア）当量点までは加えた Ce^{4+} は完全に反応する．Ce^{4+} の平衡濃度を x M とおくと，その他の成分の平衡濃度は，

$$[Fe^{2+}] = \frac{0.100 \times 50.0 - 0.100 \times 0.500}{50.0 + 0.500} + x = \frac{4.95}{50.5} + x\,\mathrm{M}$$

$$[Fe^{3+}] = [Ce^{3+}] = \frac{0.100 \times 0.500}{50.0 + 0.500} - x = \frac{0.0500}{50.5} - x\,\mathrm{M}$$

平衡電位は，濃度の高い Fe^{3+}/Fe^{2+} に支配される．x は非常に小さいので，

$$E = 0.771 - \frac{0.0592}{1} \log \frac{4.95}{0.0500} = 0.653\,\mathrm{V}$$

なお，平衡時には Ce^{4+}/Ce^{3+} の酸化還元電位もこの値と等しいので次式が成り立つ．

$$1.70 - \frac{0.0592}{1} \log \frac{0.0500}{50.5x} = 0.653$$

これを解くと $x = 1.98 \times 10^{-21}$ M となる．すなわち Ce^{4+} は実際上全く存在しない．

$$[Fe^{2+}] = 0.0980\,\mathrm{M}, \quad [Fe^{3+}] = [Ce^{3+}] = 9.90 \times 10^{-4}\,\mathrm{M}$$

である．

（イ） 上と同様に Fe^{3+}/Fe^{2+} に基づいて考える．これは当量点までの中間点であり，ちょうど半分の Fe^{3+} が還元されている．すなわち，

$$[Fe^{2+}] = [Fe^{3+}]$$

が成り立つので，

$$E = E^\circ(Fe^{3+}/Fe^{2+}) = 0.771\,\mathrm{V}$$

$$[Fe^{2+}] = [Fe^{3+}] = [Ce^{3+}] = 0.0333\,\mathrm{M}, \quad [Ce^{4+}] = 6.65 \times 10^{-18}\,\mathrm{M}$$

である．

（ウ） 当量点である．Cc^{4+} の平衡濃度を x M とおくと，その他の成分の平衡濃度は次のようになる．

$$[Fe^{2+}] = x\,\mathrm{M}, \qquad [Fe^{3+}] = [Ce^{3+}] = \frac{0.100 \times 50.0}{50.0 + 50.0} - x = \frac{5.00}{100} - x\,\mathrm{M}$$

5.00/100 に対して x が無視できるとすると，Fe^{3+}/Fe^{2+} の電極電位は，

$$E = E^\circ(Fe^{3+}/Fe^{2+}) - \frac{0.0592}{1} \log \frac{100x}{5.00}$$

Ce^{4+}/Ce^{3+} の電極電位は，

$$E = E^\circ(Ce^{4+}/Ce^{3+}) - \frac{0.0592}{1} \log \frac{5.00}{100x}$$

これら 2 式の E は等しい．2 式を辺々足すと，

$$2E = E^\circ(Fe^{3+}/Fe^{2+}) + E^\circ(Ce^{4+}/Ce^{3+}) - \frac{0.0592}{1} \log \frac{100x \times 5.00}{5.00 \times 100x}$$

$$\therefore \quad E = \frac{E^\circ(Fe^{3+}/Fe^{2+}) + E^\circ(Ce^{4+}/Ce^{3+})}{2} = \frac{0.771 + 1.70}{2} = 1.24\,\mathrm{V}$$

$$[Fe^{2+}] = [Ce^{4+}] = 6.00 \times 10^{-10}\,M, \quad [Fe^{3+}] = [Ce^{3+}] = 0.0500\,M$$

である．なおこの問題は，E° から K を求めて解くこともできる．

（エ）当量点を過ぎた後は，平衡電位は過剰に存在する Ce^{4+}/Ce^{3+} の酸化還元電位に支配される．当量点の 2 倍の Ce^{4+} が加えられているので，

$$[Ce^{4+}] = [Ce^{3+}]$$

が成り立ち，

$$E = E^\circ(Ce^{4+}/Ce^{3+}) = 1.70\,V$$

$$[Ce^{3+}] = [Ce^{4+}] = [Fe^{3+}] = 0.0333\,M, \quad [Fe^{2+}] = 6.64 \times 10^{-18}\,M$$

である．□

酸化還元滴定の滴定曲線は，平衡電位を滴下量に対してプロットしたものである．上の例題の滴定曲線を**図 11.1** に示す．強い酸化剤を滴定剤に用いると，当量点での電位変化が大きくなるので，終点を検出しやすい．

補足　一般に滴定前の電極電位をネルンストの式から計算することはできない．この例題では，Fe^{3+} が存在しないので，Fe^{3+}/Fe^{2+} 系が平衡にあるとみなせないからだ．

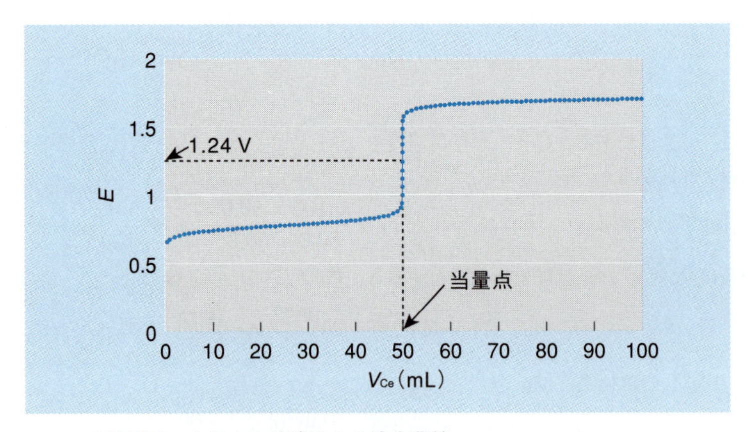

図 11.1　セリウム溶液による滴定曲線
0.1 M Fe^{2+} 溶液 50 mL を 0.1 M Ce^{4+} 溶液で滴定.

11.1.2 過マンガン酸イオン

過マンガン酸イオン MnO_4^- もよく使われる強い酸化剤である．還元反応はpHによって変わる．酸性溶液では，

$$MnO_4^- + 8H^+ + 5e^- \rightleftharpoons Mn^{2+} + 4H_2O$$

赤紫色　　　　　　　　無色

Fe^{2+}，過酸化水素，シュウ酸，亜硝酸などを滴定できる．MnO_4^- は赤紫色，Mn^{2+} はほとんど無色であるので，それ自身が終点検出の指示薬となる．アルカリ性溶液では，褐色の二酸化マンガンが生成する．

$$MnO_4^- + 4H^+ + 3e^- \rightleftharpoons MnO_2 + 2H_2O$$

MnO_2 は MnO_4^- を分解する触媒作用があるので，この反応を滴定に用いることは少ない．MnO_4^- 標準液は，ふつう過マンガン酸カリウムを溶解して調製する．このとき不純物による還元で MnO_2 が生成することがある．標定する前に，ろ過により MnO_2 を除くことが望ましい．

例題 2　0.500 M H_2SO_4 を含む 2.00×10^{-2} M Fe^{2+} 溶液 20.0 mL を 5.00×10^{-3} M MnO_4^- 溶液で滴定する．当量点における溶液の平衡電位および各成分の濃度を計算せよ．ただし，以下の標準酸化還元電位を用いよ．

$$E^\circ(Fe^{3+}/Fe^{2+}) = 0.771\,V$$

$$E^\circ(MnO_4^-/Mn^{2+}) = 1.51\,V$$

ただし，硫酸は完全に酸解離すると仮定する．

解　滴定反応は次式で表される．

$$5Fe^{2+} + MnO_4^- + 8H^+ \longrightarrow 5Fe^{3+} + Mn^{2+} + 4H_2O$$

10.2 節で述べたように，この反応の平衡定数は，

$$\log K = \frac{n(E^\circ{}_{\mathrm{cathode}} - E^\circ{}_{\mathrm{anode}})}{0.0592} = \frac{5 \times (1.51 - 0.771)}{0.0592}$$

$$\therefore \quad K = 2.6 \times 10^{62}$$

当量点における滴下量を x mL とおくと，

$$5 : 1 = 2.00 \times 10^{-2}\,M \times 20.0\,mL : 5.00 \times 10^{-3}\,M \times x\,mL$$

$$\therefore \quad x = 16.0\,mL$$

当量点における溶液量は 36.0 mL となるので，MnO_4^- の平衡濃度を $y/36.0$ M とおくと，他の成分の平衡濃度は次のようになる．

$$[Fe^{2+}] = \frac{5y}{36.0}\,\mathrm{M}$$

$$[H^+] = \frac{1.00 \times 20.0 - 8 \times 5.00 \times 10^{-3} \times 16.0 + 8y}{36.0} = \frac{19.4 + 8y}{36.0}\,\mathrm{M}$$

$$[Fe^{3+}] = \frac{2.00 \times 10^{-2} \times 20.0 - 5y}{36.0} = \frac{0.400 - 5y}{36.0}\,\mathrm{M}$$

$$[Mn^{2+}] = \frac{5.00 \times 10^{-3} \times 16.0 - y}{36.0} = \frac{0.0800 - y}{36.0}\,\mathrm{M}$$

y は非常に小さいと仮定して，これらを平衡定数の式に代入すると，

$$\frac{\left(\frac{0.400}{36.0}\right)^5 \left(\frac{0.0800}{36.0}\right)}{\left(\frac{5y}{36.0}\right)^5 \left(\frac{y}{36.0}\right) \left(\frac{19.4}{36.0}\right)^8} = \frac{0.400^5 \times 0.0800}{5^5 y^6 \times 7.11 \times 10^{-3}} = 2.6 \times 10^{62}$$

$$\therefore \quad y = 7.2 \times 10^{-12}$$

電極電位は，Fe^{3+}/Fe^{2+} に基づいて計算すれば

$$E = 0.771 - \frac{0.0592}{1} \log \frac{5 \times 7.2 \times 10^{-12}}{0.400} = 1.37\,\mathrm{V}$$

もちろん電位は MnO_4^-/Mn^{2+} に基づいて計算しても同じ値となる．各成分の濃度は，以下のようである．

$$[Fe^{2+}] = 1.0 \times 10^{-12}\,\mathrm{M}, \quad [Fe^{3+}] = 1.11 \times 10^{-2}\,\mathrm{M}$$

$$[Mn^{2+}] = 2.22 \times 10^{-3}\,\mathrm{M}, \quad [MnO_4^-] = 2.0 \times 10^{-13}\,\mathrm{M}$$

□

二つの半反応の酸化体，還元体の係数が 1 であり，電子数と標準電位がそれぞれ n_1, E_1° と n_2, E_2° である場合，当量点の平衡電位は次式で与えられる．

$$E = \frac{n_1 E_1^\circ + n_2 E_2^\circ}{n_1 + n_2}$$

この式を導いてみよう．また，上の例題の答えと一致することを確かめよう．

11.1.3 二クロム酸イオン

二クロム酸イオン（重クロム酸イオン）も酸性溶液で強い酸化剤である．

$$Cr_2O_7^{2-} + 14H^+ + 6e^- \rightleftharpoons 2Cr^{3+} + 7H_2O$$

$$E^\circ(Cr_2O_7^{2-}/Cr^{3+}) = 1.33\,\mathrm{V}$$

$Cr_2O_7{}^{2-}$ は酸性溶液で二つの四面体型クロム酸イオン $CrO_4{}^{2-}$ が一つの頂点を共有して生成する．標準液は，二クロム酸カリウムから調製される．この試薬は一次標準物質となる．クロム(VI) は毒性が高いので取扱いには十分注意しよう．

Excel で考えよう 7
「酸化還元滴定曲線のシミュレーション」

Excel を使って例題 1 (p.166) の滴定曲線を描いてみよう．まず，電極電位 E を求める方程式を立てることを考える．電極電位を与える化学反応は次式で表される．

$$Fe^{3+} + e^- \rightleftharpoons Fe^{2+}$$

$$Ce^{4+} + e^- \rightleftharpoons Ce^{3+}$$

滴定反応は次式で表される．

$$Fe^{2+} + Ce^{4+} \longrightarrow Fe^{3+} + Ce^{3+}$$

これらの化学反応式に基づいて，E を求めるための方程式を導出する．方程式の導出に必要な式は以下の五つである．

$$E = 0.771 - \frac{0.0592}{1}\log\frac{[Fe^{2+}]}{[Fe^{3+}]}$$

$$E = 1.70 - \frac{0.0592}{1}\log\frac{[Ce^{3+}]}{[Ce^{4+}]}$$

$$C_{Fe} = [Fe^{3+}] + [Fe^{2+}]$$

$$C_{Ce} = [Ce^{4+}] + [Ce^{3+}]$$

$$[Fe^{3+}] = [Ce^{3+}]$$

ここで C_{Fe} と C_{Ce} は，それぞれ鉄イオンとセリウムイオンの全濃度で，それらについての式は物質収支を表す．また，最後の式は，滴定反応によって Fe^{3+} と Ce^{3+} が 1：1 のモル比で生成することに由来する．

ネルンストの式を $[Fe^{2+}]$, $[Ce^{4+}]$ について解くと，

$$[Fe^{2+}] = 10^{\frac{0.771-E}{0.0592}}[Fe^{3+}]$$

$$[Ce^{4+}] = 10^{-\frac{1.70-E}{0.0592}}[Ce^{3+}]$$

これらを C_{Fe} と C_{Ce} の物質収支の式にそれぞれ代入して，$[\mathrm{Fe}^{3+}]$, $[\mathrm{Ce}^{3+}]$ について解くと，

$$[\mathrm{Fe}^{3+}] = \frac{C_{\mathrm{Fe}}}{1+10^{\frac{0.771-E}{0.0592}}}$$

$$[\mathrm{Ce}^{3+}] = \frac{C_{\mathrm{Ce}}}{1+10^{-\frac{1.70-E}{0.0592}}}$$

これらを $[\mathrm{Fe}^{3+}] = [\mathrm{Ce}^{3+}]$ の式に代入して整理すると，次の方程式

$$f(E) = \frac{C_{\mathrm{Fe}}}{1+10^{\frac{0.771-E}{0.0592}}} - \frac{C_{\mathrm{Ce}}}{1+10^{-\frac{1.70-E}{0.0592}}} = 0$$

が得られる．

この方程式は，**Excel で考えよう 3**（p.76）と同様に，Excel 上で数値的に解くことができる．ワークシートを**図 e7.1** に示す．Ce(IV) 溶液滴下量 V_{Ce}（行 10）に対応する電極電位 E（行 15）が得られるので，滴定曲線（**図 11.1**）を描くことができる．

◇	A	B	C	D	E	F	G	H	I	J	K	L
1	const	C_{Fe0}	C_{Ce0}	V_{Fe}								
2	value	0.1	0.1	50								
3												
4	term	equation										
5	C_{Fe}	=CFe0*VFe/(VFe+B$10)										
6	C_{Ce}	=CCe0*B$10/(VFe+B$10)										
7	E	=INDEX(E,MATCH(MIN(B16:B416),B16:B416,0))										
8	f(E)	=ABS(B$12/(1+10^((0.771-$A16)/0.0592))-B$13/(1+10^-((1.7-$A16)/0.0592)))										
9												
10	V_{Ce}	0.5	1	2	3	4	5	6	7	8	9	10
11												
12	C_{Fe}	0.09901	0.098039	0.096154	0.09434	0.092593	0.090909	0.089286	0.087719	0.086207	0.084746	0.083333
13	C_{Ce}	0.00099	0.001961	0.003846	0.00566	0.007407	0.009091	0.010714	0.012281	0.013793	0.015254	0.016667
14												
15	E	0.655	0.67	0.69	0.7	0.71	0.715	0.72	0.725	0.73	0.73	0.735
16	2	0.09901	0.098039	0.096154	0.09434	0.092593	0.090909	0.089286	0.087719	0.086207	0.084746	0.083333
17	1.995	0.09901	0.098039	0.096154	0.09434	0.092593	0.090909	0.089286	0.087719	0.086207	0.084746	0.083333
18	1.99	0.09901	0.098039	0.096154	0.09434	0.092592	0.090909	0.089286	0.087719	0.086207	0.084746	0.083333
19	1.985	0.09901	0.098039	0.096154	0.09434	0.092592	0.090909	0.089286	0.087719	0.086207	0.084746	0.083333
20	1.98	0.09901	0.098039	0.096154	0.09434	0.092592	0.090909	0.089286	0.087719	0.086207	0.084745	0.083333
21	1.975	0.09901	0.098039	0.096154	0.094339	0.092592	0.090909	0.089285	0.087719	0.086207	0.084745	0.083333
22	1.97	0.09901	0.098039	0.096154	0.094339	0.092592	0.090909	0.089285	0.087719	0.086207	0.084745	0.083333
23	1.965	0.09901	0.098039	0.096154	0.094339	0.092592	0.090909	0.089285	0.087719	0.086206	0.084745	0.083333
24	1.96	0.09901	0.098039	0.096154	0.094339	0.092592	0.090909	0.089285	0.087719	0.086206	0.084745	0.083333
25	1.955	0.09901	0.098039	0.096154	0.094339	0.092592	0.090909	0.089285	0.087719	0.086206	0.084745	0.083333
26	1.95	0.09901	0.098039	0.096154	0.094339	0.092592	0.090909	0.089285	0.087719	0.086206	0.084745	0.083332
27	1.945	0.09901	0.098039	0.096154	0.094339	0.092592	0.090908	0.089285	0.087718	0.086206	0.084745	0.083332

図 e7.1　数値解法による酸化還元滴定のシミュレーション

この例では，滴下量として 0 mL を入力してはいけないことに注意しよう．本文でも述べたように，滴下量 0 mL ではネルンスト式によって電極電位 E を決められないからだ．

11.2　ヨウ素を利用する酸化還元滴定

ヨウ素 I_2 はかなり強い酸化剤であり，ヨウ化物イオン I^- は弱い還元剤である．これらはさまざまな物質の酸化還元滴定に応用されている．

11.2.1　ヨウ素酸化滴定

滴定剤としてヨウ素を用いる滴定は，**ヨウ素酸化滴定**（iodimetry）と呼ばれる．ヨウ素は水に難溶であるが，三ヨウ化物イオンはよく溶ける．そのため標準液には，ヨウ素とヨウ化カリウムの混合溶液を用いる．

$$I_2 + I^- \longrightarrow I_3^-$$

半反応は次のようである．

$$I_3^- + 2e^- \rightleftharpoons 3I^-$$

$$E^\circ(I_3^-/I^-) = 0.536\,\mathrm{V}$$

目視指示薬にはデンプンを用いる．溶液は当量点までは無色であるが，ヨウ素が過剰になるとヨウ素デンプン反応により青色となる．この滴定は，ヒ素(III)，スズ(II)，硫化水素，亜硫酸，アルデヒド，アスコルビン酸などの定量に用いられる．

例題 3　（ア）　ヨウ素標準液の標定：一次標準物質として 0.2057 g As_2O_3（式量 197.85）を溶解した中性溶液を 0.1 M ヨウ素標準液で滴定したところ，19.91 mL を要した．この標準液のファクター（f）を求めよ．

（イ）亜硫酸ナトリウム Na_2SO_3（式量 126.0）は，空気中で徐々に酸化される．Na_2SO_3 の古い試薬瓶からとった 0.5892 g を水に溶解し，上記のヨウ素標準液で滴定したところ，41.46 mL を要した．Na_2SO_3 のパーセント純度を求めよ．

解　（ア）　As_2O_3 は溶解すると亜ヒ酸 H_3AsO_3 となる．

$$As_2O_3 + 3H_2O \longrightarrow 2H_3AsO_3$$

標定反応は次式で表される．

$$H_3AsO_3 + I_3^- + H_2O \longrightarrow H_3AsO_4 + 3I^- + 2H^+$$

したがって，As_2O_3 と I_3^- の反応モル比は 1：2 である．

$$1 : 2 = \frac{0.2057\,\mathrm{g}}{197.85\,\mathrm{g/mol}} : f \times 0.1\,\mathrm{mol/L} \times \frac{19.91\,\mathrm{mL}}{1000\,\mathrm{mL/L}} \qquad \therefore \quad f = 1.044$$

（イ）滴定反応は次式で表される．

$$SO_3{}^{2-} + I_3{}^{-} + H_2O \longrightarrow SO_4{}^{2-} + 3I^{-} + 2H^{+}$$

したがって，$SO_3{}^{2-}$ と $I_3{}^{-}$ の反応モル比は 1：1 である．試料中の Na_2SO_3 量を x g とおくと，

$$1:1 = \frac{x\,\mathrm{g}}{126.0\,\mathrm{g/mol}} : 1.044 \times 0.1\,\mathrm{mol/L} \times \frac{41.46\,\mathrm{mL}}{1000\,\mathrm{mL/L}} \qquad \therefore \quad x = 0.5454\,\mathrm{g}$$

よって純度は

$$\frac{0.5454\,\mathrm{g}}{0.5892\,\mathrm{g}} \times 100 = 92.57\,\%$$

□

11.2.2 ヨウ素還元滴定

ヨウ化物イオン I^{-} は弱い還元剤である．反応速度が遅いなどの理由で，ヨウ化物イオン溶液を滴定剤とすることは稀である．よく使われるのは，測定しようとする酸化剤に対して過剰のヨウ化カリウムを加え，生成したヨウ素をチオ硫酸ナトリウム（$Na_2S_2O_3$）標準液で滴定する方法である．これを**ヨウ素還元滴定**（iodometry）と呼ぶ．$Na_2S_2O_3$ 標準液は空気中で酸化されにくく，長期間保存できるただ一つの還元剤である．四チオン酸イオンとチオ硫酸イオンの半反応は次のようである．

$$S_4O_6{}^{2-} + 2e^{-} \rightleftharpoons 2S_2O_3{}^{2-}$$

$$E^{\circ}(S_4O_6{}^{2-}/S_2O_3{}^{2-}) = 0.08\,\mathrm{V}$$

滴定反応は次のようである．

$$I_2 + 2S_2O_3{}^{2-} \longrightarrow 2I^{-} + S_4O_6{}^{2-}$$

終点はヨウ素デンプン錯体の青色が消失するところである．この方法は，多くの無機物および有機物の滴定に応用される．被定量物質の例とそのヨウ化物イオンとの反応式を**表 11.1** に示す．

この方法が成立するのは，ヨウ素の生成とそのチオ硫酸イオンによる還元がともに化学量論的に進行するからだ．しかし，過剰のヨウ化物イオンは空気中の酸素によって酸化される．またチオ硫酸イオンは酸性溶液では亜硫酸と硫黄に分解する．このような副反応の影響を避けるために，滴定を迅速に行う必要がある．

表 11.1 ヨウ素還元滴定の例

分析対象	ヨウ化物イオンとの反応式
O_3	$O_3 + 2I^- + 2H^+ \longrightarrow O_2 + I_2 + H_2O$
H_2O_2	$H_2O_2 + 2I^- + 2H^+ \longrightarrow 2H_2O + I_2$
Ce^{4+}	$2Ce^{4+} + 2I^- \longrightarrow 2Ce^{3+} + I_2$
$HClO$	$HClO + 2I^- + H^+ \longrightarrow Cl^- + I_2 + H_2O$
$BrO_3{}^-$	$BrO_3{}^- + 6I^- + 6H^+ \longrightarrow Br^- + 3I_2 + 3H_2O$
$MnO_4{}^-$	$2MnO_4{}^- + 10I^- + 16H^+ \longrightarrow 2Mn^{2+} + 5I_2 + 8H_2O$
Cl_2	$Cl_2 + 2I^- \longrightarrow 2Cl^- + I_2$
$Cr_2O_7{}^{2-}$	$Cr_2O_7{}^{2-} + 6I^- + 14H^+ \longrightarrow 2Cr^{3+} + 3I_2 + 7H_2O$
$IO_3{}^-$	$IO_3{}^- + 5I^- + 6H^+ \longrightarrow 3I_2 + 3H_2O$
Br_2	$Br_2 + 2I^- \longrightarrow 2Br^- + I_2$
HNO_2	$2HNO_2 + 2I^- \longrightarrow 2NO + I_2 + 2OH^-$
Cu^{2+}	$2Cu^{2+} + 4I^- \longrightarrow 2CuI + I_2$
Fe^{3+}	$2Fe^{3+} + 2I^- \longrightarrow 2Fe^{2+} + I_2$
$SeO_3{}^{2-}$	$SeO_3{}^{2-} + 4I^- + 6H^+ \longrightarrow Se + 2I_2 + 3H_2O$
H_3AsO_4	$H_3AsO_4 + 2I^- + 2H^+ \longrightarrow H_3AsO_3 + I_2 + H_2O$

11.2.3 溶存酸素の滴定

溶存酸素（dissolved oxygen）は，水質の重要な指標の一つである．一般にその分析には**ウインクラー法**が用いられる．この方法は，酸化還元反応とヨウ素還元滴定を巧みに利用する．

試料水を酸素瓶にとる．このとき試料水ができるだけ空気と触れないように，また気泡が生じないようにする．酸素瓶は共栓付きガラス瓶で，内容量（通常約 100 mL）が正確に測定されている．直ちに塩化マンガン溶液，ヨウ化カリウム–水酸化ナトリウム溶液を加え，栓をして混合する．溶液は強アルカリ性となり，白色の水酸化マンガン (II) が沈殿する．

$$Mn^{2+} + 2OH^- \longrightarrow Mn(OH)_2$$

$Mn(OH)_2$ は溶存酸素によって酸化され，褐色のオキシ水酸化マンガン (IV) となる．

$$O_2 + 2Mn(OH)_2 \longrightarrow 2MnO(OH)_2$$

この操作を溶存酸素の固定と呼ぶ．固定された酸素量は，数時間放置しても，水温が変わっても変化しない．

次に，この溶液に塩酸を加えると，ヨウ素が生成する．

$$\mathrm{MnO(OH)_2 + 2I^- + 4H^+ \longrightarrow Mn^{2+} + I_2 + 3H_2O}$$

最後に，ヨウ素をチオ硫酸ナトリウム標準液で滴定する．この滴定値から溶存酸素濃度を求めることができる．

例題 4 富栄養化の進んだ湖水試料 100 mL 中の溶存酸素をウインクラー法で定量したところ，0.0100 M $\mathrm{Na_2S_2O_3}$ 標準液 6.52 mL を要した．この試料中の溶存酸素濃度を求めよ．

解 上の反応式より反応モル比は，

$$\mathrm{O_2 : MnO(OH)_2 = 1 : 2}$$
$$\mathrm{MnO(OH)_2 : I_2 = 1 : 1}$$
$$\mathrm{I_2 : {S_2O_3}^{2-} = 1 : 2}$$

であるから，

$$\mathrm{O_2 : {S_2O_3}^{2-} = 1 : 4}$$

となる．溶存酸素濃度を x M とおくと，

$$1 : 4 = x\,\mathrm{M} \times 100.0\,\mathrm{mL} : 0.0100\,\mathrm{M} \times 6.52\,\mathrm{mL}$$

$$\therefore\quad x = 1.63 \times 10^{-4}\,\mathrm{M}$$

溶存酸素濃度はよく $\mathrm{mgO_2/L}$ の単位で表現される．答えを換算すると，

$$1.63 \times 10^{-4}\,\mathrm{mol/L} \times 32.0\,\mathrm{g/mol} \times 1000\,\mathrm{mg/g} = 5.22\,\mathrm{mgO_2/L}$$

20 ℃, 1 atm で空気と平衡にある純水の飽和溶存酸素濃度は 8.84 $\mathrm{mgO_2/L}$ であるので，飽和パーセントは

$$\frac{5.22\,\mathrm{mgO_2/L}}{8.84\,\mathrm{mgO_2/L}} \times 100 = 59.0\,\%$$

□

11.3　終点の検出

酸化還元滴定の終点は，滴定溶液中の電極電位を測定し，滴定曲線を描くことで検出できる．より簡便には，目視指示薬が用いられる．これには以下の三種類がある．

自己指示薬　滴定剤自身が酸化還元反応によって変色する場合は，それを利用できる．例えば，過マンガン酸カリウム標準液を滴定剤とするとき，MnO_4^- の赤紫色が現れた点を終点とする．この終点は，当量点をほんのわずか過ぎている．その誤差はブランク測定に基づき補正する．

黄色のヨウ素も，吸光光度計を用いると感度よく検出できるので，自己指示薬として用いることができる．

デンプン指示薬　ヨウ素を利用する滴定で広く用いられる．

- ヨウ素酸化滴定では，当量点を過ぎてヨウ素が過剰になると，ヨウ素–デンプン錯体の青色が出現する．
- ヨウ素還元滴定では，この色が消失した点を終点とする．

後者の場合，滴定が終わりに近づき，ヨウ素の黄色が薄くなってから，デンプンを加える．これは，ヨウ素–デンプン錯体は分解が遅いので，大量のヨウ素がある状態でデンプンを加えると終点があいまいになるためである．もう一つの理由は，デンプンの加水分解を防ぐためである．

酸化還元指示薬　酸化還元指示薬は，弱い還元剤または酸化剤であって，酸化体（Ox）と還元体（Red）の色が異なる色素である．指示薬の半反応とネルンストの式は，一般の酸化還元対と同様である．

$$\mathrm{Ox} + ne^- \rightleftharpoons \mathrm{Red}$$

$$E = E^\circ - \frac{0.0592}{n}\log\frac{[\mathrm{Red}]}{[\mathrm{Ox}]}$$

E は溶液の主成分による酸化還元電位と等しくなるので，それによって [Red]/[Ox] 比が決まる．したがって，溶液の電位に応じて指示薬の色が変化する．色の変化は，[Red]/[Ox] 比が 10/1 から 1/10 に，またはその逆に変化するときに観察される．すなわち，$2 \times (0.0592/n)$ V の電位変化が必要である．E° が滴定の当量点電位に近い指示薬を選べば，色の変化による終点

表 11.2 酸化還元指示薬

指示薬	色		溶液	$E^{\circ\prime}$(V)
	還元形	酸化形		
ニトロフェロイン	赤色	淡青色	1 M H_2SO_4	1.25
フェロイン	赤色	淡青色	1 M H_2SO_4	1.06
ジフェニルアミンスルホン酸	無色	紫色	希酸	0.84
ジフェニルアミン	無色	薄紫色	1 M H_2SO_4	0.76
メチレンブルー	青色	無色	1 M 酸	0.53
インジゴテトラスルホン酸	無色	青色	1 M 酸	0.36

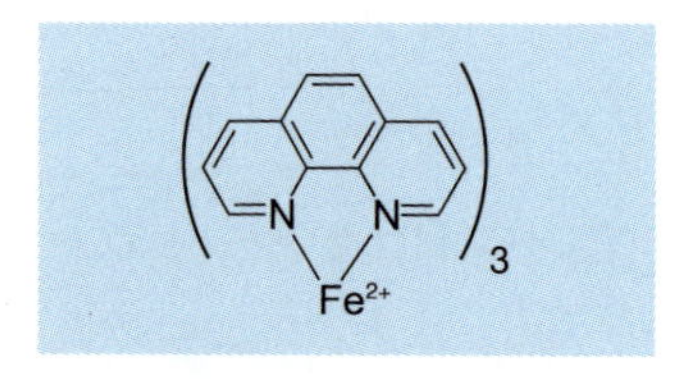

図 11.2 フェロイン

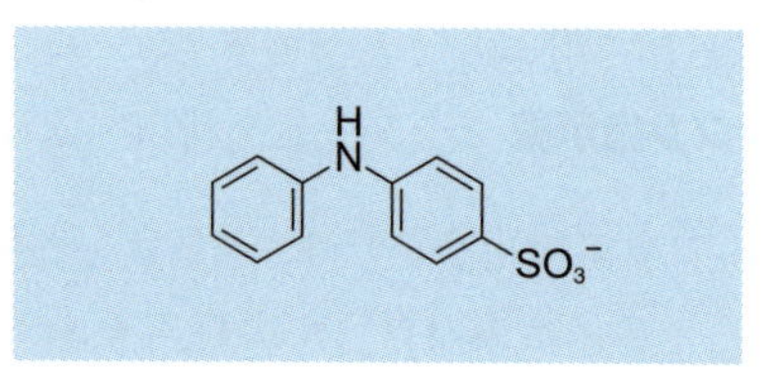

図 11.3 ジフェニルアミンスルホン酸

が当量点と一致する．

酸化還元指示薬は，酸化還元反応が速くなければならない．すなわち，その反応が可逆的でなければならない．いくつかの酸化還元指示薬を**表 11.2** に示す．見掛け電位を併せて示す．指示薬の半反応に水素イオンや水酸化物イオンが含まれるときは，pH によって電位が変化することに注意しよう．

例えば，フェロイン（トリス(1,10-フェナントロリン)鉄(II)，**図 11.2**）は，セリウム(IV) 標準液を用いる滴定に使用される．ジフェニルアミンスルホン酸（**図 11.3**）は，二クロム酸標準液を用いる滴定に使用される．

コラム ◆ **機器分析を利用する滴定終点の決定**

例題 2 (p.169) の終点を吸光光度法で決定することを考えよう．ランベルトーベールの法則が成り立つとすると，吸光度 A は MnO_4^- 濃度に比例する．

$$A = \varepsilon L\,[MnO_4^-] \tag{1}$$

ここで ε はモル吸光係数（単位：$M^{-1}\,cm^{-1}$），L は光路長（単位：cm）である．波長 527 nm において MnO_4^- の ε は $2450\,M^{-1}\,cm^{-1}$ である．簡単のため，この波長において MnO_4^- 以外の化学種の吸収は無視できるとする．

当量点までは，MnO_4^- はほとんど完全に反応して溶液に残らない．当量点を過ぎると，過剰の MnO_4^- が現れ，光吸収を示す．MnO_4^- 溶液の滴下量を V mL，とくに当量点での滴下量を V_e mL とおくと，次式が成り立つ．

$$[MnO_4^-] \times (20.0 + V) + 5.00 \times 10^{-3} \times V_e = 5.00 \times 10^{-3} \times V \tag{2}$$

(1), (2) 式より，次式が得られる．

$$\frac{(20.0 + V)A}{5.00 \times 10^{-3}\varepsilon L} = V - V_e \tag{3}$$

V を x 軸に，(3) 式の左辺を y 軸にとってプロットすると，傾き 1 の直線となる．直線と x 軸との交点が V_e である．実験では，当量点を過ぎた後，いくつかの点で A を測定し，(3) 式のグラフから終点を決定する．この方法では，終点のごく近くでのわずかな吸光度変化を調べる必要がない．

このような解析法はもともと電位差滴定（適当な指示電極の電位に基づいて滴定終点を決定する方法）において開発され，グランプロットと呼ばれる．

演習問題
第11章

1 次の術語を説明せよ．

(1) ヨウ素酸化滴定

(2) ヨウ素還元滴定

(3) 自己指示薬

(4) 酸化還元指示薬

2 ヨウ素還元滴定に関して以下の問に答えよ．

(1) Pd^{2+} と Ni^{2+} のうちヨウ化物イオンで還元できるのはどちらか？ その全反応の反応式と平衡定数を求めよ（付録5を用いよ）．

(2) 銅を含む試料0.5073 g をヨウ素還元滴定によって分析した．溶液中の Cu^{2+} は CuI に還元された．遊離した I_2 を 0.1000 M $Na_2S_2O_3$ 標準液で滴定するのに 38.18 ml を要した．試料中の銅の重量パーセントを求めよ．

3 堆積岩ドロマイト（主成分は $MgCO_3 \cdot CaCO_3$）中の Ca を以下の手順で分析した．

（ア） 粉末試料を塩酸に溶解した．

（イ） （ア）の溶液にシュウ酸アンモニウム溶液とアンモニア水を加えて，シュウ酸カルシウムを沈澱させた．

（ウ） 沈殿をろ過により集め，1.0 M 硫酸に溶解し，過マンガン酸カリウム標準液で滴定した．

(1) 操作(1)で発生する気体は何か？

(2) 操作(2)で Ca^{2+} と Mg^{2+} が分離できることを定量的に説明せよ．ただし，沈殿生成前の溶液中の Ca^{2+} と Mg^{2+} の全濃度はそれぞれ 6.0×10^{-4} M，溶液の pH は 4.00，シュウ酸アンモニウムの全濃度は 0.20 M であったとする．

(3) 過マンガン酸イオンとシュウ酸イオンの半反応は次式で表される．

$$MnO_4{}^- + 8H^+ + 5e^- = Mn^{2+} + 4H_2O \qquad E^\circ = 1.51\,V$$

$$2CO_2 + 2H^+ + 2e^- = H_2C_2O_4 \qquad E^\circ = -0.49\,V$$

操作(3)の滴定反応式を記せ．終点までに加えられた過マンガン酸イオン量は，2.2×10^{-4} mol であった．試料中の Ca 量（mol）はいくらか？

4 水質の指標の一つに，**化学的酸素要求量**（chemical oxygen demand; COD）がある．これは酸化還元滴定によって求められる．COD の意義と分析法について調べよ．

5 Excel を用いて 0.10 M I_2 溶液 20.0 mL を 0.10 M $Na_2S_2O_3$ 溶液で滴定するときの滴定曲線をシミュレートせよ．

第12章 分配反応

化学種が二つの異なる相に分配する反応は分析化学でよく利用される．分配反応にはさまざまな種類がある．この章では，液相－液相間の分配を利用する溶媒抽出と固相－液相間の分配を利用するイオン交換について学ぶ．これらは物質の分離・精製にたいへん有用である．また，イオン交換が関係する例として，pH ガラス電極を併せて学ぶことにしよう．

本章の内容

12.1　溶媒抽出

溶媒抽出（solvent extraction）は，二つの混じり合わない溶媒間での分配，**液液分配**（liquid-liquid distribution），を利用して溶質を分離する方法である．多くの場合，二相は水（水相）と有機溶媒（有機相）である．pH や試薬濃度などを調節することによってそれぞれの溶質が抽出される割合を変え，溶質を分離する．

二相間の物質移動を速やかに行わせるには，振り混ぜてもかき混ぜてもよい．二相の接触面積を大きくすることが望ましい．数十 mL ～ L 規模のバッチ法（1 回の抽出で目的物質を分離する）には**分液漏斗**（**図 12.1**）が用いられる．混合物を数分間振とうしたのち，静置して両相を分離する．その後，下相をコックから流しだす．小規模で抽出条件を検討するには恒温振とう器で振とうしやすい遠沈管も便利である．振とう後，毎分数千回転の遠心分離にかければ二相はきれいに分離される．

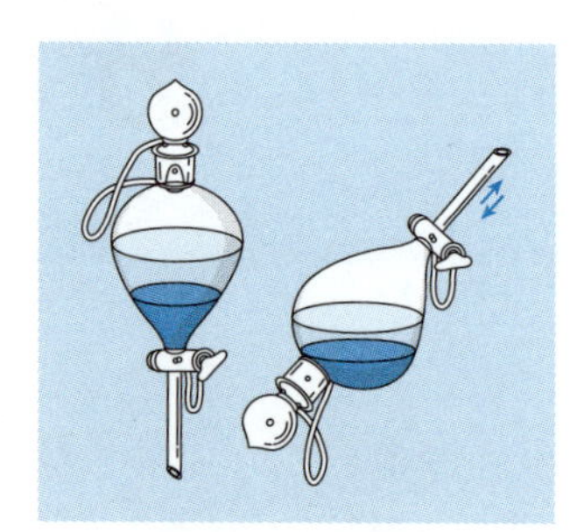

図 12.1　分液漏斗

補足　溶媒抽出は有機物にも無機物にも広く適用できる．沈殿分離における共沈のような現象が無く，操作が迅速かつ簡便である．また，目的物質の濃縮や溶液内反応の研究にも利用できる．欠点は毒性のある有機溶媒を使用すること，二相の相互溶解のため濃縮率をあまり高くできないことである．

12.1.1　分　配　律

溶質の抽出は**分配律**（distribution law, law of partition）によって支配される．水相と有機相を平衡にしたとき，両相に存在する同一の化学種 S に対して次の分配平衡が成立する．

$$\mathrm{S_{aq}} \rightleftharpoons \mathrm{S_o}$$

$$K_\mathrm{d} = \frac{[\mathrm{S}]_\mathrm{o}}{[\mathrm{S}]_\mathrm{aq}}$$

ここで下付きの aq, o はそれぞれ水相と有機相の化学種を示す．K_d は**分配係数**（distribution coefficient）と呼ばれ，溶質の全濃度には依存しない．

実際の系では溶質は溶液中で解離，会合，錯生成などを起こしうる．分析においては溶質の化学形に関係なく，水相および有機相における溶質の全濃度の比が重要である．これを**分配比**（distribution ratio）といい，D で表す．

$$D = \frac{C(\mathrm{S})_{\mathrm{o}}}{C(\mathrm{S})_{\mathrm{aq}}}$$

ここで $C(\mathrm{S})$ は S の全濃度である．溶質の何パーセントが有機相に抽出されるかを問題にするときは**抽出率**（percent extraction）$\%E$ を用いる．

$$\%E = \frac{C(\mathrm{S})_{\mathrm{o}} \times V_{\mathrm{o}}}{C(\mathrm{S})_{\mathrm{o}} \times V_{\mathrm{o}} + C(\mathrm{S})_{\mathrm{aq}} \times V_{\mathrm{aq}}} \times 100$$

ここで $V_{\mathrm{aq}}, V_{\mathrm{o}}$ はそれぞれ水相と有機相の体積である．抽出率と分配比の間には次の関係が成り立つ．

$$\%E = \frac{100D}{D + V_{\mathrm{aq}}/V_{\mathrm{o}}}$$

この式から，$\%E$ を高くするには，$V_{\mathrm{aq}}/V_{\mathrm{o}}$ 比を小さくすればよい．水相と有機相の体積が等しい場合には次のように簡単になる．

$$\%E = \frac{100D}{D + 1}$$

二つの溶質 A と B を等量含む水相を等体積の有機相で抽出するとき，A の分配比 $D(\mathrm{A})$ が 10^2 であるとすると，A は 1 回の抽出で 99％が有機相に移行する．このとき B の分配比 $D(\mathrm{B})$ が 10^{-2} 以下であれば，B の抽出率は 1％以下となるので，A と B を定量的に分離できる．このとき，次式で定義される**分離係数**（separation factor）α は 10^4 以上となる．

$$\alpha = \frac{D(\mathrm{A})}{D(\mathrm{B})}$$

例題 1 クロロホルム－0.5 M H_2SO_4 水溶液間において，カフェインの分配比は 8.6 である．0.050 M カフェインを含む 0.5 M H_2SO_4 水溶液 90 mL から等体積のクロロホルムへカフェインを抽出するとき，1 回の抽出で何％が抽出されるか？

解

$$\%E = \frac{100 \times 8.6}{8.6 + 1} = 90$$

□

1回の操作で定量的に抽出できないときは，繰り返し（多段）抽出が有効である．一般に，同じ量の有機溶媒を一度に用いるよりも，小量ずつに分けて数回抽出する方が効率がよい．

例題 2 0.050 M カフェインを含む 0.5 M H_2SO_4 水溶液 90 mL からクロロホルム 30 mL でカフェインを 3 回抽出する．抽出率の合計を求めよ．

解 1回の抽出操作における抽出率は

$$\%E = \frac{100 \times 8.6}{8.6 + 90/30} = 74$$

であるから，抽出率の合計は，

$$1 \times 74 + \frac{26}{100} \times 74 + \left(\frac{26}{100}\right)^2 \times 74 = 98\ \%$$

□

補足 クロマトグラフィー（chromatography）は，分配（液相－液相に限らない）を多段で行うことにより高い分離係数を達成する．詳しくは機器分析の教科書を参照してほしい．

12.1.2 おもな溶媒抽出

溶質が水相から有機相に抽出されるためには，溶質と水分子の相互作用（配位結合や水素結合など）が弱く，水溶液における溶解度が低いことが必要である．有機相に抽出される溶質の多くは無電荷である．溶質が電荷を持つ場合は，反対電荷の別の溶質とともに抽出され電気的中性が保たれる．代表的な 3 種類の溶媒抽出を見ていこう．

無電荷分子の抽出 安息香酸 HBz を水溶液からジエチルエーテルに抽出する場合を考えよう．分配係数は次式で表される．

$$K_\mathrm{d} = \frac{[\mathrm{HBz}]_\mathrm{o}}{[\mathrm{HBz}]_\mathrm{aq}} = 24$$

水相では HBz は次のように酸解離する．

$$\mathrm{HBz_{aq}} + \mathrm{H_2O_{aq}} \rightleftharpoons \mathrm{Bz^-{}_{aq}} + \mathrm{H_3O^+{}_{aq}}$$

$$K_\mathrm{a} = \frac{[\mathrm{Bz^-}]_\mathrm{aq}\,[\mathrm{H_3O^+}]_\mathrm{aq}}{[\mathrm{HBz}]_\mathrm{aq}} = 6.3 \times 10^{-5}$$

したがって分配比 D は

$$D = \frac{[\mathrm{HBz}]_\mathrm{o}}{[\mathrm{HBz}]_\mathrm{aq} + [\mathrm{Bz}^-]_\mathrm{aq}} = \frac{K_\mathrm{d}}{1 + K_\mathrm{a}/[\mathrm{H_3O^+}]_\mathrm{aq}}$$

となり，pH に依存する．$\log D$ と pH の関係を**図 12.2** に示す．低 pH 領域では $D = K_\mathrm{d}$ であって，抽出率は最大となる．高 pH 領域では pH が 1 増すと，$\log D$ は 1 減少する．屈曲点は pH = $\mathrm{p}K_\mathrm{a}$ の位置に現れる．

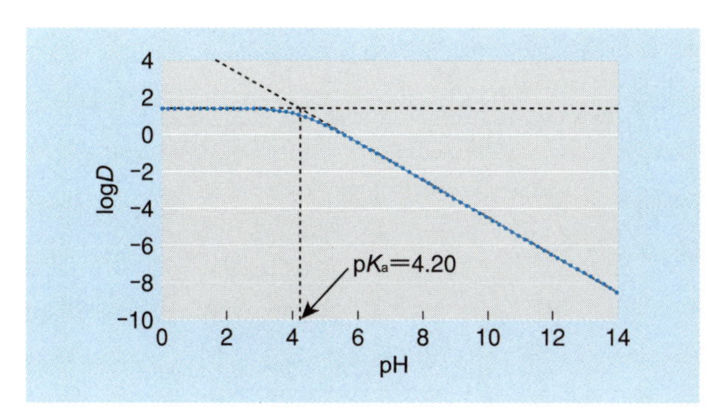

図 12.2 安息香酸の logD の pH 依存性

極性の低いベンゼンや四塩化炭素を有機相に用いると，HBz は有機相で二量体を生成する．

2 C₆H₅–C(=O)–O–H ⇌ C₆H₅–C(=O···H–O)(–O–H···O=)C–C₆H₅

$$K_\mathrm{dim} = \frac{[(\mathrm{HBz})_2]_\mathrm{o}}{[\mathrm{HBz}]_\mathrm{o}{}^2}$$

したがって，低 pH 領域では

$$D = \frac{[\mathrm{HBz}]_\mathrm{o} + 2\,[(\mathrm{HBz})_2]_\mathrm{o}}{[\mathrm{HBz}]_\mathrm{aq}} = K_\mathrm{d}(1 + 2K_\mathrm{dim}[\mathrm{HBz}]_\mathrm{o})$$

となり，分配比は安息香酸の濃度に依存する．

無機物では $\mathrm{I_2}$, $\mathrm{GeCl_4}$, $\mathrm{AsCl_3}$, $\mathrm{RuO_4}$ などが四塩化炭素やベンゼンに抽出される．

金属キレートの抽出　溶媒抽出は金属イオンの分離・濃縮に最も有効な手法の一つである．水相の金属イオンを有機相に移行させるには，金属イオンの電荷を中和し，金属イオンに配位している水分子を疎水性の配位子で置換しなければならない．このために，**キレート試薬**（chelating reagent）が用いられる（**表 12.1**）．重量分析に用いられるキレート試薬の多くは，**キレート抽出**にも適用できる．

水溶液中の金属イオン M^{n+} を有機相に溶かしたキレート試薬 HA で抽出する反応を考えよう（**図 12.3**）．HA は水相に分配し酸解離する．分配係数を $K_\mathrm{d}(\mathrm{HA})$，酸解離定数を K_a とすると，

$$K_\mathrm{d}(\mathrm{HA}) = \frac{[\mathrm{HA}]_\mathrm{o}}{[\mathrm{HA}]_\mathrm{aq}}, \qquad K_\mathrm{a} = \frac{[\mathrm{A}^-]_\mathrm{aq}[\mathrm{H_3O^+}]_\mathrm{aq}}{[\mathrm{HA}]_\mathrm{aq}}$$

水相で金属イオン M^{n+} が A^- と無電荷キレート MA_n を生成する反応の全生成定数を β とすると，

$$\mathrm{M}^{n+}{}_\mathrm{aq} + n\mathrm{A}^-{}_\mathrm{aq} \rightleftharpoons \mathrm{MA}_{n,\mathrm{aq}}$$

$$\beta = \frac{[\mathrm{MA}_n]_\mathrm{aq}}{[\mathrm{M}^{n+}]_\mathrm{aq}\,[\mathrm{A}^-]_\mathrm{aq}{}^n}$$

金属キレートの分配係数を $K_\mathrm{d}(\mathrm{MA}_n)$ とすると，

$$K_\mathrm{d}(\mathrm{MA}_n) = \frac{[\mathrm{MA}_n]_\mathrm{o}}{[\mathrm{MA}_n]_\mathrm{aq}}$$

ここで $\mathrm{MA}^{(n-1)+}$, $\mathrm{MA_2}^{(n-2)+}$ などの低次錯体は無視でき，$K_\mathrm{d}(\mathrm{MA}_n)$ が大きくて水相のキレート濃度は無視できるとすると，金属イオンの分配比は次式で表される．

$$D = \frac{[\mathrm{MA}_n]_\mathrm{o}}{[\mathrm{M}^{n+}]_\mathrm{aq}} = \frac{K_\mathrm{d}(\mathrm{MA}_n)\beta K_\mathrm{a}{}^n[\mathrm{HA}]_\mathrm{o}{}^n}{K_\mathrm{d}(\mathrm{HA})^n[\mathrm{H_3O^+}]_\mathrm{aq}{}^n}$$

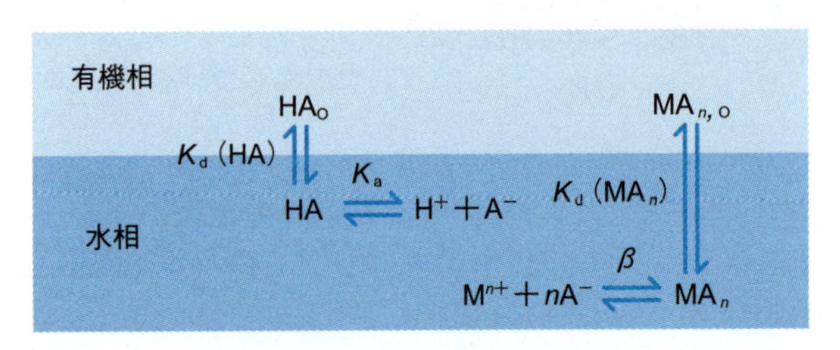

図 12.3　キレート抽出の模式図

表 12.1 キレート抽出試薬

試薬	特徴	試薬	特徴
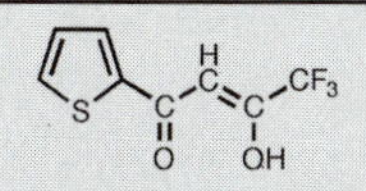 テノイルトリフルオロアセトン		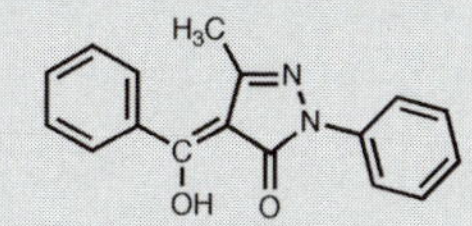 1-フェニル-3-メチル-4-ベンゾイル-5-ピラゾロン	β-ジケトン類．エノール形として多くの金属イオンと反応する．アルカリ金属，Be，ランタノイド，U などを抽出．
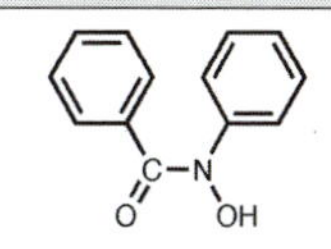 *N*-ベンゾイル-*N*-フェニルヒドロキシルアミン	V と赤紫色錯体．Ti, Nb, Mo, Fe, Ni, Cu, Ce, U なども抽出．	2-ニトロソ-1-ナフトール	Co(III)，Fe，Th，U などを抽出．Co(II) を Co(III) に酸化．
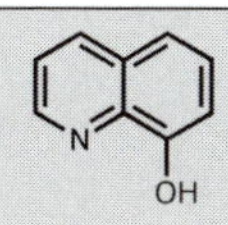 8-ヒドロキシキノリン　(オキシン)	50 以上の金属イオンと錯生成．	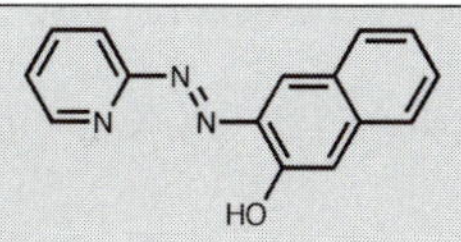 1-(2-ピリジルアゾ)-2-ナフトール	多くの金属と赤色の錯体．Co(III)，Pd とは緑色のキレート．
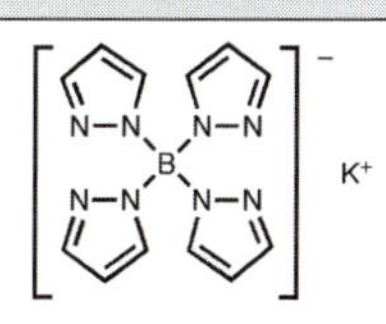 テトラキス(ピラゾリル)ボレイトカリウム	アルカリ土類，2 価遷移金属などを抽出．大きなイオンは抽出しにくい．	ジメチルグリオキシム	Ni, Pd に特異的．
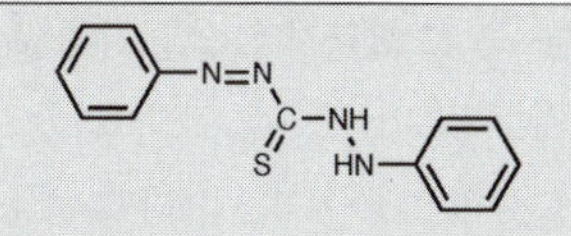 ジフェニルチオカルバゾン　(ジチゾン)	Pd, Pt, Cu, Ag, Zn, Hg, Pb, Bi など多くの金属イオンと錯生成．チオケト形とチオール形の互変異性があり，金属によって配位形式も変化．		
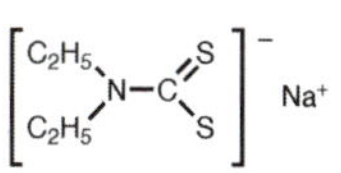 ジエチルジチオカルバマートナトリウム		ジベンジルジチオカルバミン酸	カルバマート類．Tl, Sn(IV), As(III), Sb(III), Bi, Se(IV), Te(IV) などを抽出．配位形式は変化しやすい．

したがって，分配比は有機相の HA 濃度と水相のヒドロニウムイオン濃度に依存するが，金属イオン濃度には無関係である．キレートが安定であれば（β が大きい），分配比は高くなる．酸性の強い（K_a が大きい）キレート試薬は抽出能が高いと期待される．しかし，一般にキレート試薬の酸性度が増すと β は減少するので，K_a と β のかね合いを考慮しなければならない．

抽出過程の全体は次の平衡式で表される．

$$\mathrm{M^{n+}{}_{aq}} + n\mathrm{HA_o} \rightleftharpoons \mathrm{MA_{n,o}} + n\mathrm{H_3O^+{}_{aq}}$$

$$K_{\mathrm{ex}} = \frac{[\mathrm{MA}_n]_\mathrm{o}[\mathrm{H_3O^+}]_\mathrm{aq}{}^n}{[\mathrm{M}^{n+}]_\mathrm{aq}[\mathrm{HA}]_\mathrm{o}{}^n} = \frac{D[\mathrm{H_3O^+}]_\mathrm{aq}{}^n}{[\mathrm{HA}]_\mathrm{o}{}^n}$$

K_{ex} を**抽出定数**（extraction constant）と呼ぶ．対数をとって変形すると，

$$\log D = \log K_{\mathrm{ex}} + n \log [\mathrm{HA}]_\mathrm{o} + n\mathrm{pH}$$

補足 キレート試薬濃度を一定として，$\log D$ を pH に対してプロットすれば傾き n の直線が得られ，その切片は抽出定数の対数となる．また，pH が一定の場合，$\log D$ は $\log [\mathrm{HA}]_\mathrm{o}$ に対して傾き n の直線上にのる．このような平衡解析によって抽出される化学種の組成を明らかにし，抽出定数を求めることができる．

金属イオンの相互分離には，水相 pH の調節が重要である．8-ヒドロキシキノリン（オキシン; Hhq）によるさまざまな金属イオンの抽出率と pH の関係を**図 12.4** に示す．このような図は分離条件を設定する上で有用である．例えば，$\mathrm{Cu^{2+}}$ と $\mathrm{Ag^+}$ を含む水相の pH を 2〜5 に調節すれば，0.1 M Hhq を含むクロロホルム溶液へ $\mathrm{Cu^{2+}}$ のみを定量的に抽出できることが分かる．次に $\mathrm{Cu(hq)_2}$ キレートを含む有機相を強酸水溶液と振り混ぜれば，$\mathrm{Cu^{2+}}$ は定量的に水相に移行する．この操作を**逆抽出**（back extraction）と呼ぶ．

金属キレートの分離条件を分離係数から考えてみよう．ある pH で金属キレート XA_n と YA_n を分離するとき，

$$\alpha = \frac{D(\mathrm{XA}_n)}{D(\mathrm{YA}_n)} = \frac{\beta(\mathrm{XA}_n)K_\mathrm{d}(\mathrm{XA}_n)}{\beta(\mathrm{YA}_n)K_\mathrm{d}(\mathrm{YA}_n)}$$

すなわち，分離係数はキレートの生成定数と分配係数に依存する．同じキレート試薬を含む同じ組成の金属キレートでは分配係数は似かよった値となり，分離係数は主に生成定数によって支配される．例えば，一般に第一遷移系列

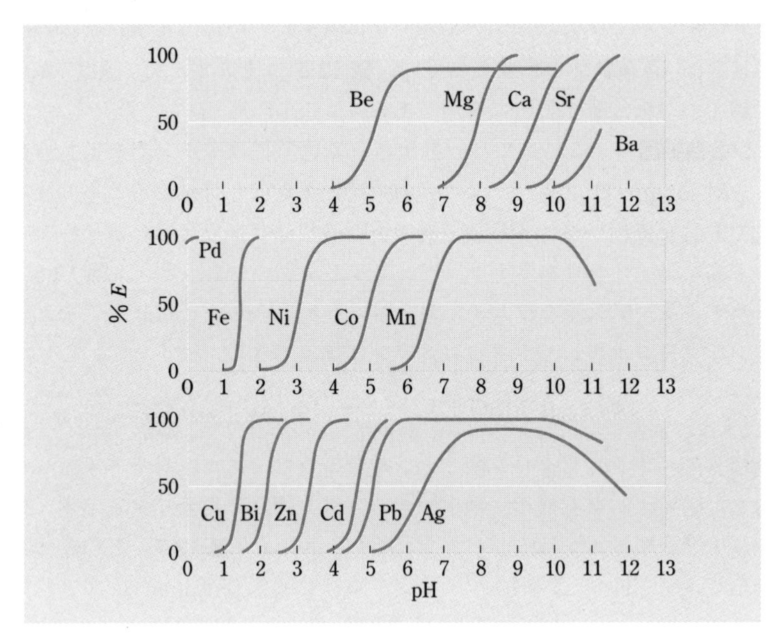

図 12.4 8-ヒドロキシキノリンによる金属の抽出率対 pH
有機相はクロロホルム．有機相の 8-ヒドロキシキノリン濃度は，アルカリ土類金属の場合は 0.5 M，その他は 0.1 M．$V_{aq} : V_o = 1 : 1$．Fe と Bi は 3 価，Ag は 1 価，他は 2 価．
J. Stary, "The Solvent Extraction of Metal Chelates, Pergamon", Oxford (1964)

金属 2 価イオン錯体の安定度はアービング−ウイリアムスの系列に従うので (5.3.2 項参照)，Cu^{2+} は Mn^{2+} よりも抽出されやすい．また，硫黄を配位原子とするジエチルジチオカルバミン酸は，軟らかい金属イオンに対して高い抽出能を持つ (5.3.3 項参照)．

特異な立体効果を有するキレート試薬は，一般的な傾向と異なる選択性を示す．ジメチルグリオキシムは Ni^{2+}, Pd^{2+} を選択的に抽出する．これは正方平面錯体が配位子間の水素結合により安定化されるためである (8.1.2 項参照)．2-メチル-

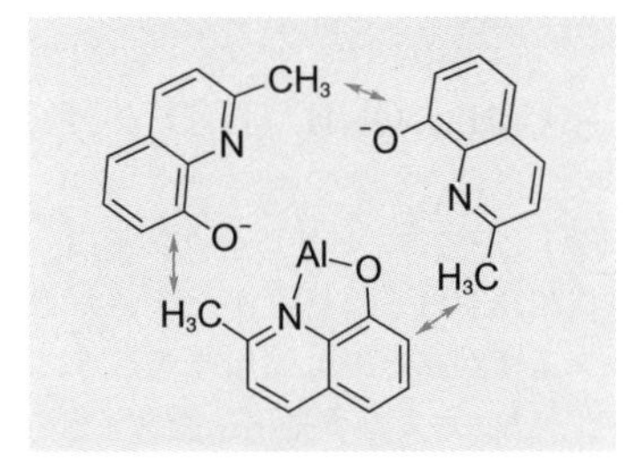

図 12.5 2-メチル-8-ヒドロキシキノリンの立体障害のモデル

8-ヒドロキシキノリンは，メチル基の立体障害のために，イオン半径の小さい Al^{3+} と無電荷錯体を形成しにくい（図 12.5）．したがって，Al^{3+} から他の金属イオンを分離するのに有用である．

イオン会合抽出　この系では，抽出される化学種はイオンである．溶質は**イオン対**（ion pair）として，または独立のイオンとして抽出される．後者の場合でも，有機相へ移行する全溶質の電荷の和はゼロでなければならない．

かさ高い陽イオンであるテトラフェニルアルソニウムイオン（図 12.6）やテトラアルキルアンモニウムイオンを用いると，MnO_4^-, $GaCl_4^-$ などの陰イオンをクロロホルムやジクロロメタンに抽出できる．

$$Ph_4As^+{}_{aq} + MnO_4^-{}_{aq} \rightleftharpoons Ph_4As^+ \cdot MnO_4^-{}_o$$

過塩素酸イオン，ピクリン酸イオンやテトラフェニルボレイトイオンを用いると，陽イオンを有機相に抽出できる．例えば，アルカリ金属イオンやアルカリ土類金属イオンは，ジベンゾ-18-クラウン-6（図 12.7）との錯体として抽出できる．Fe^{2+} は1,10-フェナントロリン錯体 $[Fe(phen)_3]^{2+}$ として抽出される．

ジエチルエーテル，メチルイソブチルケトン，酢酸エステルなどの酸素を含む溶媒は，水素イオンに配位してオキソニウムイオン $(R_2O)_nH^+$ を生じる．強酸性で陰イオン錯体を生成する金属イオンは，イオン対として抽出される．例えば，Fe^{3+} は 6 M HCl 溶液からジエチルエーテルへ次の形で抽出される．

$$[(C_2H_5)_2O]_3H^+(H_2O)_x \cdot FeCl_4^-$$

補足　一般に，イオン会合抽出は，抽出種の有機相における溶解度が大きいので，金属イオン濃度が高くても適用できる点に特徴がある．一方，キレート抽出は微量元素の分離・濃縮に適している．

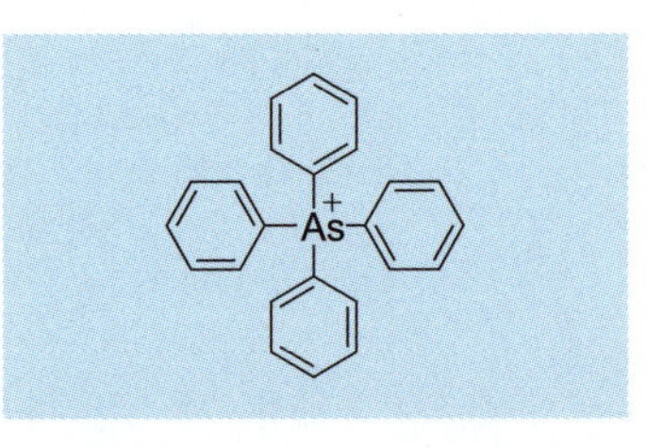

図 12.6　テトラフェニルアルソニウムイオン

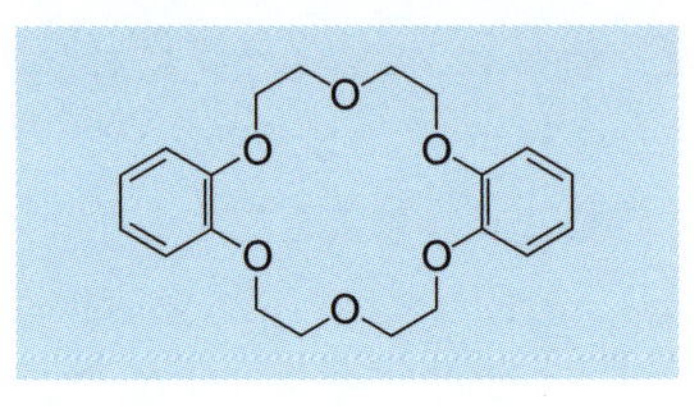

図 12.7　ジベンゾ-18-クラウン-6

12.2　イオン交換

12.2.1　イオン交換樹脂

イオン交換（ion exchange）は，固体物質が溶液と接触するとき，物質中のイオンを溶液に放出し，代わりに溶液中のイオンを物質中に取り込む反応である．この物質を**イオン交換体**（ion exchanger）と呼ぶ．イオン交換は，**固液分配**（solid-liquid distribution）の一つである．

イオン交換体には無機物も有機物もある．天然の粘土鉱物（アルミノケイ酸塩）はイオン交換体として働く．分析化学において代表的なものは，スチレンとジビニルベンゼンの共重合体を担体とする**イオン交換樹脂**（ion exchange resin）である．スチレン－ジビニルベンゼン共重合体は，ポリスチレン直鎖をジビニルベンゼンで架橋した三次元網目構造の高分子である（**図 12.8**）．フェニル基にイオン性の置換基を導入すると，樹脂は親水性となり，溶液が樹脂の細孔内に浸透し，イオン交換を起こすようになる．

陽イオン交換樹脂は，酸性の置換基をもち，陽イオンを吸着する．強酸性陽イオン交換樹脂は，スルホン酸基（$-SO_3H$）をもつ．スルホン酸基は広い pH 範囲で酸解離する．

$$R-SO_3H + H_2O \longrightarrow R-SO_3^- + H_3O^+$$

ここで R は樹脂の担体を表す．H_3O^+ は樹脂表面の水相に保持され，樹脂

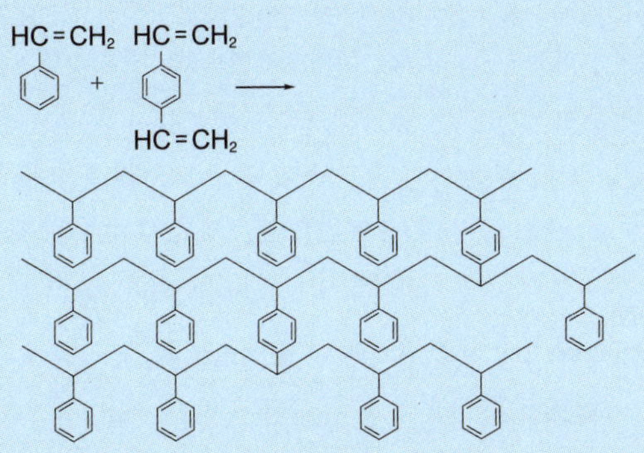

図 12.8　スチレン－ジビニルベンゼン共重合体

全体で電気的中性が保たれる．この H_3O^+ は他の陽イオンによって化学量論的に交換される．例えば，1個の Na^+ と1個の H_3O^+ が交換され，1個の Mg^{2+} と2個の H_3O^+ が交換される．弱酸性陽イオン交換樹脂は，カルボキシ基（-COOH）をもつ．カルボキシ基は，次のように酸解離する．

$$\mathrm{R{-}COOH + H_2O \rightleftharpoons R{-}COO^- + H_3O^+}$$

弱酸性陽イオン交換樹脂は，低い pH では H^+ との競争により，他の陽イオンを吸着しにくくなる．一般には強酸性樹脂がよく用いられる．しかし，強塩基や多官能基物質（タンパク質など）は，強酸性樹脂への吸着が強すぎることがある．このような場合は，弱酸性樹脂が役に立つ．

陰イオン交換樹脂は，塩基性の置換基をもち，水酸化物イオンと他の陰イオンを交換する．強塩基性陰イオン交換樹脂は，第四級アンモニウム基をもつ．この基は OH^- に対する親和性が小さく，完全に解離する．

$$\mathrm{R{-}N(CH_3)_3OH \longrightarrow R{-}N(CH_3)_3{}^+ + OH^-}$$

強塩基性樹脂は，広い pH 範囲で陰イオンを強く吸着する．弱塩基性陰イオン交換樹脂は，アミノ基やイミノ基をもち，次のように加水分解する．

$$\mathrm{R{-}NH_2 + H_2O \rightleftharpoons R{-}NH_3{}^+ + OH^-}$$

この型の樹脂では，他の陰イオンは低 pH で吸着されやすく，高 pH で吸着されにくくなる．

補足 樹脂の架橋度もイオン交換樹脂の性質を左右する．架橋度はジビニルベンゼンの含有量%とともに増加する．多くのイオン交換樹脂は水を吸って膨潤するが，その割合は架橋度が増えると減少する．また，架橋度の増加は，樹脂の硬さを増し，細孔を小さくする．

一定量のイオン交換樹脂が吸着しうるイオンの量を**交換容量**（exchange capacity）という．一般に，樹脂 1 g 当たり，または水で膨潤した樹脂 1 cm^3 当たりに吸着されるイオンの電荷量（meq; milli-equivalent）で表す．

$$\text{交換容量 (meq/g)} = \text{吸着イオン量 (mmol/g)} \times \text{イオンの電荷}$$

通常，イオン交換樹脂は再生して再利用できる．例えば，陽イオン交換樹脂は H^+ 型で市販されている．他の陽イオンを吸着した樹脂は，塩酸で洗うことにより H^+ 型に戻される．

12.2.2 イオン交換平衡と分配比

陽イオン A^{a+} を吸着している陽イオン交換樹脂が，A^{a+} と B^{b+} を交換する反応を考えよう．

$$b{A^{a+}}_{r} + a{B^{b+}}_{aq} \rightleftharpoons b{A^{a+}}_{aq} + a{B^{b+}}_{r}$$

ここで下付きの r と aq は，それぞれ樹脂相と水相のイオンを示す．この反応の平衡定数は次式で表される．

$$K_A{}^B = \frac{[A^{a+}]_{aq}{}^b \, [B^{b+}]_r{}^a}{[A^{a+}]_r{}^b \, [B^{b+}]_{aq}{}^a}$$

一般にイオン交換樹脂相は高濃度電解質溶液であって，$K_A{}^B$ の値は樹脂相のイオンの組成によって変化する．$K_A{}^B$ は，**選択係数**（selectivity coefficient）と呼ばれる．すなわち，$K_A{}^B$ が大きければ，樹脂は A^{a+} よりも B^{b+} を強く吸着する．

注意　B^{b+} に対する選択係数は，陽イオン交換樹脂がもともと吸着しているイオンによって変化する．

陽イオン A^{a+} を吸着している陽イオン交換樹脂へのさまざまな陽イオンの吸着は，次式で定義される**分配比**（distribution ratio）を用いて比較できる．

$$D = \frac{C(B^{b+})_r}{C(B^{b+})_{aq}}$$

ここで $C(B^{b+})$ は B^{b+} の全濃度である．簡単のために

$$C(B^{b+})_r = [B^{b+}]_r, \quad C(B^{b+})_{aq} = [B^{b+}]_{aq}$$

とすると，

$$D = (K_A{}^B)^{1/a} \left(\frac{[A^{a+}]_r}{[A^{a+}]_{aq}} \right)^{b/a}$$

B^{b+} が微量のとき，樹脂相はほとんど A^{a+} で飽和しており，$[A^{a+}]_r$ は一定とみなせるので，次式が得られる．

$$D = \text{const} \times \frac{1}{[A^{a+}]_{aq}{}^{b/a}}$$

すなわち微量陽イオンの分配比は，それ自身の濃度には依存せず，主要陽イオンの水相中濃度およびイオンの電荷の比の関数となる．

強酸性陽イオン交換樹脂に対する吸着の強さは一般に次の順序となる．

$$Th^{4+} > Al^{3+} > Ca^{2+} > Na^{+}$$

$$Cs^{+} > Rb^{+} > K^{+} > Na^{+} > H^{+} > Li^{+}$$

支配的な因子は，水和イオンの電荷/半径比であると考えられる．アルカリ金属イオンの場合，結晶イオン半径は原子番号とともに増大するが，水和イオン半径は逆の傾向となるため，吸着の強さは上のようになる．

強塩基性陰イオン交換樹脂への1価陰イオンの吸着の強さは，次のようになるのが一般的である．

$$ClO_4^{-} > I^{-} > NO_3^{-} > Br^{-} > Cl^{-} > OH^{-} > F^{-}$$

この場合も，結晶イオン半径が小さいイオンほど水和イオン半径が大きくなることが原因である．

12.2.3 イオン交換の分析化学的応用

金属イオンの分離　イオン交換樹脂はバッチ法でも用いられるが，カラム法に用いると，多段分配により精密な分離が可能である．これは**カラムクロマトグラフィー**（column chromatography）の一種である．

カラムはガラスやプラスチックのチューブに樹脂を充填してつくられる（**図12.9**）．目的に応じて充填する樹脂の種類，粒径，カラムの太さ，長さなどを最適化する．多くの場合，カラムを鉛直方向に保持して，上部から試料溶液を重力により滴下する．試料溶液を流すだけでは分離が不十分であれば，吸着した成分を選択的に溶離するような**溶離液**（eluent）を流す．例えば，Al^{3+} と Be^{2+} は次のようにして分離できる．最初に両イオンを陽イオン交換樹脂カラムに吸着させた後，0.05 M $CaCl_2$ 溶液を流して Be^{2+} のみを溶離し，次に 4 M HCl で Al^{3+} を溶離する．

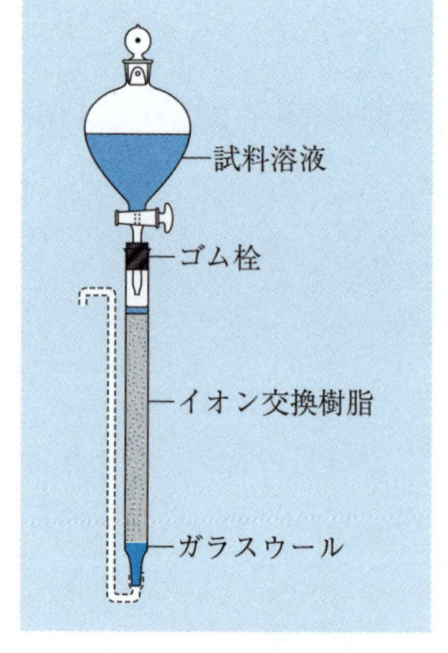

図12.9　イオン交換樹脂カラム

陰イオン錯体を生成する金属イオンは，陰イオン交換樹脂を用いて分離できる．配位子には，塩化物イオン，臭化物イオン，フッ化物イオンなどが用いられる．この方法は，ランタノイド元素の相互分離のように，他の方法ではきわめて難しい分離を可能にする．

図 12.10 は，金属塩化物錯体の陰イオン交換樹脂への分配比の塩酸濃度依存性を表す．このような図は，分離条件を考える上で有用である．金属は $D < 1$ となる溶離液を流すと，溶離される．例えば，Fe(III), Co(II), Ni(II) の分離は次のように行う．陰イオン交換樹脂カラムに 9 M HCl 溶液を流した後，三つの金属イオンを含む 9 M HCl 試料溶液を流す．Ni(II) は塩化物錯体を形成しないので，樹脂に保持されず，そのまま淡黄緑色の帯として流出する．カラム中で Fe(III) は黄色の帯，Co(II) は青色の帯を形成する．次に 4 M HCl 溶液を流すと，Co(II) が溶離される．最後に 0.5 M HCl 溶液を流すと Fe(III) を溶離できる．

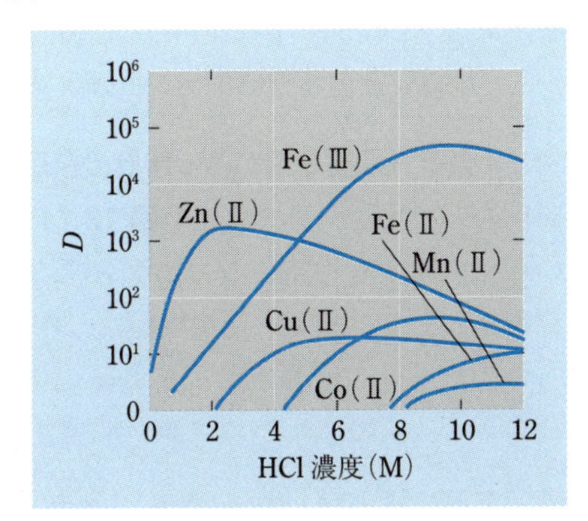

図 12.10 金属塩化物錯体の陰イオン交換樹脂への分配比と塩酸濃度の関係

イオンクロマトグラフィー　イオンクロマトグラフィー（ion chromatography）は，イオン交換樹脂を**高速液体クロマトグラフィー**（high performance liquid chromatography; HPLC）に応用したものである．通常，電気伝導度によりイオンを検出する．詳細は他書に譲る．この方法は特に陰イオンの分析に有用である．ppm 程度の F^-, Cl^-, $NO_2{}^-$, Br^-, $NO_3{}^-$, $SO_4{}^{2-}$ などを数分から数十分で定量できる．また有機物の陰イオンも分離して定量できる．

水の脱イオン精製　水の精製には，ろ過，逆浸透，蒸留，活性炭への吸着などの技術が用いられる．強酸性陽イオン交換樹脂と強塩基性陰イオン交換樹脂を混合した混床式樹脂カラムは，イオンの除去（脱イオン）にきわめて有効である．このカラムに原水を流すと，陽イオンは H^+ と，陰イオンは OH^- と交換され，H_2O が生成される．この方法は，電気抵抗率が純粋な水の値（18.2 MΩ cm, 25 ℃）に限りなく近い超純水の製造にも用いられる．

12.3 pHガラス電極

pH の測定には，**ガラス電極**（glass electrode）を**指示電極**（indicator electrode）とする **pH 計**が広く用いられている．pH に依存して生じる指示電極と**参照電極**（reference electrode）間の電位差を測定し，pH を求める．すなわち，これは**電位差分析法**（**ポテンシオメトリー**; potentiometry）の一種である．

12.3.1 ガラス電極を用いる pH 計の原理

pH ガラス電極の基本構造を**図 12.11** に示す．典型的なガラス電極は，球状のガラス膜をもっている．ガラス膜の内部には，塩酸が満たされ，銀－塩化銀電極がある．銀－塩化銀電極は，内部参照電極と呼ばれ，電位を一定に保ちつつ，電気的接続を成立させる．ガラス電極と外部参照電極を試料溶液に浸すと，次式のガルバニ電池が形成される．

外部参照電極 ||$\mathbf{H^+}$（試料溶液）| ガラス膜 |$\mathbf{H^+}$（内部液）| 内部参照電極

この電池において，ガラス膜両側の試料溶液と内部液の間のガラス膜電位は，試料溶液中の水素イオンの活量すなわち pH に応じて変化する．それ以外の部分は電位が一定に保たれる．電池電圧はネルンストの式と同じ形の次式で与えられる．

$$E_{\mathrm{cell}} = k - \frac{2.303RT}{F}\mathrm{pH}$$

ここで k は，電極と pH 計によって決まる定数である．理論上 25 ℃では，電池電圧は 1pH の変化に対して 59.2 mV だけ変化する．

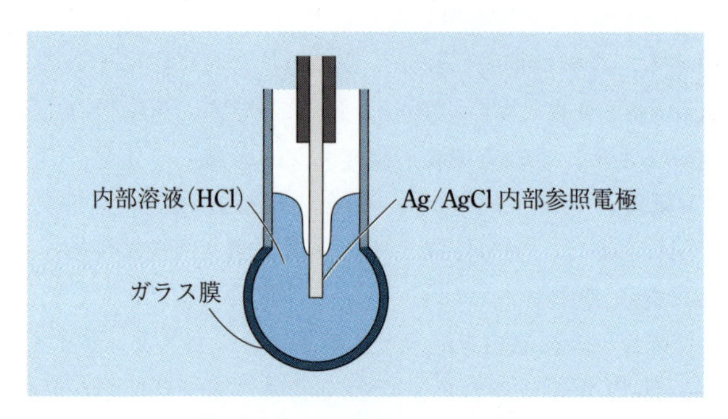

図 12.11 pH 測定用ガラス電極

pH 計は，使用に先だって **pH 標準液**（付録6）を用いて校正されねばならない．

- 酸性側の校正には pH4 標準液（フタル酸カリウム溶液）と pH7 標準液（リン酸二水素カリウム－リン酸水素二ナトリウム溶液）
- アルカリ性側の校正には pH7 標準液と pH9 標準液（ホウ酸ナトリウム溶液）

がよく用いられる．この校正操作は k 値を決定し，傾きを理論値に調節するものである．pH 標準液の pH は，温度によって変化することに注意しよう．正しく校正された pH 計では，k は一つの pH 標準液の $\mathrm{pH_{std}}$ およびその溶液での電池電圧 $E_{\mathrm{cell,std}}$ によって次式で表される．

$$k = E_{\mathrm{cell,std}} + \frac{2.303RT}{F}\mathrm{pH_{std}}$$

試料溶液での電池電圧を E_{cell} とおくと，その pH は次式で得られる．

$$\mathrm{pH} = \mathrm{pH_{std}} + \frac{E_{\mathrm{cell,std}} - E_{\mathrm{cell}}}{2.303RT/F}$$

例題 3　37 ℃において，pH 計を pH6.84 の標準液で校正したところ，電池電圧は 0.631 V であった．pH7.40 の血液試料を測定すると電池電圧はいくらになるか．

解　37 ℃では，$2.303RT/F = 0.0615$ であるので，

$$7.40 = 6.84 + \frac{0.631 - E_{\mathrm{cell}}}{0.0615}$$

$$\therefore \quad E_{\mathrm{cell}} = 0.597\ \mathrm{V}$$

□

広く用いられている **pH 複合電極**の構造を**図 12.12** に示す．この電極はガラス電極と外部参照電極を一体化したものであり，これを測定溶液に浸すだけでガルバニ電池が形成されるので便利である．

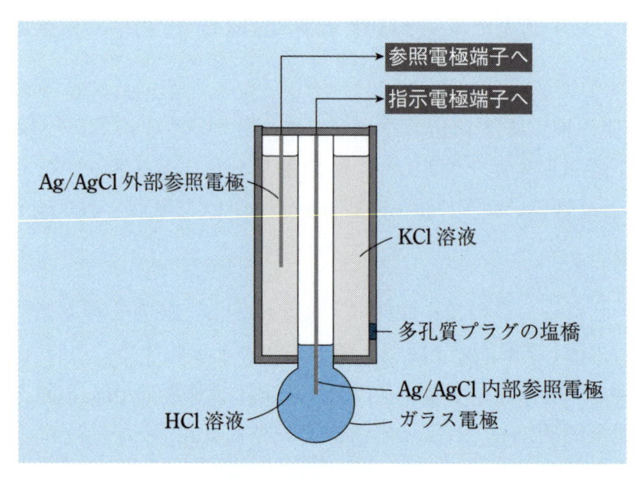

図 12.12 pH 複合電極

12.3.2 ガラス膜電位

ガラス膜電位は，界面電位，拡散電位などの和である．試料の pH に対する応答は，おもに試料溶液とガラス膜の間の界面電位が原因である．

一般的な pH 電極のガラス膜は，Na_2O と SiO_2 を主成分とするソーダガラスである．電極を水に浸すと，表面に厚さ 10^{-5} ～ 10^{-4} mm の水和層が形成される．ここにはガラス表面の ≡SiOH 基が数多く存在し，**イオン交換**を行う．

$$\equiv \mathrm{SiOH} + \mathrm{Na^+} + \mathrm{H_2O} \rightleftharpoons \equiv \mathrm{SiONa} + \mathrm{H_3O^+}$$

pH ガラス電極は優れた**イオン選択性電極**（ion selective electrode）であり，陽イオンに対する選択性は次のようである．

$$\mathrm{H^+} \ggg \mathrm{Na^+} > \mathrm{Li^+} > \mathrm{K^+},\ \mathrm{Rb^+},\ \mathrm{Cs^+} \gg \mathrm{Ca^{2+}}$$

この選択性の順序はイオン交換樹脂の場合と異なることに注意しよう．ほとんどの $\equiv \mathrm{SiO^-}$ 基は水素イオンと結合しているが，その割合は溶液のヒドロニウムイオン濃度に依存する．

$$\equiv \mathrm{SiOH} + \mathrm{H_2O} \rightleftharpoons \equiv \mathrm{SiO^-} + \mathrm{H_3O^+}$$

この反応は膜表面と溶液相の間での水素イオンの分配反応である．この場合も系全体では電気的中性が成立するが，ガラス膜表面には $\equiv$SiO$^-$ 基による過剰の負電荷が生じ，その近傍の溶液相にはヒドロニウムイオンによる過剰の正電荷が生じる．その結果，界面電位が発生する．界面電位は溶液の pH に依存して変化するので，それから pH を求めることができる．

12.3.3　pH 測定における誤差

ガラス電極による pH 測定において，二つのおもな誤差の原因がある．

アルカリ誤差　これは，ガラス膜が他の陽イオンに応答することによって生じる．ふつうアルカリ誤差は，pH9 以下では無視できる．これより pH が高くなると溶液中のヒドロニウムイオン濃度がごく低くなるため，Na^+, Li^+, K^+ などによるイオン交換が無視できなくなる．これらの陽イオン濃度が高くなると，pH 測定に負の誤差を生じる．一般的なソーダガラスの電極は，アルカリ性溶液に浸すとそれ自身から Na^+ が溶出するので，pH11 以上では誤差が大きく使えない．Na_2O を Li_2O で置き換えたリチウムガラス電極は，より高い pH まで使用可能である．

酸誤差　水活量誤差とも呼ばれる．これは，ガラス膜表面が H^+ で飽和されること，および膜電位が水の活量にも依存することを原因として，正の誤差を生じる．強酸性溶液，高イオン強度溶液，エタノールなど非水溶媒との混合溶液において起こる．一般にガラス電極で 1 以下の pH を正確に測定することは難しい．

演習問題
第12章

1 次の術語を説明せよ．

(1) 分配律

(2) 分配係数と分配比

(3) キレート抽出

(4) 強塩基性陰イオン交換樹脂

(5) ガラス膜電位

2 Pd は 3 M HCl 水溶液からリン酸トリブチルへ $PdCl_2$ として抽出され，その分配比は 2.3 である．この抽出について，以下の問に答えよ．

(1) 5.0×10^{-4} M $PdCl_2$ を含む 3 M HCl 水溶液 100 mL をリン酸トリブチル 200 mL と振とうすると，何%の $PdCl_2$ が抽出されるか？

(2) (1)の水相をリン酸トリブチル 40 mL で 5 回抽出すると，合計何%の $PdCl_2$ が抽出されるか？

3 ベンゼンに混入したアニリン（B）を溶媒抽出法で分離する方法に関して，次の問に答えよ．

(1) アニリニウムイオン（HB^+）の pK_a は 4.60，アニリンのベンゼン－水間の分配定数 K_d は 10.0 である．アニリンの分配比 D を $[H_3O^+]$ の関数として式で表せ．この式に基づいて，$\log D$ の pH 依存性のグラフを描け．ただし，アニリニウムイオンは 100 %水相に分配すると仮定する．

(2) ベンゼンと等量の水相を用いて，アニリンを 99 %以上水相に抽出するためには，水相の pH をどのように調節すべきか？

4 8-ヒドロキシキノリンに比べて次の誘導体のキレート抽出試薬としての特徴を述べよ．

(1) 2-メチル-8-ヒドロキシキノリン

(2) 5,7-ジクロロ-8-ヒドロキシキノリン

5 イオン交換法により 3 価ランタノイドイオンを相互分離する方法を調べよ．

6 一般的な pH 計では電位の読み取り精度は，1 ～ 0.1 mV である．これは 25 ℃で pH に直すといくらになるか．

7 一般的な pH 計による pH 測定では，正確さは ±0.02 程度が限界である．その原因について調べよ．

付　　録

付録 1　酸の解離定数

化合物名	化学式	解離定数（25 ℃）			
		K_{a1}	K_{a2}	K_{a3}	K_{a4}
亜硝酸	HNO_2	5.1×10^{-4}			
亜ヒ酸	H_3AsO_3	6.0×10^{-10}	3.0×10^{-14}		
アラニン	$CH_3CH(NH_2)COOH$*	4.5×10^{-3}	1.3×10^{-10}		
亜硫酸	H_2SO_3	1.3×10^{-2}	5×10^{-6}		
亜リン酸	H_3PO_3	5×10^{-2}	2.6×10^{-7}		
安息香酸	C_6H_5COOH	6.3×10^{-5}			
エチレンジアミン四酢酸	$(CO_2^-)_2NH^+CH_2CH_2NH^+(CO_2^-)_2$†	1.0×10^{-2}	2.2×10^{-3}	6.9×10^{-7}	5.5×10^{-11}
ギ　酸	$HCOOH$	1.76×10^{-4}			
クエン酸	$HOOC(OH)C(CH_2COOH)_2$	7.4×10^{-4}	1.7×10^{-5}	4.0×10^{-7}	
グリシン	H_2NCH_2COOH*	4.5×10^{-3}	1.7×10^{-10}		
クロロ酢酸	$ClCH_2COOH$	1.51×10^{-3}			
酢　酸	CH_3COOH	1.75×10^{-5}			
サリチル酸	$C_6H_4(OH)COOH$	1.0×10^{-3}			
次亜塩素酸	$HClO$	1.1×10^{-8}			
シアン化水素	HCN	7.2×10^{-10}			
シュウ酸	$HOOCCOOH$	6.5×10^{-2}	6.1×10^{-5}		
スルファミン酸	NH_2SO_3H	1.0×10^{-1}			
炭　酸	H_2CO_3	4.3×10^{-7}	4.8×10^{-11}		
トリクロロ酢酸	CCl_3COOH	1.29×10^{-1}			
乳　酸	$CH_3CHOHCOOH$	1.4×10^{-4}			
ピクリン酸	$(NO_2)_3C_6H_2OH$	4.2×10^{-1}			
ヒ　酸	H_3AsO_4	6.0×10^{-3}	1.0×10^{-7}	3.0×10^{-12}	
フェノール	C_6H_5OH	1.1×10^{-10}			
o-フタル酸	$C_6H_4(COOH)_2$	1.2×10^{-3}	3.9×10^{-6}		
フッ化水素酸	HF	6.7×10^{-4}			
プロピオン酸	CH_3CH_2COOH	1.3×10^{-5}			
ホウ酸	H_3BO_3	6.4×10^{-10}			
マレイン酸	*cis*-$HOOCCH{=}CHCOOH$	1.5×10^{-2}	2.6×10^{-7}		
ヨウ素酸	HIO_3	2×10^{-1}			
硫化水素	H_2S	9.1×10^{-8}	1.2×10^{-15}		
硫　酸	H_2SO_4	$\gg 1$	1.2×10^{-2}		
リンゴ酸	$HOOCCHOHCH_2COOH$	4.0×10^{-4}	8.9×10^{-6}		
リン酸	H_3PO_4	1.1×10^{-2}	7.5×10^{-8}	4.8×10^{-13}	
ロイシン	$(CH_3)_2CHCH_2CH(NH_2)COOH$*	4.7×10^{-3}	1.8×10^{-10}		

*　プロトン化した化合物 $RCH(NH_3^+)CO_2H$ の段階的解離に対する K_{a1} および K_{a2}.

†　カルボキシル基が先に酸解離する．塩基性の窒素上のプロトンは最も強固に保持されている（K_{a3} および K_{a4}）.

付録 2　塩基の加水分解定数

化合物名	化 学 式	加水分解定数（25℃）	
		K_{b1}	K_{b2}
アニリン	$C_6H_5NH_2$	4.0×10^{-10}	
2-アミノエタノール	$HOC_2H_4NH_2$	3.2×10^{-5}	
アンモニア	NH_3	1.75×10^{-5}	
エチルアミン	$CH_3CH_2NH_2$	4.3×10^{-4}	
エチレンジアミン	$NH_2C_2H_4NH_2$	8.5×10^{-5}	7.1×10^{-8}
グリシン	$HOOCCH_2NH_2$	2.3×10^{-12}	
ジエチルアミン	$(CH_3CH_2)_2NH$	8.5×10^{-4}	
ジメチルアミン	$(CH_3)_2NH$	5.9×10^{-4}	
水酸化亜鉛	$Zn(OH)_2$		4.4×10^{-5}
トリエチルアミン	$(CH_3CH_2)_3N$	5.3×10^{-4}	
トリス（ヒドロキシメチル）アミノメタン	$(HOCH_2)_3CNH_2$	1.2×10^{-6}	
トリメチルアミン	$(CH_3)_3N$	6.3×10^{-5}	
ヒドラジン	H_2NNH_2	1.3×10^{-6}	
ヒドロキシルアミン	$HONH_2$	9.1×10^{-9}	
ピペリジン	$C_5H_{11}N$	1.3×10^{-3}	
ピリジン	C_5H_5N	1.7×10^{-9}	
1-ブチルアミン	$CH_3(CH_2)_2CH_2NH_2$	4.1×10^{-4}	
メチルアミン	CH_3NH_2	4.8×10^{-4}	

付録 3　EDTA キレートの生成定数

元　素	化学式	K_f	元　素	化学式	K_f
亜　鉛	ZnY^{2-}	3.16×10^{16}	チタン（TiO^{2+}）	$TiOY^{2-}$	2.0×10^{17}
アルミニウム	AlY^{-}	1.35×10^{16}	鉄（Fe^{2+}）	FeY^{2-}	2.14×10^{14}
イットリウム	YY^{-}	1.23×10^{18}	鉄（Fe^{3+}）	FeY^{-}	1.3×10^{25}
インジウム	InY^{-}	8.91×10^{24}	銅	CuY^{2-}	6.30×10^{18}
カドミウム	CdY^{2-}	2.88×10^{16}	トリウム	ThY	1.6×10^{23}
ガリウム	GaY^{-}	1.86×10^{20}	鉛	PbY^{2-}	1.10×10^{18}
カルシウム	CaY^{2-}	5.01×10^{10}	ニッケル	NiY^{2-}	4.16×10^{18}
銀	AgY^{3-}	2.09×10^{7}	バナジウム（V^{2+}）	VY^{2-}	5.01×10^{12}
コバルト（Co^{2+}）	CoY^{2-}	2.04×10^{16}	バナジウム（V^{3+}）	VY^{-}	8.0×10^{25}
コバルト（Co^{3+}）	CoY^{-}	1×10^{36}	バナジウム（VO^{2+}）	VOY^{2-}	1.23×10^{18}
水　銀	HgY^{2-}	6.30×10^{21}	バリウム	BaY^{2-}	5.75×10^{7}
スカンジウム	ScY^{-}	1.3×10^{23}	ビスマス	BiY^{-}	1×10^{23}
ストロンチウム	SrY^{2-}	4.26×10^{8}	マグネシウム	MgY^{2-}	4.90×10^{8}
チタン（Ti^{3+}）	TiY^{-}	2.0×10^{21}	マンガン	MnY^{2-}	1.10×10^{14}

付録 4　溶解度積

元素	物質	化学式	K_{sp}
Ag	ヒ酸銀	Ag_3AsO_4	1.0×10^{-22}
	臭化銀	$AgBr$	4×10^{-13}
	炭酸銀	Ag_2CO_3	8.2×10^{-12}
	塩化銀	$AgCl$	1.0×10^{-10}
	クロム酸銀	Ag_2CrO_4	1.1×10^{-12}
	シアン化銀	$Ag[Ag(CN)_2]$	5.0×10^{-12}
	ヨウ素酸銀	$AgIO_3$	3.1×10^{-8}
	ヨウ化銀	AgI	1×10^{-16}
	リン酸銀	Ag_3PO_4	1.3×10^{-20}
	硫化銀	Ag_2S	2×10^{-49}
	チオシアン酸銀	$AgSCN$	1.0×10^{-12}
Al	水酸化アルミニウム	$Al(OH)_3$	2×10^{-32}
Ba	炭酸バリウム	$BaCO_3$	8.1×10^{-9}
	クロム酸バリウム	$BaCrO_4$	2.4×10^{-10}
	フッ化バリウム	BaF_2	1.7×10^{-6}
	ヨウ素酸バリウム	$Ba(IO_3)_2$	1.5×10^{-9}
	マンガン酸バリウム	$BaMnO_4$	2.5×10^{-10}
	シュウ酸バリウム	BaC_2O_4	2.3×10^{-8}
	硫酸バリウム	$BaSO_4$	1.0×10^{-10}
Be	水酸化ベリリウム	$Be(OH)_2$	7×10^{-22}
Bi	塩化酸化ビスマス	$BiOCl$	7×10^{-9}
	水酸化酸化ビスマス	$BiOOH$	4×10^{-10}
	硫化ビスマス	Bi_2S_3	1×10^{-97}
Ca	炭酸カルシウム	$CaCO_3$	8.7×10^{-9}
	フッ化カルシウム	CaF_2	4.0×10^{-11}
	水酸化カルシウム	$Ca(OH)_2$	5.5×10^{-6}
	シュウ酸カルシウム	CaC_2O_4	2.6×10^{-9}
	硫酸カルシウム	$CaSO_4$	1.9×10^{-4}
Cd	炭酸カドミウム	$CdCO_3$	2.5×10^{-14}
	シュウ酸カドミウム	CdC_2O_4	1.5×10^{-8}
	硫化カドミウム	CdS	1×10^{-28}

付録 4 （つづき）

元素	物質	化学式	K_{sp}
Cu	臭化銅（I）	$CuBr$	5.2×10^{-9}
	塩化銅（I）	$CuCl$	1.2×10^{-6}
	ヨウ化銅（I）	CuI	5.1×10^{-12}
	チオシアン酸銅（I）	$CuSCN$	4.8×10^{-15}
	水酸化銅（II）	$Cu(OH)_2$	1.6×10^{-19}
	硫化銅（II）	CuS	9×10^{-36}
Fe	水酸化鉄（II）	$Fe(OH)_2$	8×10^{-16}
	水酸化鉄（III）	$Fe(OH)_3$	4×10^{-38}
Hg	臭化水銀（I）	Hg_2Br_2	5.8×10^{-23}
	塩化水銀（I）	Hg_2Cl_2	1.3×10^{-18}
	ヨウ化水銀（I）	Hg_2I_2	4.5×10^{-29}
	硫化水銀（II）	HgS	4×10^{-53}
La	ヨウ素酸ランタン	$La(IO_3)_3$	6×10^{-10}
Mg	リン酸アンモニウムマグネシウム	$MgNH_4PO_4$	2.5×10^{-13}
	炭酸マグネシウム	$MgCO_3$	1×10^{-5}
	水酸化マグネシウム	$Mg(OH)_2$	1.2×10^{-11}
	シュウ酸マグネシウム	MgC_2O_4	9×10^{-5}
Mn	水酸化マンガン（II）	$Mn(OH)_2$	4×10^{-14}
	硫化マンガン（II）	MnS	1.4×10^{-15}
Pb	塩化鉛	$PbCl_2$	1.6×10^{-5}
	クロム酸鉛	$PbCrO_4$	1.8×10^{-14}
	ヨウ化鉛	PbI_2	7.1×10^{-9}
	シュウ酸鉛	PbC_2O_4	4.8×10^{-10}
	硫酸鉛	$PbSO_4$	1.6×10^{-8}
	硫化鉛	PbS	8×10^{-28}
Sr	シュウ酸ストロンチウム	SrC_2O_4	1.6×10^{-7}
	硫酸ストロンチウム	$SrSO_4$	3.8×10^{-7}
Tl	塩化タリウム（I）	$TlCl$	2×10^{-4}
	硫化タリウム（I）	Tl_2S	5×10^{-22}
Zn	フェロシアン化亜鉛	$Zn_2Fe(CN)_6$	4.1×10^{-16}
	シュウ酸亜鉛	ZnC_2O_4	2.8×10^{-8}
	硫化亜鉛	ZnS	1×10^{-21}

付録 5　半反応の標準および見掛け酸化還元電位

半　反　応	$E°$ / V	見掛け電位 / V
$F_2 + 2H^+ + 2e^- = 2HF$	3.06	
$O_3 + 2H^+ + 2e^- = O_2 + H_2O$	2.07	
$S_2O_8^{2-} + 2e^- = 2SO_4^{2-}$	2.01	
$Co^{3+} + e^- = Co^{2+}$	1.842	
$H_2O_2 + 2H^+ + 2e^- = 2H_2O$	1.77	
$MnO_4^- + 4H^+ + 3e^- = MnO_2 + 2H_2O$	1.695	
$Ce^{4+} + e^- = Ce^{3+}$		1.70 (1M $HClO_4$) 1.61 (1M HNO_3) 1.44 (1M H_2SO_4)
$HClO + H^+ + e^- = (1/2)Cl_2 + H_2O$	1.63	
$H_5IO_6 + H^+ + 2e^- = IO_3^- + 3H_2O$	1.6	
$BrO_3^- + 6H^+ + 5e^- = (1/2)Br_2 + 3H_2O$	1.52	
$MnO_4^- + 8H^+ + 5e^- = Mn^{2+} + 4H_2O$	1.51	
$Mn^{3+} + e^- = Mn^{2+}$		1.51 (8M H_2SO_4)
$ClO_3^- + 6H^+ + 5e^- = (1/2)Cl_2 + 3H_2O$	1.47	
$PbO_2 + 4H^+ + 2e^- = Pb^{2+} + 2H_2O$	1.455	
$Cl_2 + 2e^- = 2Cl^-$	1.359	
$Cr_2O_7^{2-} + 14H^+ + 6e^- = 2Cr^{3+} + 7H_2O$	1.33	
$Tl^{3+} + 2e^- = Tl^+$	1.25	0.77 (1M HCl)
$IO_3^- + 2Cl^- + 6H^+ + 4e^- = ICl_2^- + 3H_2O$	1.24	
$MnO_2 + 4H^+ + 2e^- = Mn^{2+} + 2H_2O$	1.23	
$O_2 + 4H^+ + 4e^- = 2H_2O$	1.229	
$2IO_3^- + 12H^+ + 10e^- = I_2 + 6H_2O$	1.20	
$SeO_4^{2-} + 4H^+ + 2e^- = H_2SeO_3 + H_2O$	1.15	
Br_2 (水溶液) $+ 2e^- = 2Br^-$	1.087†	
Br_2 (液体) $+ 2e^- = 2Br^-$	1.065†	
$ICl_2^- + e^- = (1/2) I_2 + 2Cl^-$	1.06	
$VO_2^+ + 2H^+ + e^- = VO^{2+} + H_2O$	1.000	
$HNO_2 + H^+ + e^- = NO + H_2O$	1.00	
$Pd^{2+} + 2e^- = Pd$	0.987	
$NO_3^- + 3H^+ + 2e^- = HNO_2 + H_2O$	0.94	
$2Hg^{2+} + 2e^- = Hg_2^{2+}$	0.920	
$H_2O_2 + 2e^- = 2OH^-$	0.88	
$Cu^{2+} + I^- + e^- = CuI$	0.86	
$Hg^{2+} + 2e^- = Hg$	0.854	

付録 5 （つづき）

半反応	$E°$ / V	見掛け電位 / V
$Ag^+ + e^- = Ag$	0.799	0.228 (1M HCl) 0.792 (1M $HClO_4$)
$Hg_2^{2+} + 2e^- = 2Hg$	0.789	0.274 (1M HCl)
$Fe^{3+} + e^- = Fe^{2+}$	0.771	
$H_2SeO_3 + 4H^+ + 4e^- = Se + 3H_2O$	0.740	
$PtCl_4^{2-} + 2e^- = Pt + 4Cl^-$	0.73	
$C_6H_4O_2$ (キノン) $+ 2H^+ + 2e^- = C_6H_4(OH)_2$	0.699	0.696 (1M HCl, H_2SO_4, $HClO_4$)
$O_2 + 2H^+ + 2e^- = H_2O_2$	0.682	
$PtCl_6^{2-} + 2e^- = PtCl_4^{2-} + 2Cl^-$	0.68	
I_2 (水溶液) $+ 2e^- = 2I^-$	0.6197[††]	
$Hg_2SO_4 + 2e^- = 2Hg + SO_4^{2-}$	0.615	
$Sb_2O_5 + 6H^+ + 4e^- = 2SbO^+ + 3H_2O$	0.581	
$MnO_4^- + e^- = MnO_4^{2-}$	0.564	
$H_3AsO_4 + 2H^+ + 2e^- = H_3AsO_3 + H_2O$	0.559	0.577 (1M HCl, $HClO_4$)
$I_3^- + 2e^- = 3I^-$	0.5355	
I_2 (固体) $+ 2e^- = 2I^-$	0.5345[††]	
$Mo^{6+} + e^- = Mo^{5+}$		0.53 (2M HCl)
$Cu^+ + e^- = Cu$	0.521	
$H_2SO_3 + 4H^+ + 4e^- = S + 3H_2O$	0.45	
$Ag_2CrO_4 + 2e^- = 2Ag + CrO_4^{2-}$	0.446	
$VO^{2+} + 2H^+ + e^- = V^{3+} + H_2O$	0.361	
$Fe(CN)_6^{3-} + e^- = Fe(CN)_6^{4-}$	0.36	0.72 (1M $HClO_4$, H_2SO_4)
$Cu^{2+} + 2e^- = Cu$	0.337	
$UO_2^{2+} + 4H^+ + 2e^- = U^{4+} + 2H_2O$	0.334	
$BiO^+ + 2H^+ + 3e^- = Bi + H_2O$	0.32	
Hg_2Cl_2 (固体) $+ 2e^- = 2Hg + 2Cl^-$	0.268	0.242 (標準 KCl－SCE) 0.282 (1M KCl)
$AgCl + e^- = Ag + Cl^-$	0.222	0.228 (1M KCl)
$SO_4^{2-} + 4H^+ + 2e^- = H_2SO_3 + H_2O$	0.17	
$BiCl_4^- + 3e^- = Bi + 4Cl^-$	0.16	
$Sn^{4+} + 2e^- = Sn^{2+}$	0.154	0.14 (1M HCl)
$Cu^{2+} + e^- = Cu^+$	0.153	
$S + 2H^+ + 2e^- = H_2S$	0.141	
$TiO^{2+} + 2H^+ + e^- = Ti^{3+} + H_2O$	0.1	
$Mo^{4+} + e^- = Mo^{3+}$		0.1 (4M H_2SO_4)
$S_4O_6^{2-} + 2e^- = 2S_2O_3^{2-}$	0.08	

付録 5　（つづき）

半　反　応	$E°$ / V	見掛け電位 / V
$AgBr + e^- = Ag + Br^-$	0.071	
$Ag(S_2O_3)_2^{3-} + e^- = Ag + 2S_2O_3^{2-}$	0.01	
$2H^+ + 2e^- = H_2$	0.000	
$Pb^{2+} + 2e^- = Pb$	−0.126	
$CrO_4^{2-} + 4H_2O + 3e^- = Cr(OH)_3 + 5OH^-$	−0.13	
$Sn^{2+} + 2e^- = Sn$	−0.136	
$AgI + e^- = Ag + I^-$	−0.151	
$CuI + e^- = Cu + I^-$	−0.185	
$N_2 + 5H^+ + 4e^- = N_2H_5^+$	−0.23	
$Ni^{2+} + 2e^- = Ni$	−0.250	
$V^{3+} + e^- = V^{2+}$	−0.255	
$Co^{2+} + 2e^- = Co$	−0.277	
$Ag(CN)_2^- + e^- = Ag + 2CN^-$	−0.31	
$Tl^+ + e^- = Tl$	−0.336	−0.551（1M HCl）
$PbSO_4 + 2e^- = Pb + SO_4^{2-}$	−0.356	
$Ti^{3+} + e^- = Ti^{2+}$	−0.37	
$Cd^{2+} + 2e^- = Cd$	−0.403	
$Cr^{3+} + e^- = Cr^{2+}$	−0.41	
$Fe^{2+} + 2e^- = Fe$	−0.440	
$2CO_2$（気体）$+ 2H^+ + 2e^- = H_2C_2O_4$	−0.49	
$Cr^{3+} + 3e^- = Cr$	−0.74	
$Zn^{2+} + 2e^- = Zn$	−0.763	
$2H_2O + 2e^- = H_2 + 2OH^-$	−0.828	
$Mn^{2+} + 2e^- = Mn$	−1.18	
$Al^{3+} + 3e^- = Al$	−1.66	
$Mg^{2+} + 2e^- = Mg$	−2.37	
$Na^+ + e^- = Na$	−2.714	
$Ca^{2+} + 2e^- = Ca$	−2.87	
$Ba^{2+} + 2e^- = Ba$	−2.90	
$K^+ + e^- = K$	−2.925	
$Li^+ + e^- = Li$	−3.045	

† Br_2（液体）に対する $E°$ は Br_2 飽和溶液について用いられ，Br_2（水溶液）に対する $E°$ は不飽和溶液について用いられる．

†† I_2（固体）に対する $E°$ は I_2 飽和溶液について用いられ，I_2（水溶液）に対する $E°$ は不飽和溶液について用いられる．

付録 6　pH 標準液

(1)　標準液の組成と pH (25 ℃)

名称	組成	pH
シュウ酸塩標準液	0.05 M ビス（シュウ酸）三水素カリウム（四シュウ酸カリウム）$KH_3(C_2O_4)_2 \cdot 2H_2O$ 水溶液，$CaCl_2$ またはシリカゲルデシケーター中保存乾燥品	1.68
フタル酸塩標準液	0.05 M フタル酸水素カリウム $C_6H_4(COOK)(COOH)$ 水溶液，110 ℃恒量品	4.01
中性リン酸塩標準液	0.025 M リン酸一カリウム KH_2PO_4−0.025 M リン酸二ナトリウム Na_2HPO_4 水溶液，110 ℃恒量品	6.86
ホウ酸塩標準液†	0.01 M 四ホウ酸ナトリウム（ホウ砂）$Na_2B_4O_7 \cdot 10H_2O$ 水溶液，NaBr−水デシケーター中保存品	9.18
炭酸塩標準液†	0.025 M 炭酸水素ナトリウム $NaHCO_3$−0.025 M 炭酸ナトリウム Na_2CO_3 水溶液，Na_2CO_3 300～500 ℃恒量品，$NaHCO_3$ は $CaCl_2$ またはシリカゲルデシケーター中保存乾燥品	10.02

†　CO_2 除去純水使用.

(2)　標準液の各温度における pH の値

温度 ℃	標準液				
	シュウ酸塩	フタル酸塩	中性リン酸塩	ホウ酸塩	炭酸塩†
0	1.67	4.01	6.98	9.46	10.32
5	1.67	4.01	6.95	9.39	(10.25)
10	1.67	4.00	6.92	9.33	10.18
15	1.67	4.00	6.90	9.27	(10.12)
20	1.68	4.00	6.88	9.22	(10.07)
25	1.68	4.01	6.86	9.18	10.02
30	1.69	4.01	6.85	9.14	(9.97)
35	1.69	4.02	6.84	9.10	(9.93)
38	——	——	——	——	9.91
40	1.70	4.03	6.84	9.07	——
45	1.70	4.04	6.83	9.04	——
50	1.71	4.06	6.83	9.01	——
55	1.72	4.08	6.84	8.99	——
60	1.73	4.10	6.84	8.96	——
70	1.74	4.12	6.85	8.93	——
80	1.77	4.16	6.86	8.89	——
90	1.80	4.20	6.88	8.85	——
95	1.81	4.32	6.89	8.83	——

†（　）内の値は 2 次補間値を示す.

演習問題略解

第2章　**2**　(1)　4.6×10^{-7} M　(2)　6.6×10^{-7} M
3　(1)　3.31　(2)　1.37

第3章　**2**　(1)　52.3 g　(2)　62.4 mL　(3)　7.05
3　(1)　1.4×10^{-5} M　(2)　5.6　(3)　4.7×10^{-11} M
4　$\mathrm{pH} = -\frac{1}{2}\log\left(\frac{K_\mathrm{a}K_\mathrm{w}}{K_\mathrm{b}}\right)$

第4章　**2**　(1)　11.66　(2)　10.32　(3)　8.34　(4)　6.36　(5)　3.92
3　(1)　(ア)　7.00　(イ)　1.015
(2)　(ア) 0.05216 M HNO_3, 0.07434 M HNO_2　(イ) 2.32　(ウ) 7.90

第5章　**5**　(2)　0.88 M　(3)　2.6×10^{-5} M

第6章　**3**　(1)　Ca^{2+}, 1.27；Pb^{2+}, 2.78×10^{7}　(2)　1.60×10^{-5} M
(3)　2.03×10^{-5}
7　(1)　(ア)　4　(イ)　3　(ウ)　5　(2)　3.4×10^{-8} M

第7章　**2**　(1)　(ア)　Zn^{2+}, Cd^{2+}　(イ)　Al^{3+}, Zn^{2+}　(ウ)　Ca^{2+}
(2)　7.9
3　(1)　4×10^{-20} M　**4**　(1)　2.3×10^{-19} M　(2)　3.8×10^{-15} M

第8章　**2**　(1)　87 mL　(2)　2.5×10^{-7}　(3)　335 mL
3　(2)　8.7×10^{-3} g

第9章　**2**　(1)　2.291×10^{-3} M I^-, 5.750×10^{-3} M Cl^-
(2)　1×10^{-8} M, 1×10^{-5} M

第10章　**2**　1.08 V　**3**　(1)　0.38 V　(2)　3.2×10^{38}　(3)　1.51 V
4　1.6×10^{-10}

第11章　**2**　(1)　1.8×10^{15}　(3)　47.83 %
3　(1)　CO_2　(3)　5.5×10^{-4} mol

第12章　**2**　(1)　82 %　(2)　96 %
3　(2)　pH1.6 以下　**6**　0.02 ～ 0.002

さらに勉強するために

分析化学の優れた教科書には以下のものがある．

[1]　ハリス分析化学 原著 9 版（上下）．宗林由樹監訳，岩元俊一訳（化学同人，2017）．
アメリカの 7 割の大学で採用されているという代表的教科書．現在もっとも新しく詳しい内容を含む．

[2]　クリスチャン分析化学 原書 7 版（I, II）．今任稔彦，角田欣一監訳（丸善，2016，2017）．
代表的教科書．旧版は，本書の構成を考える上でたいへん参考になった．

[3]　コルトフ分析化学（原著第 4 版，全 5 巻）．藤原鎮男監訳（廣川書店，1975）．
古典的名著．分析化学の反応と理論に詳しい．

[4]　大学実習 分析化学 改訂版．斎藤信房編（裳華房，1988）．
コンパクトであるが，分析化学の反応と実験に詳しい．

溶液化学の優れた教科書には以下のものがある．

[5]　溶液反応の化学．大瀧仁志，田中元治，舟橋重信（学会出版センター，1977）．

[6]　Principles and Applications of Aquatic Chemistry. F.M.M. Morel, J.G. Hering (John Wiley & Sons, 1993).

水溶液反応の各論を調べるには，以下の本が参考になる．

[7]　定性分析化学 II．G. Charlot 著，曽根興三，田中元治訳（共立出版，1974）．

[8]　新訂 定性分析化学 中巻．高木誠司（南江堂，1964）．

水の分析を学ぶには，以下の本が参考になる．

[9]　水の分析 第 5 版．日本分析化学会北海道支部編（化学同人，2005）．
標準的な水質分析法が易しく解説されている．

[10]　海と湖の化学－微量元素で探る．藤永太一郎監修（京都大学学術出版会，2005）．
微量元素の分析法に詳しい．

索　引

あ 行

か 行

さ 行

た 行

な 行

は 行

ま　行

や　行

ら　行

わ　行

欧　字

著者略歴

宗林由樹（そうりん よしき）

1984年　京都大学理学部卒業
現　在　京都大学化学研究所教授
　　　　博士（理学），公益財団法人海洋化学研究所代表理事

主要著訳書

海と湖の化学－微量元素で探る（共著，京都大学学術出版会，2005）
生命の惑星－ビッグバンから人類までの地球の進化（訳，京都大学学術出版会，2014）
ハリス分析化学　原著9版（監訳，化学同人，2017）

向井　浩（むかい ひろし）

1985年　京都大学理学部卒業
現　在　京都教育大学教授
　　　　博士（理学）

新・物質科学ライブラリ＝7

基礎 分析化学［新訂版］

2007年1月25日©	初版発行
2017年2月10日	初版第12刷発行
2018年2月10日©	新訂第1刷発行
2021年9月25日	新訂第5刷発行

著　者　宗林由樹　　発行者　森平敏孝
　　　　向井　浩　　印刷者　大道成則

発行所　　株式会社　サイエンス社

〒151-0051　東京都渋谷区千駄ヶ谷1丁目3番25号
営業　☎ (03)5474-8500（代）　振替 00170-7-2387
編集　☎ (03)5474-8600（代）
FAX　☎ (03)5474-8900

印刷・製本　太洋社

《検印省略》

ISBN978-4-7819-1418-3

PRINTED IN JAPAN

サイエンス社のホームページのご案内
http://www.saiensu.co.jp
ご意見・ご要望は
rikei@saiensu.co.jp　まで．

酸と塩基の溶液

	市販試薬			下の mL をとり水で 1L とするときの大約の濃度			
	重量 [%]	比重	濃度 / M	6 M	2 M	1 M	0.1 M
HCl	37.9	1.19	12	500 †	167	83	8.3
HNO_3	69.8	1.42	16	375	125	63	6.3
H_2SO_4	96.0	1.84	18	336	112	56	5.6
$HClO_4$	60	1.54	9	666	222	111	11.1
	70	1.67	12	試料分解用として用いられる			
H_3PO_4	85.0	1.7	15	400	133	67	6.7
HF	48	1.14	27	222	74	37	3.7
CH_3COOH	99.5	1.05	17	353	118	59	5.9
NH_3	28.0	0.90	15	400	133	67	6.7
	式量	溶解度 [g / 100 g]††		下の g をとり水で 1L とするときの大約の濃度			
NaOH	40.00	53.3		240	80	40	4.0
KOH	56.11	54.2		337	112	56	5.6
$Ba(OH)_2 \cdot 8H_2O$	315.48	4.47		——	——	316	31.6

† 1 atm における共沸塩酸の濃度 20.24 %（bp110 ℃）に近い．

†† 25 ℃における飽和溶液 100 g に含まれる無水化合物の質量（g）．

人の健康の保護に関する環境基準（環境省ホームページより）

項目	基準値	測定方法
カドミウム	0.003 mg L^{-1} 以下	日本工業規格 K 0102（以下「規格」という）55.2，55.3 または 55.4 に定める方法
全シアン	検出されないこと	規格 38.1.2 および 38.2 に定める方法，規格 38.1.2 および 38.3 に定める方法または規格 38.1.2 および 38.5 に定める方法
鉛	0.01 mg L^{-1} 以下	規格 54 に定める方法
六価クロム	0.05 mg L^{-1} 以下	規格 65.2 に定める方法（ただし，規格 65.2.6 に定める方法により汽水または海水を測定する場合にあっては，日本工業規格 K 0170-7 の 7 の a) または b) に定める操作を行うものとする）
ヒ素	0.01 mg L^{-1} 以下	規格 61.2，61.3 または 61.4 に定める方法
総水銀	0.0005 mg L^{-1} 以下	付表 1 にあげる方法

（つづき）

項　　目	基 準 値	測 定 方 法
アルキル水銀	検出されないこと	付表2にあげる方法
PCB	検出されないこと	付表3にあげる方法
ジクロロメタン	0.02 mg L^{-1} 以下	日本工業規格 K 0125 の 5.1，5.2 または 5.3.2 に定める方法
四塩化炭素	0.002 mg L^{-1} 以下	日本工業規格 K 0125 の 5.1，5.2，5.3.1，5.4.1 または 5.5 に定める方法
1,2-ジクロロエタン	0.004 mg L^{-1} 以下	日本工業規格 K 0125 の 5.1，5.2，5.3.1 または 5.3.2 に定める方法
1,1-ジクロロエチレン	0.1 mg L^{-1} 以下	日本工業規格 K 0125 の 5.1，5.2 または 5.3.2 に定める方法
シス-1,2-ジクロロエチレン	0.04 mg L^{-1} 以下	日本工業規格 K 0125 の 5.1，5.2 または 5.3.2 に定める方法
1,1,1-トリクロロエタン	1 mg L^{-1} 以下	日本工業規格 K 0125 の 5.1，5.2，5.3.1，5.4.1 または 5.5 に定める方法
1,1,2-トリクロロエタン	0.006 mg L^{-1} 以下	日本工業規格 K 0125 の 5.1，5.2，5.3.1，5.4.1 または 5.5 に定める方法
トリクロロエチレン	0.01 mg L^{-1} 以下	日本工業規格 K 0125 の 5.1，5.2，5.3.1，5.4.1 または 5.5 に定める方法
テトラクロロエチレン	0.01 mg L^{-1} 以下	日本工業規格 K 0125 の 5.1，5.2，5.3.1，5.4.1 または 5.5 に定める方法
1,3-ジクロロプロペン	0.002 mg L^{-1} 以下	日本工業規格 K 0125 の 5.1，5.2 または 5.3.1 に定める方法
チウラム	0.006 mg L^{-1} 以下	付表4にあげる方法
シマジン	0.003 mg L^{-1} 以下	付表5の第1または第2にあげる方法
チオベンカルブ	0.02 mg L^{-1} 以下	付表5の第1または第2にあげる方法
ベンゼン	0.01 mg L^{-1} 以下	日本工業規格 K 0125 の 5.1，5.2 または 5.3.2 に定める方法
セレン	0.01 mg L^{-1} 以下	規格 67.2，67.3 または 67.4 に定める方法

備　考

1. 基準値は年間平均値となる．ただし，全シアンにかかる基準値については，最高値とする．

2. 「検出されないこと」とは，測定方法の欄にあげる方法により測定した場合において，その結果が当該方法の定量限界を下回ることをいう．別表2において同じ．